한 번 읽으면
절대 잊을 수 없는
수학 교과서

한 번 읽으면
절대 잊을 수 없는

수학 교과서

나가노 히로유키 지음 | 김소영 옮김

시그마북스
Sigma Books

한 번 읽으면 절대 잊을 수 없는

수학 교과서

발행일 2025년 1월 24일 초판 1쇄 발행
지은이 나가노 히로유키
옮긴이 김소영
발행인 강학경
발행처 시그마북스
마케팅 정제용
에디터 최윤정, 양수진, 최연정
디자인 이상화, 강경희, 김문배, 정민애

등록번호 제10-965호
주소 서울특별시 영등포구 양평로 22길 21 선유도코오롱디지털타워 A402호
전자우편 sigmabooks@spress.co.kr
홈페이지 http://www.sigmabooks.co.kr
전화 (02) 2062-5288~9
팩시밀리 (02) 323-4197
ISBN 979-11-6862-312-5 (03410)

ICHIDO YONDARA ZETTAI NI WASURENAI SUGAKU NO KYOKASHO

수학은 '스토리'로 배워라!

'수학을 잘하는 비결이 있나요?'

직업상 참 많이 받는 질문입니다.

저는 그럴 때마다 **'외우지 마세요'**라고 대답합니다.

수학을 어려워하는 사람들은 대부분 통째로 외운 공식에 숫자만 대입해서 오로지 문제만 푸는 것을 수학 공부라고 생각하는 것 같습니다.

하지만 암기를 중심으로 계속 공부하다 보면, 보통은 어느 순간 한계에 부딪혀 좌절합니다. 중학 수학만 해도 공식이 100개 이상 등장하는데 뜻도 모르고 달달 외우기만 하면 얼마나 큰 고통일까요?

수학을 못하는 사람과 잘하는 사람의 결정적인 차이는 공부 방법의 차이, 그러니까 '수학을 통째로 외웠느냐 안 외웠느냐'에 달렸다고 해도 과언이 아닙니다.

그렇다면 왜 공식이나 해법을 통째로 외우려는 사람들이 이렇게 많을까요? 먼저, '내일 시험이다! 발등에 불 떨어졌다!'라는 상황에는 달달 외우는 방법 말고는 별수가 없겠지요. 아니면 공식이나 해법을 하나하나 살펴본다 해도 아무런 맥락도 없고 암호처럼 보이기도 하니까 '그냥 차라리 외워 버리자!'라는 결론이 날 수도 있겠고요.

수학 공부를 할 때는 공식이 만들어지기까지의 과정, 그러니까 '스토리'를 이해하는 것이 중요합니다. 스토리를 한 번 이해해 버리면 공식을 통째로 암기하지 않아도 직접 식을 세워서 답을 도출해 낼 수 있습니다. '난 지금까지 잘못 공부했구나' 하는 분들은 이제부터라도 이

'외우지 않는 공부법'으로 바꾸어 보세요. 1년 후, 2년 후에는 훨씬 더 높은 레벨에 있을 겁니다.

이 책에서는 수학의 '스토리'를 이해하기 위해 각 단원의 '기원'을 중간중간 섞으면서 전체를 **하나의 스토리로 다시 쌓아 올립니다. 구성도 학교 교과서와 다르게 '도형', '수와 식', '확률', '함수', '통계' 순서로 진행합니다.**

수학은 현실적인 이미지를 그리기 쉬운 실생활의 모습이나 사건들과 강하게 연관을 지으면서 시작합니다. **조상들은 왜 (얼핏 뭔지 잘 모르겠는) 공식이나 법, 나아가서는 수학 그 자체를 만들어야 했을까요.** 결코 후세에 살아갈 여러분들에게 시련을 주기 위해서는 아닙니다. 거기엔 반드시, 비록 난해해지더라도 만들어내야 했던 어쩔 수 없는 이유가 있었습니다. 그 이유를 알면 무기질이면서 추상적인 수학에도 선명한 '스토리'가 떠오르게 될 겁니다.

이 책은 '한 번 읽으면 절대 잊을 수 없는'이라는 꽤 강렬한 표현을 제목에 썼습니다. 여러분 중에는 '고작 한 번 읽어서 수학을 어떻게 외워!'라고 생각하는 사람도 있을 겁니다. 하지만 사실 수학에는 반드시 외워야 하는 것이 거의 존재하지 않습니다.

저는 30년 동안 교사 생활을 하면서 수학을 어려워하는 친구들을 지도해 왔습니다. 여러분이 어디에서 막히는지 잘 알고 있다고 생각합니다. 이 책에는 **지금까지 제가 쌓아 온 수학 지도의 노하우를 전부 다 꾹꾹 눌러 담았습니다.** 최대한 잘게 으깨서 먹기 좋게 전달해 드리겠습니다. 그와 동시에 겉넓이로 **쉽기만 할 뿐 아니라, 여러분의 두 다리로 수학의 심오한 세계를 걸어갈 수 있도록 학습법의 '지도'를 제시하겠습니다.**

이 책을 통해 수학이 '절대 잊을 수 없는' 지혜가 될 것을 진심으로 약속드립니다.

나가노 히로유키

차례

제 2 장 수와 식

제 3 장 확률

제 4 장 함수

제 5 장 통계

통째로 외우는 공식은 백해무익

공식 뒤에 숨어 있는 '스토리'가 가장 중요

애초에 수학은 대체 왜 배우는 걸까요? '사회에 나갔더니 수학은 하나도 쓸모가 없던데', '사칙연산은 확실히 필요하긴 하지만 방정식을 풀 일이 있나?' 수학 교사로서는 상당히 슬프지만, 이렇게 생각하는 분들은 실제로 아주 많습니다. 아마 학생 시절에 영문도 모른 채 수학을 '억지로 했던 경험'이 발단이 되지 않았을까요.

굳이 단언하겠는데, 수학은 모든 사람이 익혀야 할 학문입니다. 사회인이 되면 반드시 요구되는 **'논리적 사고력(논리적으로 스토리를 만들어내는 힘)'을 익힐 때 필요한 모든 것이 수학(특히 중학 수학)에 가득 차 있기 때문**입니다. 수학을 배우는 가장 큰 의의가 바로 이 힘을 익히는 것이라고 할 수 있을 겁니다. 반대로 이 힘만 손에 넣는다면, 어른이 된 후에 수학을 어려워한다고 해도 곤란한 일은 아무것도 없습니다.

제가 항상 '통암기 결사반대'를 외치는 이유도 여기에 있습니다. '어떻게 해서 생긴 공식인지' 그 스토리를 건너뛰고 통암기를 하면, 수학에서 정말로 배워야 할 힘을 전혀 단련하지 못한 채 졸업을 하기 때문입니다.

아인슈타인은 이런 식으로 말했습니다. **'교육이란 학교에서 배운 모든 것을 잊어버렸을 때 자신에게 남아 있는 것을 말한다.'**

통암기를 그만두면 수학을 통해 배워야 할 것과 익혀야 할 것이 보입니다. 그것은 모든 공식이나 해법을 다 잊어버린 후에도 당신의 머릿속에 남아 보물이 될 것입니다.

그림 H-1 수학 공식, 절대 통째로 외우지 마라!

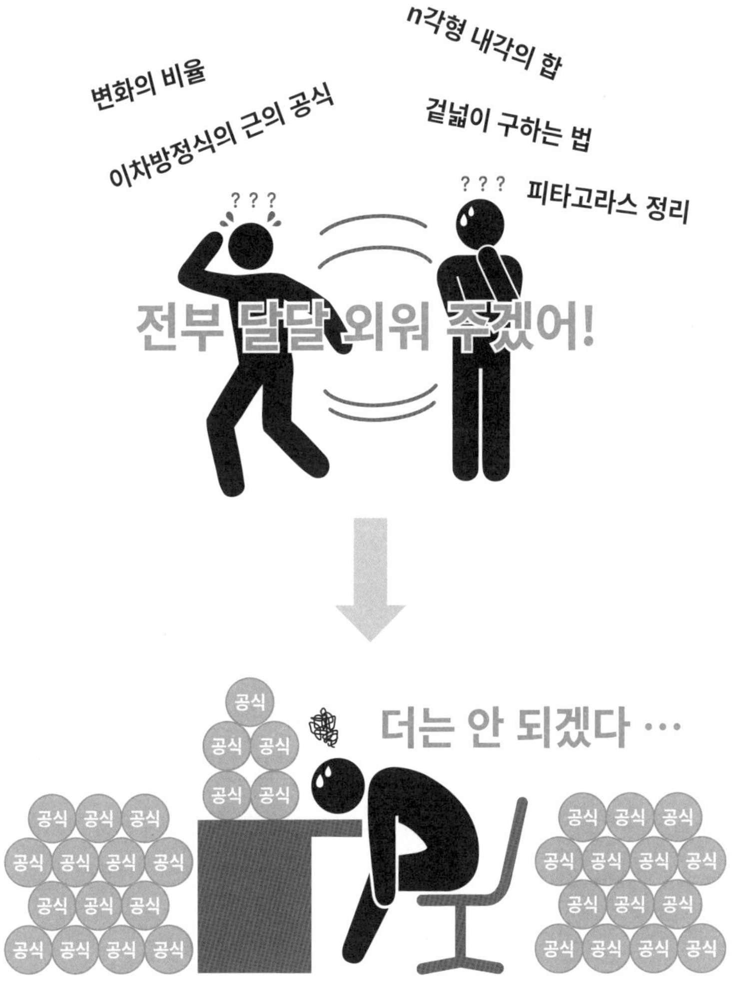

중학 수학만 해도 100개 이상 등장하는 공식을 뜻도 모른 채 통암기하려고 하면 이른 단계에 좌절한다.

수학은 '기원'의 스토리로 배워라!

수학은 조상들의 생활의 지혜

이 책은 **'기원'을 섞어 넣은 스토리로 중학 수학을 해설했다**는 점이 가장 큰 특징입니다. 왜 굳이 '기원'까지 거슬러 올라가야 할까요? 그것은 실생활과 강하게 연결된 수학의 '기원'을 알면, 수학에 등장하는 추상적이고 난해한 개념을 이해할 때 무척 도움이 되기 때문입니다.

'수학이 무슨 도움이 되지?'라고 생각하는 사람이 많다는 것과 '수학은 어려워!'라고 생각하는 사람이 많다는 것에는 전혀 상관관계가 없지는 않을 것입니다. 다시 말해 **실생활과의 연결고리가 거의 느껴지지 않기 때문에 어려운 것**입니다. 어떤 학문을 습득할 때는 현실적인 감각을 가지고 '지금 뭘 하려고 하는 걸까?'라는 이미지를 그리는 것이 무척 중요합니다. 특히 수학은 직감적으로 이해하기 어려운 추상적 표현이 참 많습니다. 그런 표현들이 현대 교과서에 어떻게 실리게 되었는지, 그 과정을 알면 이해하는 데 도움이 됩니다.

예를 들어, 현대에는 가 본 적 없는 땅까지 거리가 얼마나 되는지 지도를 통해 간단히 알아낼 수 있습니다. 우리는 지도와 실제 지형이 '닮음'이라는 사실을 이미 알기 때문이지요. 하지만 도형에 대한 지식이 적고 현재만큼 측량 기술이 발전하지 않았던 옛날에는 두 점 사이의 거리를 정확히 측정하는 것만 해도 어마어마한 일이었습니다. **도형의 성질을 이용해서 종이에 그림을 그려 실제 땅의 길이나 넓이를 알아내는 수학 기술은 그야말로 생활의 지혜였지요.**

이렇게 생각하면 제1장에서 배울 닮음의 증명은 '무엇을 하려고 하는가'라는 스토리가 자연스레 잡힙니다.

이 공식이나 해법이 어떤 과정을 통해 생겼는지, 무엇을 하려고 하는 건지 항상 스토리에 주시해서 수학을 공부하세요.

그림 H-2 중학 수학 5단원의 '기원' 스토리

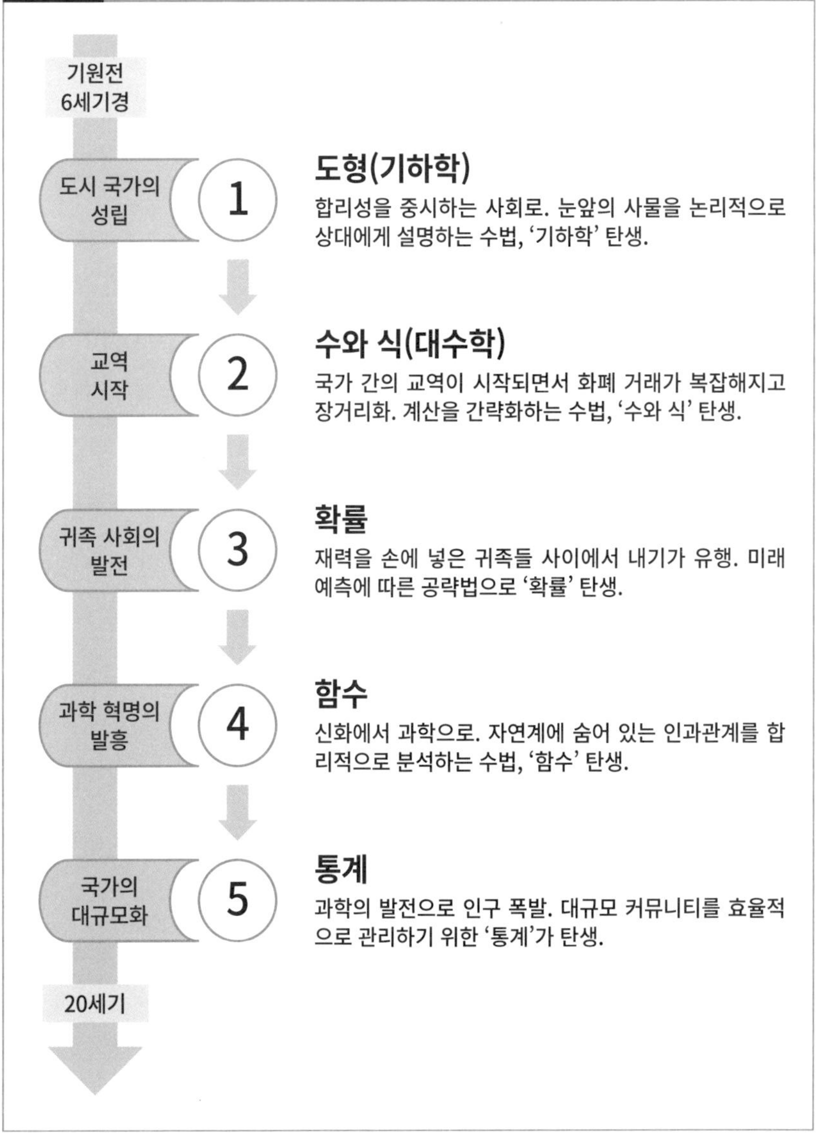

기원전
6세기경
도시 국가의
성립
1
도형(기하학)
합리성을 중시하는 사회로. 눈앞의 사물을 논리적으로 상대에게 설명하는 수법, '기하학' 탄생.
교역
시작
2
수와 식(대수학)
국가 간의 교역이 시작되면서 화폐 거래가 복잡해지고 장거리화. 계산을 간략화하는 수법, '수와 식' 탄생.
귀족 사회의
발전
3
확률
재력을 손에 넣은 귀족들 사이에서 내기가 유행. 미래 예측에 따른 공략법으로 '확률' 탄생.
과학 혁명의
발흥
4
함수
신화에서 과학으로. 자연계에 숨어 있는 인과관계를 합리적으로 분석하는 수법, '함수' 탄생.
국가의
대규모화
5
통계
과학의 발전으로 인구 폭발. 대규모 커뮤니티를 효율적으로 관리하기 위한 '통계'가 탄생.
20세기

수학 공부에 필요한 3단계

수학 공부에도 '보조론'이 필요하다

제가 추천하는 '외우지 않는 공부법'에는 세 단계가 있습니다. 그것은 **① 정의 확인**, **② 공식 증명**, **③ 문제 풀이**입니다.

'① 정의 확인'이란 수학에 등장하는 **언어('소수'나 '음수' 등)의 뜻을 100% 정확하게 아는 것**입니다. 당연하지만 우리는 무언가를 생각할 때 반드시 '언어'를 사용합니다. 그 언어의 뜻이 애매하거나 틀렸다면 절대로 올바른 사고를 할 수 없지요. 그런데 **공식만 달달 외우고서는 용어의 뜻을 확인하지 않은 채 두루뭉술한 상태로 진도만 나가려는** 사람이 놀랄 정도로 많습니다. **수학의 해상도는 교과서에 등장하는 언어 하나하나의 뜻을 100% 정확히 알았을 때 몰라보게 올라갑니다.**

다음으로는 '② 공식 증명'을 해야 합니다. 이미 '수학은 스토리로 배우는 것이 중요'하다고 이야기했습니다. 앞서 나온 '기원'을 날실로 엮은 스토리를 '큰 스토리'라고 친다면, 정리나 공식 하나하나가 성립하기까지의 과정, 그러니까 '작은 스토리'도 중요합니다.

왜 '세 쌍의 변이 같으면 합동'인가, 왜 '0으로 나누면 안 되는가', 왜 '$(-1)\times(-1)=+1$'인가. **이 책에서는 학교 교과서에서 깊이 들어가지 않는 공식이나 정리까지 차근차근 증명할 예정입니다.** 얼핏 보면 멀리 돌아가는 것 같아서 접근하기가 귀찮게 느껴질 수 있는데, '통암기'에서 벗어날 열쇠가 바로 여기에 있습니다.

앞으로 이 책에서는 충분히 자기 것으로 만들면 수학 전체의 이해도가 쑥 올라가는 증명들

그림 H-3 수학 공부에 필요한 3단계

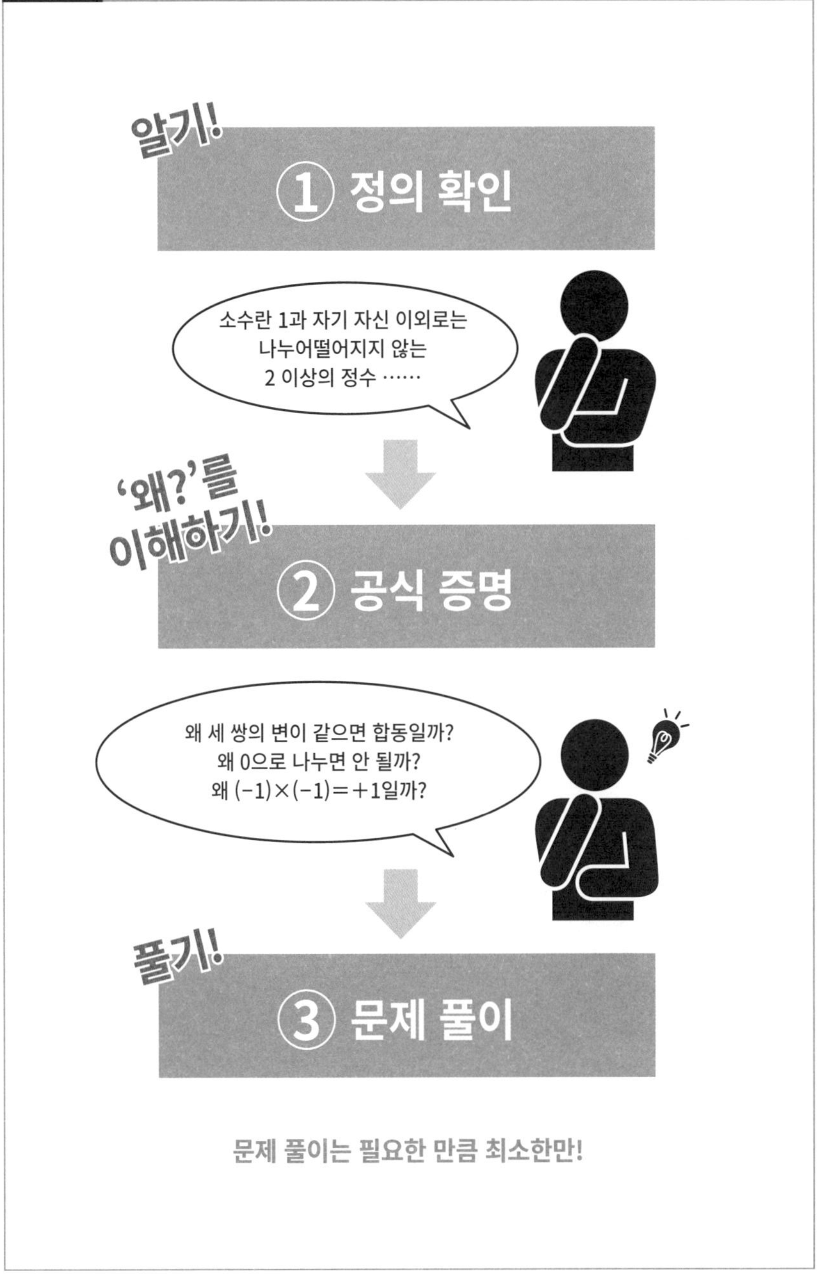

만 소개할 생각입니다. '증명은 딱 질색인데 ……'라는 분들도 괜찮습니다. 의심할 여지가 없는 당연한 사실을 하나하나 쌓아 올린 것이 증명입니다. 수학을 배웠던 10대 때보다 인생의 경험을 쌓으면서 지성과 감성을 갈고 닦은 여러분들은 생각보다 훨씬 간단하게 느낄 수 있습니다. 그런 의미에서도 **증명은 어른이 수학을 다시 배우기에 제격인 접근**이 될 수 있습니다.

이제 마무리는 '③ 문제 풀이'로 합니다. ① ②단계를 잘 밟았다면, 어떤 문제든 반드시 풀 수 있습니다. 반대로 이 두 단계를 건너뛰고 **암기나 문제 풀이만 하면, 풀 수 있는 문제가 매우 제한적**입니다. 이 책에서 다루는 단원에서 그치지 말고, 앞으로 수학 공부를 할 때는 문제 풀이에 들어가기 전에 이 두 단계를 먼저 밟았는지 확인하세요.

단, 어른이 수학을 다시 공부할 때는 **문제 풀이를 최소한으로 줄여도 좋습니다.** 논리적으로 스토리를 짜서 만드는 힘(=논리적 사고력)을 기르기 위해서는 이 책에서 배우는 수학의 기본적인 지식을 확인하는 정도로만 문제 풀이를 하면 되니까요. 이 책을 읽고 충분히 이해했는지 시험해 보고 싶은 분들은 꼭 시중에 파는 문제집을 풀어 보세요. 아마 술술 풀리게 될 겁니다.

수학 공부는 자전거 타기와 비슷합니다. 처음부터 자전거를 탈 줄 아는 사람이 없듯이, 공부하는 비결을 혼자서 깨치는 사람은 없습니다. 부모님이나 친구에게 도움을 받거나 보조 바퀴를 써서 균형 잡는 법을 배웠을 때 비로소 자전거를 혼자서 탈 수 있게 되지요. 마찬가지로 수학을 공부하는 비결을 내 것으로 만들려면 그것을 아는 사람의 도움이 필요합니다.

이제부터 이 3단계를 바탕으로 모든 단원을 해설하려고 합니다. 끝까지 읽었을 때는 '보조 바퀴' 없이 자신의 힘으로 '자전거'를 탈 수 있게 될 겁니다.

서장

수학 복습

수학의 걸림돌을 없애라

'통암기'의 나쁜 버릇은 나눗셈에서 시작되었다!?

Homeroom에서도 이야기했듯이, 수학을 어려워하거나 수학의 본질을 잘 잡지 못하는 원인의 대부분은 '뭐든지 다 외우자'라는 자세에 있습니다.

그럼 대체 언제부터 그렇게 나쁜 버릇이 생겼을까요? **그 시작을 더듬어 보면, 거의 100% 나눗셈부터입니다.**

사칙연산 중에서 덧셈, 뺄셈, 곱셈의 의미를 모르는 사람은 거의 없습니다. 그런데 나눗셈 이야기만 나오면 마치 안개가 낀 것처럼 시야가 흐릿해집니다.

왜 '거리 ÷ 시간 = 속력'인지, 왜 '비교하는 양 ÷ 비율 = 기준량'인지를 잘은 모르겠는데, 혹은 설명을 못하겠는데 시험을 봐야 하니 무조건 달달 외우는 공부법을 선택할 수밖에 없었던 분들 계시겠지요? 앞 글자를 따서 외우거나 그림을 그려 억지로 머리에 집어넣은 분들도 계실 겁니다.

이 통암기는 나중에 수학을 이해하려고 할 때 자꾸만 훼방을 놓습니다. **수학에는 나눗셈을 기본으로 하는 개념이 아주 많기 때문**이지요. 한 번 나눗셈 이해하기를 포기해 버리면, 그때부터 모든 것을 통째로 외울 수밖에 없어지고 수학 공부법은 점점 엉뚱한 방향으로 가게 됩니다.

나눗셈에 걸려 넘어지는 것이야말로 수학의 걸림돌입니다. 따라서 이 책에서는 중학교 내용에 들어가기 전에 나눗셈의 기본을 확실하게 잡으면서 중학 수학과 관련이 깊은 분수와 비율을 복습하려고 합니다.

그림 0-0 서장 [수학 복습] 약식도

나눗셈에는 2가지 의미가 있다!

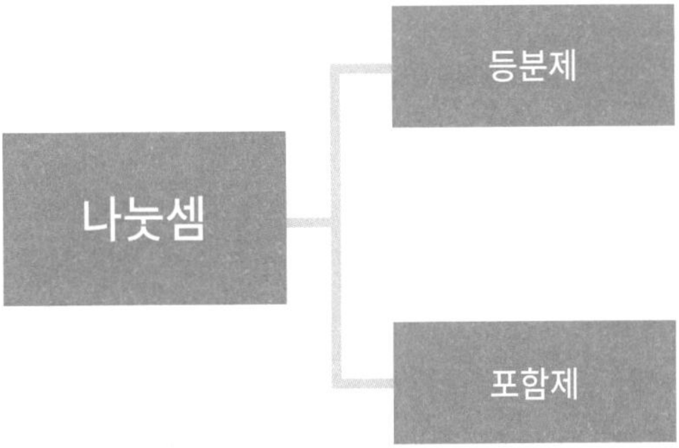

나눗셈부터 시작하는 '통암기'가 걸림돌!

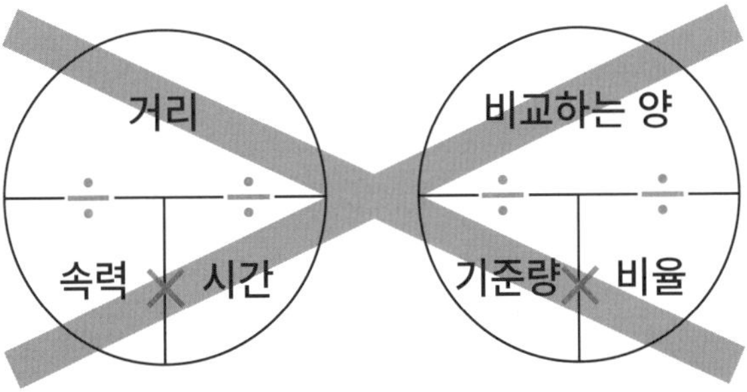

2가지 나눗셈(등분제와 포함제)

먼저 곱셈의 구조부터 짚고 넘어가자

'사탕을 한 사람에게 3개씩 나누어 주면 두 사람의 몫은 총 몇 개일까?' 이런 문제는 다음과 같은 곱셈으로 계산합니다.

그림 0-1 곱셈의 구조

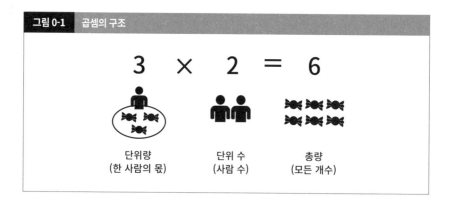

여기서 곱셈의 구조를 분명히 구분 짓기 위해 '단위량', '단위 수', '총량'이라는 용어를 새로 정의하겠습니다.

단위량(Unit amount) …… **한 사람(1인분)의 몫, 한 사람이 가지는 양**

단위 수(number of Units) …… **단위가 몇 개인가, 단위의 개수(사람 수)**

총량(total amount) …… **모든 개수, 합계**

이 용어를 사용하면 위에 나온 곱셈은 이런 구조로 나타낼 수 있습니다.

단위량 × 단위 수 = 총량

나눗셈은 곱셈의 역산입니다. '단위량 × 단위 수 = 총량'에서 '단위량'을 구하는 계산, 그리고 '단위 수'를 구하는 계산을 모두 '나눗셈'이라고 합니다. 그러니까 **나눗셈에는 2가지 뜻이 있는 것**이지요. 이 2가지 뜻의 차이를 확실하게 인식하는 것. 이게 바로 수식이 전하는 메시지를 이해하고 통암기에서 벗어나는 첫걸음입니다!

나눗셈의 의미 ① … 등분제

'단위량'을 구하는 나눗셈을 등분제라고 합니다.

'사탕 6개를 두 사람에게 똑같이 나누어 주면 한 사람당 몇 개를 가지게 될까?'라는 문제의 답을 구하는 계산이 등분제입니다.

그림 0-2 똑같이 나누는 것이 '등분제'

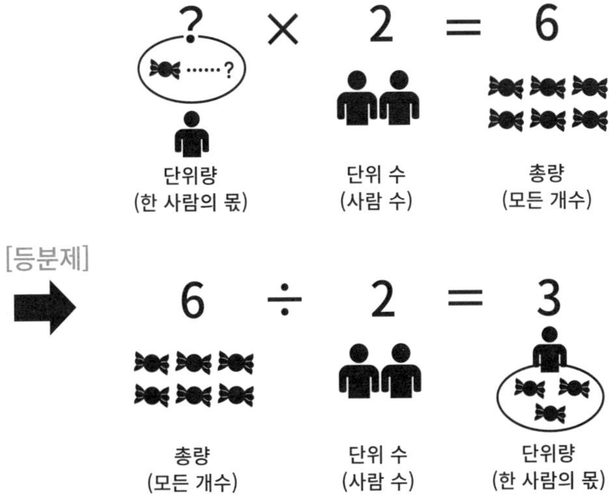

나눗셈하면 등분제, 그러니까 **똑같이 분할한다는** 이미지를 가진 사람이 많을 겁니다. 실제로 '나눗셈'은 영어로 'division'을 번역한 용어이며, 'division'의 원래 의미는 '분할'입니다.

나눗셈의 의미 ② … 포함제

'단위 수'를 구하는 나눗셈을 포함제라고 합니다.

'사탕 6개를 한 사람당 3개씩 나누어 주면 몇 명에게 나누어 줄 수 있을까?'라는 문제의 답을 구하는 계산이 포함제이지요.

그림 0-3 몇 사람의 몫인지 구하는 것이 '포함제'

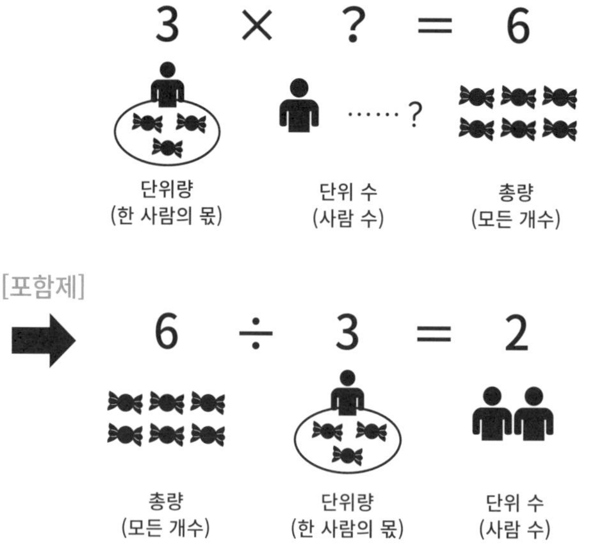

예를 들어, 54 ÷ 13을 손으로 써서 계산하려고 할 때, '54 중에 13이 몇 개 들어 있는가……'를 생각합니다. 그 감각이 포함제입니다. **나누어지는 수(여기서는 54)에 나누는 수(여기서는 13)가 몇 개 들어 있는지를 생각하는 것이 포함제**인 것이지요.

'54 ÷ 13의 경우는 54에서 13을 반복해서 제거했을 때 몇 번 제거할 수 있을까?'를 생각하면 됩니다. 아래와 같이 4번 제거하고 마지막에는 2가 남습니다.

54 → 41(1회) → 28(2회) → 15(3회) → 2(4회)

⬇

54 ÷ 13 = 4 … 2(4 나머지 2)

포함제의 나눗셈은 나누는 수를 반복해서 제거하는 감각이기 때문에 예전에는 나눗셈을 '제법(除法, 나눗셈을 하는 방법)'이라고도 불렀습니다.

〈등분제의 예〉

- **대금 ÷ 개수 = 단가**
- **합계 ÷ 개수 = 평균**
- **질량 ÷ 부피 = 밀도** (밀도: 단위 부피당 질량)
- **거리 ÷ 시간 = 속력** (속력: 단위 시간당 이동 거리)

〈포함제의 예〉

- **대금 ÷ 단가 = 개수**
- **거리 ÷ 속력 = 시간**
- **원주율÷지름 = 원주율** (원주율: 원둘레가 지름의 몇 배인지를 나타낸 것)
- **식염의 무게 ÷ 식염수의 무게 = 농도** (농도: 식염수의 무게를 단위량 '1'이라고 했을 때, 식염의 무게가 몇 배인지를 나타낸 것)

분수의 나눗셈은 왜 뒤집어서 계산할까?

분수의 나눗셈 이해하기 ①(초등학생용 설명)

이런 예제를 생각해 보세요.

《예제》 철수가 탄 자동차는 $\frac{2}{3}$분 동안 $\frac{4}{5}$km를 달린다. 이 자동차가 일정한 속도로 달린다고 하면, 1분에 몇 km를 달릴까?

예를 들어, '3분 동안 6km를 달렸다. 1분 동안에는 몇 km를 달릴까?'라는 문제라면 '6 ÷ 3 = 2'로 계산하니까 1분 동안 달리는 거리(분속)는 2km라는 답을 구할 수 있습니다. 마찬가지로 생각하면 위의 예제는 다음과 같이 계산하면 답이 나옵니다.

$$\frac{4}{5} \div \frac{2}{3}$$

이제 드디어 분수의 나눗셈이 등장합니다. 어른들은 대부분 $\frac{4}{5} \times \frac{3}{2}$처럼 나누는 수를 뒤집어서 곱하면 된다는 걸 배웠을 겁니다. 하지만 아이들이 '왜 뒤집는 거예요?'라고 질문을 한다면 대답할 수 있는 어른이 얼마나 될까요? 분수의 나눗셈은 통암기를 졸업하고 과정을 보는 눈을 기르기 위해 딱 맞는 주제이니 이 기회에 찬찬히 생각해 보세요.

여기서 목표는 **1분 동안 달리는 거리를 계산하는 것**입니다. 그래서 $\frac{2}{3}$**분** 동안 달리는 거리를 일단 절반으로 나누어 $\frac{1}{3}$**분** 동안 달리는 거리를 계산하고, 그다음에 **3**을 곱하는 방법을 생각합니다.

그림 0-4 **1분 동안 달리는 거리를 구하는 계산**

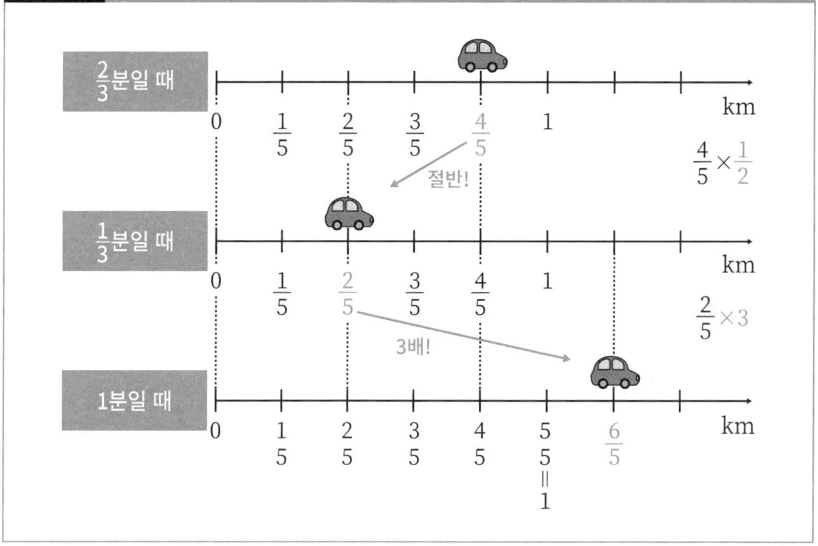

1분 동안 달리는 거리(분속)를 구하는 '$\frac{4}{5} \div \frac{2}{3}$'라는 식은 다음과 같은 곱셈으로 고칠 수 있다는 걸 알 수 있겠지요.

$$\frac{4}{5} \div \frac{2}{3} = \frac{4}{5} \times \frac{1}{2} \times 3 = \frac{4}{5} \times \frac{3}{2}$$

일반화해서 만약 $\frac{\bullet}{\square}$ 분 동안 달리는 거리 중에 '1분 동안 달리는 거리'를 구하고 싶다면, 아래 식으로 구할 수 있습니다.

$$\text{1분 동안 달리는 거리} = \frac{\bullet}{\square}\text{분 동안 달리는 거리} \div \frac{\bullet}{\square}\text{분}$$

또한 $\frac{●}{□}$ 분 동안 달리는 거리를 $\frac{1}{●}$배해서 $\frac{1}{□}$분 동안 달리는 거리를 먼저 구하고, 거기에 □배를 해도 '1분 동안 달리는 거리'를 구할 수 있습니다.

$$1\text{분 동안 달리는 거리} = \frac{●}{□}\text{분 동안 달리는 거리} \times \frac{1}{●} \times □$$

즉, '$\div \frac{●}{□}$'은 '$\times \frac{1}{●} \times □ = \times \frac{□}{●}$'과 같습니다.

결국 분수의 나눗셈은 다음과 같이 정리할 수 있습니다.

$$\frac{◆}{◎} \div \frac{●}{□} = \frac{◆}{◎} \times \frac{□}{●}$$

'÷' 기호에 대해

'÷'는 주로 영어권에서 사용되는 기호이며, 분수 표기를 아래처럼 추상화한 것에서 기원했다고 전해집니다.

그림 0-5 '÷'는 분수를 추상화한 것

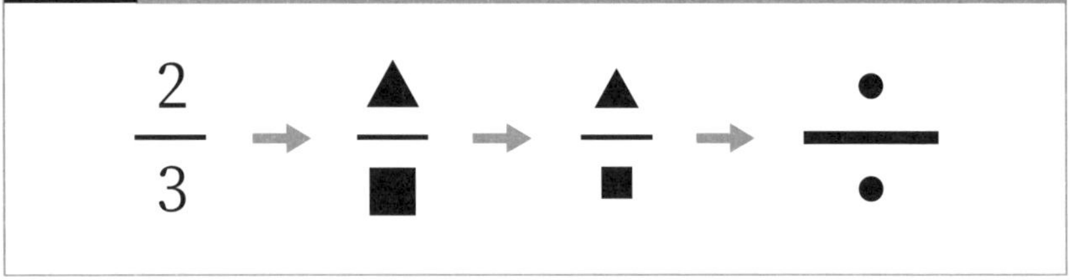

'÷'는 17세기 중반에 스위스에서 고안되었고, 그 후 **아이작 뉴턴** 등이 즐겨 사용하면서 영국을 중심으로 퍼졌습니다. 그러나 '÷'를 일반적으로 사용하는 나라는 그렇게 많지 않습니다.

2009년에 국제 표준화 기구(ISO)가 발행한 수학 기호에 관한 국제 규격 'ISO8000-2'에서는 나눗셈을 '/(빗금)'이나 분수로 나타낸다고 정했고, **'나눗셈을 나타내는 기호로 ÷는 사용하지**

말아야 한다'라는 사실이 확실히 명시되어 있습니다. 어쩌면 전 세계 교과서에서 '÷'가 사라지는 날이 그리 멀지 않았을지도 모르겠습니다.

《발전》 분수의 나눗셈 이해하기 ②(어른용 설명)

애초에 분수란 1을 n등분했다는 것을 $\frac{1}{n}$로 나타낸다는 것에서 시작되었기 때문에 등분제로 생각하면 '$1 \div n = \frac{1}{n}$'입니다. 이것을 사용하면 나눗셈은 다음과 같은 분수로 나타낼 수 있습니다.

$$A \div B = A \times 1 \div B = A \times \frac{1}{B} = \frac{A}{B} \quad \Rightarrow \quad A \div B = \frac{A}{B}$$

A 뒤에 **'×1'**이 숨어 있다는 걸 알아차렸기 때문에 $1 \div B = \frac{1}{B}$이 등장한다는 사실에 주의하세요.

분수÷분수에도 위의 계산을 응용하면 다음과 같습니다.

$$\frac{a}{b} \div \frac{m}{n} = \frac{\frac{a}{b}}{\frac{m}{n}}$$

이렇게 $\frac{\text{분수}}{\text{분수}}$를 **겹분수**라고 합니다. 단, 겹분수는 이해하기가 어려워서 이 상태로 쓰면 꽤 불친절한 답이 되겠지요. 그래서 겹분수의 **분모가 1이 되도록 변형**하려고 합니다.

$$\frac{a}{b} \div \frac{m}{n} = \frac{\frac{a}{b}}{\frac{m}{n}} = \frac{\frac{a}{b} \times \frac{n}{m}}{\frac{m}{n} \times \frac{n}{m}} = \frac{\frac{a}{b} \times \frac{n}{m}}{1} = \frac{a}{b} \times \frac{n}{m}$$

발전적이지만 분수의 나눗셈은 이런 식으로 생각할 수도 있습니다.

분수 계산의 트라이앵글

분수 계산 비법

'$\frac{\text{거리}}{\text{시간}}$ = 속력'이나 '$\frac{\text{비교하는 양}}{\text{기준량}}$ = 비율'처럼 양이 분수의 형태(나눗셈)로 정의되는 경우는 무척 많습니다. 그리고 방정식이나 함수식에서도 분수는 종종 등장하지요. 그러면 제가 꼭꼭 숨겨 놨던 비장의 카드를 꺼낼 시간입니다. 분수 계산이 몰라보게 편해지는 비결을 알려 드리겠습니다.

먼저 '$\frac{A}{B} = C$'에서 시작해 아래와 같이 변형합니다(이하, B나 C는 0이 아닌 것으로 간주합니다).

$$\boxed{\frac{A}{B}=C} \Leftrightarrow \frac{A}{B}\times B=C\times B \quad \text{(양변에 }B\text{를 곱하기)}$$

$$\Leftrightarrow \boxed{A=B\times C}$$

$$\Leftrightarrow A\times\frac{1}{C}=B\times C\times\frac{1}{C} \quad \text{(양변에 }\frac{1}{C}\text{를 곱하기)}$$

$$\Leftrightarrow \boxed{\frac{A}{C}=B}$$

여기서 [ ]를 친 식 3개가 중요합니다.

살짝 어렵게 말해 보자면, 'p이면 q'와 'q이면 p'가 동시에 성립할 때, **p와 q는 동치** 관계에 있다고 말합니다. 위에 나오는 '⇔'가 바로 동치라는 사실을 나타내는 기호이지요.

동치 관계에 있다는 말은 수학적으로 같은 뜻을 가진다는 것. 따라서 [ ]를 친 3개의 식은 아무거나 마음에 드는 것을 쓸 수 있습니다. 그래서 이런 그림을 만들어 봤습니다.

그림 0-6 분수 계산의 트라이앵글

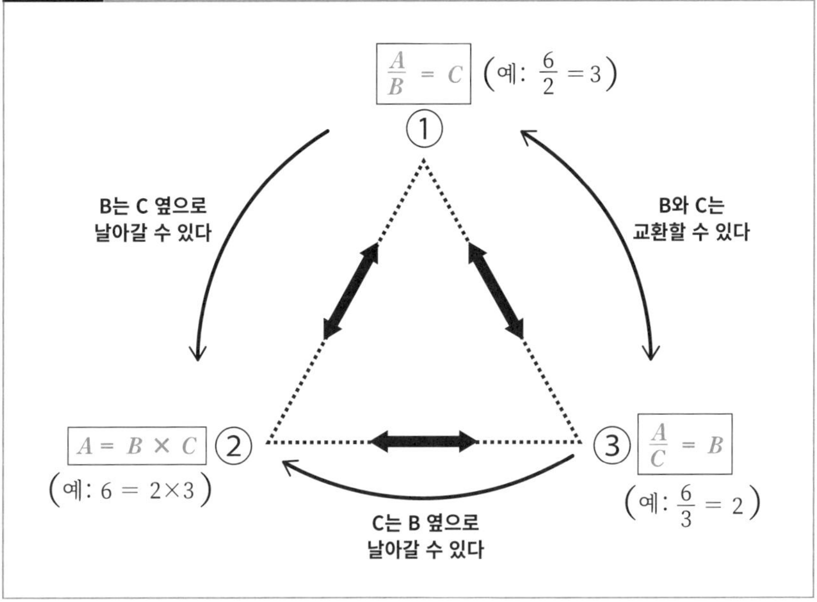

저는 이걸 제 마음대로 **'분수 계산의 트라이앵글'**이라고 부릅니다.

필요에 따라 3개의 식을 자유롭게 오갈 수 있다는 점이 중요하지요. 매번 열심히 식을 변형할 필요 없이, 시각적으로 보고 쓱 변형할 수 있도록 해 보세요. 물론 31페이지에 나온 식의 변형을 언제든지 재현할 수 있어야 한다는 전제가 있지만, 그게 가능해지면 ①→②일 때는 분모 B가 '='을 뛰어넘어 C 옆으로 날아가기도 하고, ①⇆③에서는 B와 C를 교환할 수 있다는 이미지를 가지면 됩니다.

분수 계산이나 속력이나 비율 계산을 할 때는 이 '분수 계산의 트라이앵글'이 머릿속에 들어 있으면 편합니다. 꼭 이 기회에 익혀 놓으세요.

비율은 주어, 수식어, 술어로 생각하자!

비율의 정의식과 바꾸어서 읽기

먼저 교과서적 정의부터 확인해 보겠습니다.

비교하는 양 ÷ 기준량 = 비율

예를 들어, **'정가 250원짜리 상품의 원가는 100원이다. 정가에 대한 원가의 비율을 구하시오'**라는 문제를 생각해 봅시다.

비율을 어려워하는 사람들이 많은 이유는 비율의 정의가 헷갈리기 때문입니다. '비교하는 양'이나 '기준량'이라는 용어에 별로 익숙하지 않은 탓인지도 모릅니다. 그래서 이 책에서는 대담하게 **'비교하는 양'**→**'~는(주어)'**, **'기준량'**→**'~의(수식어)'**, **'비율'**→**'어느 정도(술어)'**로 바꾸어서 읽어 보겠습니다. 그러면 비율의 정의식은 아래와 같습니다.

비교하는 양 ÷ 기준량 = 비율

↓ ↓ ↓

~는 ~의 어느 정도

'비율'이란 '어느 정도'를 말하는구나. 이렇게 이해하는 것이 특히 중요합니다. 이렇게 하면 앞에서 나온 문제의 경우 **'100원(원가)은 250원(정가)의 어느 정도?'**로 해석할 수 있고, 이대로 식으로 만들면 아래와 같은 답이 나옵니다.

$$100(\text{원}) \div 250(\text{원}) = \frac{100}{250} = \frac{2}{5} = 0.4 = 40\% = 4\text{할}$$

또한 비율을 나타낼 때는 분수든 소수든 백분율(~%)이든 할푼리이든 상관없습니다.

비율은 비교를 위한 최강의 도구

예를 들어, 당신이 점포 2개를 경영한다고 생각해 봅시다. 1개월당 매출과 이익은 각각 아래와 같습니다.

1호점: 매출 2400만 원　이익 480만 원

2호점: 매출 3500만 원　이익 525만 원

단순히 비교하면 2호점이 이익은 더 많은데, 그렇다고 해서 1호점에 특별한 조치를 취하기엔 섣부르지요. 1호점과 2호점은 매출이 다르기 때문에 단순히 이익만 비교해 봤자 별로 의미가 없습니다. 1호점과 2호점을 올바르게 비교하려면 **매출에 대한 이익의 비율을 생각해야 하지요.** 즉, **'이익은 매출의 어느 정도인가'**를 알아보세요.

$$1\text{호점: } 480(\text{만 원}) \div 2400(\text{만 원}) = \frac{480}{2400} = \frac{1}{5} = 20\%$$

$$2\text{호점: } 525(\text{만 원}) \div 3500(\text{만 원}) = \frac{525}{3500} = \frac{3}{20} = 15\%$$

이렇게 계산하면 이익의 비율은 1호점이 20%, 2호점이 15%라는 사실을 알 수 있습니다.

특별 조치가 필요한 곳은 2호점이었던 것이지요.

비율이란 전체(기준량)를 '1'로 맞춘 다음, 주목할 숫자를 바르게 비교하기 위한 것이라고 바꾸어 말할 수도 있겠네요. 그렇기 때문에 비율을 비교하는 것은 의미가 있습니다.

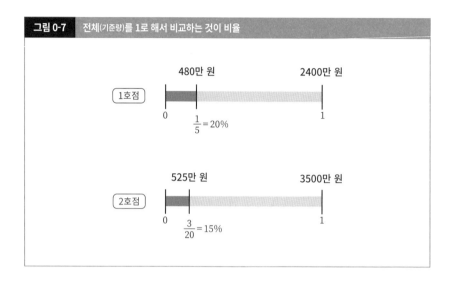

그림 0-7 전체(기준량)를 1로 해서 비교하는 것이 비율

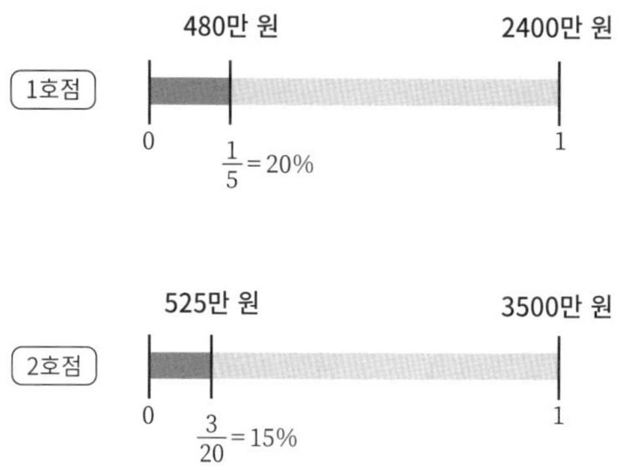

비율은 포함제

그런데 비율을 구하는 나눗셈은 등분제일까요? 아니면 포함제일까요?

앞서 나온 1호점의 매출에 대한 이익의 비율은 '480(만 원) ÷ 2400(만 원)'으로 계산했습니다. 물론 480을 2400등분한 것은 아닙니다. **480만 원이 2400만 원 안에 몇 개 들어가는지를 계산**한 것입니다. 따라서 **비율을 구하는 나눗셈은 '비교하는 양'을 총량, '기준량'을 단위량, '비율'을 단위 수로 하는 포함제입니다.**

'단위 수 = 몇 개'라면서 비율이 1보다 작아지는 경우가 많다는 점도 비율 계산에서 이해하기 어려운 하나의 요인일 겁니다.

'2400 × 2 = 4800'이니까 4800은 2400이 '2개'라고 말하면 이해하기 쉬운데, 480은 2400이 '0.2개'라고 말하면 왠지 석연찮은 기분(직감적이지 않음)이 드는 것도 이해가 됩니다.

하지만 이러한 **소수의 곱과 소수 개수에 대한 이해가 나중에 비율의 개념을 자유자재로 쓸 수 있는 밑거름이 됩니다.**

제1장

도형

도형—도시국가의 성립—

수학의 역사는 도형에서 시작되었다

제1장의 주제는 도형입니다. 사회인이 되면 도형의 넓이나 각도를 구할 기회가 거의 없지요. 그런데 우리는 왜 도형을 굳이 배워야 하는 걸까요? 그것은 수학의 시초와 연결 지어 생각해 보면 잘 알 수 있습니다.

농업이나 목축을 시작하면서 한 군데에 정착해서 살게 된 인류는 각지에서 도시국가를 만들기 시작했습니다. **그중에서도 기원전 6세기경 고대 그리스에서는 대화를 통해 정치를 하는 민주주의가 발전했지요.** 공공의 장에서 토론하거나 연설하고 그 합리성을 중시하는 인류의 문화가 여기서 시작한 것입니다.

방정식이나 함수는커녕, 십진법 계산조차 뜻대로 되지 않던 그 당시에는 고도의 논증을 하기에 안성맞춤인 주제가 바로 눈앞에 있는 '도형'이었습니다. **인류가 사물을 올바르게 이해하고 조리 있게 생각할 수 있도록 한 첫 수법**은 기하학을 통해 확립되었다고 할 수 있습니다.

우리가 도형을 배우는 이유는 **수학사의 전통을 따라 사회생활에 필요한 논리적 사고력이나 설명 능력을 익히기 위해서**입니다.

이 장에서는 제일 먼저 증명의 기초에 관해 이야기합니다. 그 후 기본적인 도형의 작도 방법을 소개합니다. 본격적인 증명은 도형의 합동, 닮음을 통해 공부합니다. 나아가 많은 정리가 성립하는 평행선이나 원 이야기도 다룬 후에 중학 수학의 도달점 중 하나인 피타고라스 정리로 이야기를 옮기려고 합니다. 정다면체나 절단면 같은 입체도형 이야기도 다룹니다.

그림 1-0 제1장 [도형] 약식도

수학자 = 철학자였던 시대

'증명'을 처음으로 한 탈레스

수학 역사의 시초를 명확히 규정하기란 쉽지 않습니다. 무언가 수를 세기 시작했을 때부터, 혹은 삼각형이나 원 같은 도형을 땅에 그리기 시작했을 때부터 수학이 시작되었다고 한다면 그 시작은 바위에서 배어 나오는 용수처럼 희미합니다. 하지만 여러 개의 용수가 모이면 언젠가는 강이 되듯이, 수학도 작은 시작이 모이고 모여 시내가 되고 마침내 큰 강을 이루었지요.

하지만 인류 최초의 수학자는 정확히 알려져 있습니다. 고대 그리스의 **탈레스**(기원전 624경~546경)라는 인물이지요.

탈레스는 인류 최초로 '이등변삼각형의 2개의 밑각은 같다', '맞꼭지각은 같다'와 같은 도형의 성질을 **증명**했습니다. 이러한 사실은 탈레스가 태어나기 훨씬 전부터 알려져 있긴 했지만, 발견만 해서는 수학자라고 할 수 없습니다. 왜 그렇게 되는지를 증명할 수 없다면 그 지식을 수학이라 부를 수 없기 때문이지요. **'증명을 쌓아 올리는' 수학 = 논증 수학의 역사**는 탈레스에서 시작되었습니다.

'수학'이라는 말을 만든 피타고라스

탈레스가 시작한 **논증 수학**을 크게 발전시킨 사람은 탈레스보다 50년 정도 나중에 태어난 **피타고라스**(기원전 570경~496경)입니다. 사실 **'수학(mathematics)'이라는 말을 만든 사람도**

바로 피타고라스이지요. 피타고라스는 '배우다'를 의미하는 '만타노'에서 파생한 '배워야 할 것'이라는 뜻의 '마주제타'라는 용어를 만들었고, 그 내용을 제정했습니다. 이 '마주제타'가 'mathematics'의 어원입니다.

피타고라스는 '마주제타(배워야 할 것)'를 **수에 관한 것**과 **양에 관한 것**으로 크게 나누었고, 나아가 '정(靜)'과 '동(動)'으로 각각 분류했습니다.

수(number)란 하나, 둘 …… 이렇게 세어지는 것을 추상화한 개념이며, 양(quantity)이란 길이나 면적이나 시간처럼 측정 대상이 되는 것을 말합니다. 간단히 말하자면 '3'은 수이지만 '3m'처럼 단위가 붙으면 그것은 양이라고 할 수 있겠지요.

피타고라스는 '수학'을 수론, 기하학, 천문학, 음악이라는 4개의 분야로 구성했습니다.

수학의 4가지 분야 중에 음악이 들어 있다니 조금 이상해 보일 수도 있지만, 사실 '도레미파솔라시도'를 발명한 사람도 피타고라스입니다. 아름답게 어우러지는 소리 안에서 놀랄 만한 수학의 법칙을 발견해 낸 피타고라스는 음악 연구에 예사롭지 않은 의욕을 쏟았습니다. 고대 음악은 오락이라기보다는 오히려 세계의 질서나 조화를 상징했었던 것이지요.

그림 1-1 피타고라스의 '수학' 4분야

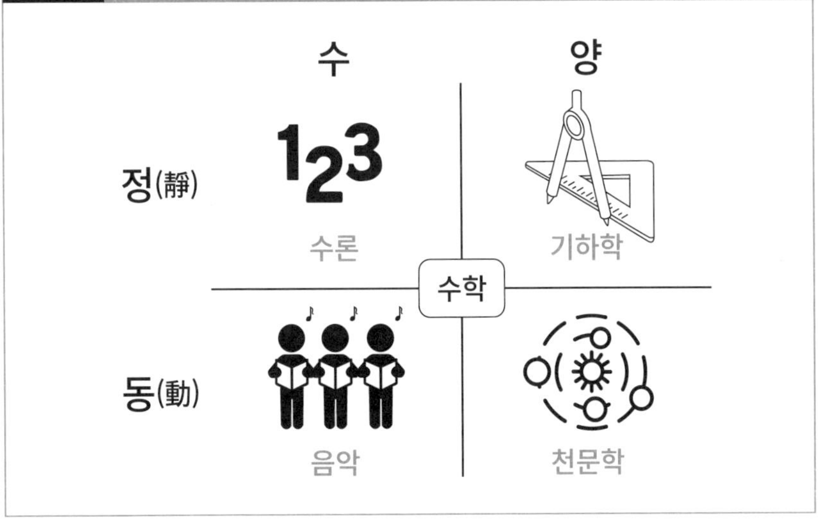

증명은 가정과 결론을 연결하는 것

명제란

기습 문제 나갑니다. 다음 3개의 문장은 참일까요?

(A) 4의 배수는 짝수다.

(B) 3의 배수는 짝수다.

(C) 1000은 큰 수다.

먼저 (A)부터 보겠습니다. '4의 배수'를 실제로 써 보니까 '4, 8, 12, 16, 20, 24, ……'가 나옵니다. 적어도 이들은 모두 짝수(2로 나누어떨어지는 수)입니다. (A)는 옳은 문장 같네요. 그럼 (B)는 어떨까요? 똑같이 '3의 배수'를 적어 보니까 '3, 6, 9, 12, 15, 18, ……'이 나오는데, 이번에는 짝수와 홀수(2로 나누어떨어지지 않는 수)가 섞여 있습니다. 부분적으로 참이다. 이런 식으로 말할까요? (C)는 판단하기가 어렵습니다. '대답할 수가 없다'라는 의견이 많을 겁니다.

수학에서는 **객관적으로 진위(참인지 거짓인지)를 판정할 수 있는 내용**을 명제라고 합니다. (A)나 (B)는 명제입니다. 그런데 (C)가 큰지 아닌지는 개인에 따라 다르기도 하고, 객관적으로 진위를 판정할 수 없기 때문에 명제라고 할 수 없답니다.

참고로 '명제'라는 용어는 영어로 'proposition'을 번역하면서 생겨났습니다. '명(命)'은 '목숨'이라는 뜻이 아니라 '명령'할 때 '명'과 같이 '부여하다'라는 뜻입니다. **'자, 이게 참인지 거**

짓인지 말해 봐'라며 내놓는 것이 '명제'라는 것이지요.

어떤 명제가 참이라는 사실을 확인하려면 증명이 필요하니까 옳다고 생각되는 (A)도 증명을 하지 않는 한 참이라고는 할 수 없습니다. 한편, **어떤 명제가 거짓이라는 사실을 증명하기 위해서는 반례(옳지 않은 예)를 하나만 들어도 충분**합니다. (B)는 '3, 9, 15' 등의 반례가 있으니 거짓 확정입니다.

증명이란

명제의 대부분은 **'P이면 Q'**라는 형태를 취합니다. 이때 P를 가정, Q를 결론이라고 하며 **옳은 명제의 가정에서 결론에 이르는 근거를 제시하는 것**을 증명이라고 합니다.

단, 모든 명제가 'P이면 Q'의 형태를 취한다고는 할 수 없습니다. '정삼각형은 이등변삼각형이다'와 같은 명제도 있으니까요. 이런 경우에는 '어떤 삼각형이 정삼각형이면 그 삼각형은 이등변삼각형이다'처럼 '~이면'이 들어간 문장으로 다시 써서 가정과 결론을 명확히 해야 합니다. 또한, '~이면' 대신에 '⇒'를 사용하는 경우도 많습니다.

증명의 근거로 쓸 수 있는 것은 가정, 정리, 정의 등입니다. 당연한 말이지만 **결론을 근거에 사용할 수는 없으니** 주의하세요.

'증명을 쓰는 게 어렵다'는 사람들은 본인이 글을 써서 읽는 사람에게 가르쳐 준다는 마음가짐으로 써 보세요. 읽는 사람을 배려해서 차근차근 써낼 수 있다면 논리의 비약이 없는 좋은 증명이 됩니다.

그림 1-2 증명에 필요한 요소

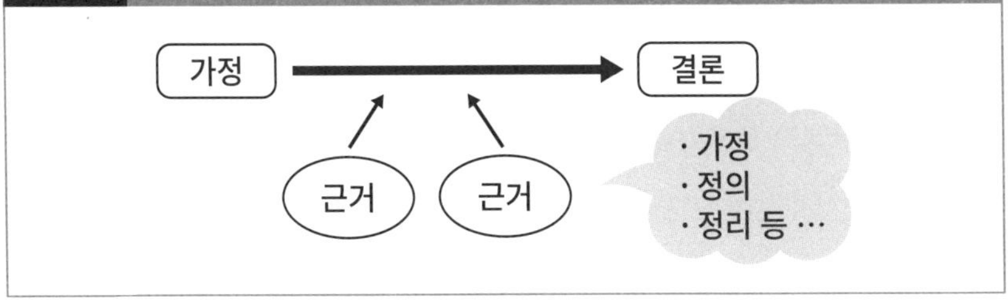

세기의 베스트셀러 『원론』

가장 성공한 교과서

유클리드의 『원론』이라는 책을 아십니까?

『원론』은 기원전 3세기경에 편찬된, 가장 오래된 '수학 교과서'이자, 동시에 20세기 초반까지 전 세계에서 교과서로 사용되었던 경이로운 베스트셀러입니다. 성서를 제외하면 『원론』만큼 세계에 널리 유포되어 많이 출판된 책은 없지요. 수학뿐만 아니라 **지금까지 쓰인 모든 교과서 중에서 가장 성공하고 가장 영향력이 큰 책**, 그게 바로 『원론』입니다. 여담이지만 15세기에 구텐베르크가 활판 인쇄를 발명한 후에 최초로 출판된 수학서도 이 『원론』입니다.

증명의 스타일을 확립했다

앞 절에서 소개한 증명의 스타일을 확립한 것이 바로 『원론』입니다. 오늘날의 수학서 스타일을 결정지었을 뿐만 아니라, 모든 분야에 통하는 논리적 사고법(Logical Thinking)을 제시했지요.

논리적으로 사물을 생각하려고 한다면, 여기에서 아무것도 빼지 못할 뿐더러 이 이상 무언가를 추가할 필요도 없습니다. **블록을 쌓아 올리듯이 하나하나 명제(객관적 사실)를 증명하는 과정 없이는 논리적인 결론을 얻을 수 없기 때문입니다.** 질적으로 보나 양적으로 보나 이 논리적 사고의 견본이 『원론』만큼 상세히 나와 있는 그런 비슷한 책은 또 없습니다. 논리적 사고력을 기르기 위해서는 『원론』이야말로 가장 좋은 서적이라는 뜻이지요.

서양 엘리트들의 필독 수학서

고대 그리스 문화의 전통을 계승하는 서양에서는 논리적 사고가 예로부터 중시되었습니다. **서양에서는 센스나 번뜩이는 재치보다도 주변의 인간을 설득하고 타인의 주장을 이해하는 힘, 그러니까 논리력이야말로 리더에게 필요한 자질이라고 여깁니다.** 논리력을 갈고닦기 위한 이상적인 교과서 『원론』이 서양의 엘리트들에게 꾸준히 필수 교양일 수 있었던 까닭이지요.

『원론』에 매료된 세계의 위인들

『원론』에 영향을 받은 역사적 위인들을 예로 들자면 끝이 없지만, 그중 몇 명을 소개하겠습니다.

아이작 뉴턴은 만유인력을 비롯한 물리 법칙을 정리한 『**프린키피아**』라는 책을 『원론』과 똑같은 스타일로 펴냈습니다. 사실 직접 혁명적인 발견을 이루었던 **극한**(무한대나 무한소) 개념을 사용해서 설명하는 게 더 본질적이었는데, 비판을 두려워한 나머지 빈틈없이 하고자 한 결과였습니다.

제16대 미국 대통령 에이브러햄 링컨은 변호사로서 수행하던 시절에 항상 『원론』을 지니고 다니며 틈만 나면 읽으면서 입증 방법을 배웠다고 합니다.

알베르트 아인슈타인은 소년 시절에 받은 선물 중 큰 영향을 받았다며 『원론』과 자기 컴퍼스를 이야기했고, 잠을 잘 때는 머리맡에 항상 『원론』을 두었습니다.

철학자 버트런드 러셀은 11세 때 형이 『원론』을 소개해 주었던 일화를 '내 인생의 큰 사건 중 하나로 첫사랑만큼 눈부시다'라고 적었습니다.

인류의 역사를 움직인 쟁쟁한 면면들이 하나 같이 『원론』의 포로였다니 참 놀랍지요. 그만큼 이 논리적 사고력이 우리의 문명이나 문화의 약진을 뒷받침해 왔던 것입니다.

'보여 주는 것'이 최고의 증명

작도의 의의

고대 그리스에서 **작도**는 중요한 의미가 있습니다. 지금처럼 수식이 아직 존재하지 않았던 그 당시에는 무언가를 나타내려면 실제로 그려서 보여 주는 방법이 가장 빨랐기 때문이지요.

고대 그리스어로 '증명'을 의미하는 '*δείκνυμι*(deiknymi)'에는 '보여 주다'라는 뜻이 있습니다. '백문이 불여일견'이라는 말도 있듯이, **보여 주는 것에는 절대적인 설득력이 있습니다.** 실제로 『원론』에도 그림으로 증명하는 경우가 많이 나와 있습니다.

작도에는 일정한 법칙이 있는데, 특정 목적을 달성하기 위한 순서가 필요합니다. 작도를 하면 **정보를 정리하는 힘**, 몇 가지 공정으로 **분해하는 힘**, 자신이 그린 선을 **관찰하는 힘** 등이 자연스레 길러집니다. 게다가 작도라는 **구체화** 작업은 원, 직선, 각도, 평행선, 수직 등의 성질을 직감적으로 이해하는 데 도움이 되기도 하지요.

예를 들어, 정보를 정리하는 힘은 통계를 내기 위해 표나 그래프로 데이터를 정리하는 힘이나 복잡한 개념을 그림으로 이해하는 힘과 일맥상통합니다. 분해하는 힘은 복잡한 사상의 요소를 밝혀내거나 경우의 수, 또는 확률을 구할 때 경우를 나누는 힘으로 이어지지요. 관찰하는 힘은 전체를 한눈에 내려다보는 힘, 구체화는 이미지를 부풀려서 생각하고 실험하는 힘입니다.

이런 힘이 사회에 나가면 지긋지긋할 정도로 많이 필요하다는 사실은 굳이 언급할 필요도 없겠지요.

원은 선대칭

다음 절에서 배울 '선분의 수직이등분선 작도'나 '각의 이등분선 작도'에서는 **원의 대칭성**을 이용해야 하므로 먼저 대칭에 대해 복습해 보겠습니다.

직선 하나를 기준으로 접었을 때 완전히 겹치는 도형을 **선대칭**도형이라고 하고, 접은 선이 되는 직선을 **대칭축**이라고 합니다.

교차하는 두 원은 양쪽 원의 중심을 지나는 직선에 대해 선대칭이며, **각각 반지름이 같으면 교점을 지나는 직선에 대해서도 선대칭**입니다.

직선·선분·반직선

작도에 등장하는 용어의 정의를 미리 확인하세요.

직선 …… **양방향으로 한없이 뻗는 곧은 선**

그림 1-3 작도 용어

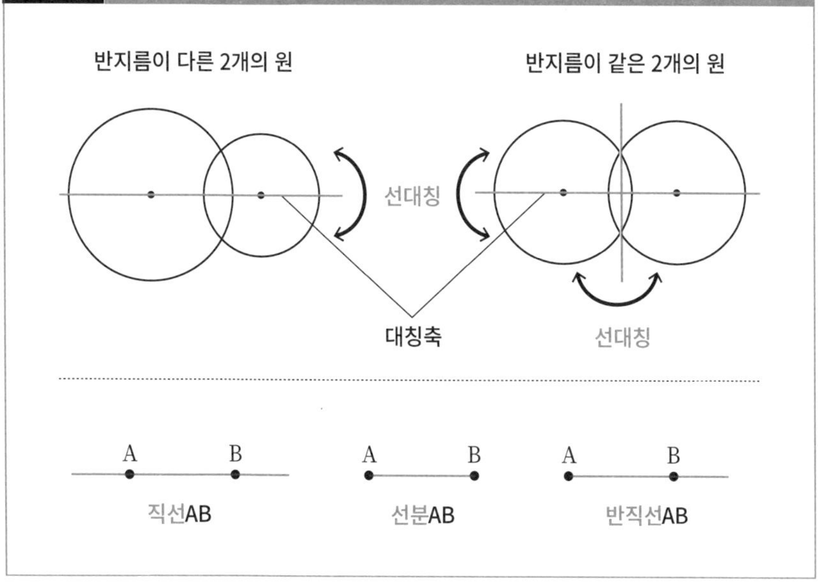

선분 …… 직선상의 두 점으로 구분 지어진 직선의 일부분

반직선 …… 직선상의 한 점에서 한쪽 방향으로 한없이 뻗은 부분

모든 교과서에 등장하는 2가지 작도

선분의 수직이등분선 작도하기

선분AB 위의 두 점 A, B에서 같은 거리에 있는 점을 선분AB의 중점이라 하고, 선분AB의 중점을 지나 선분AB와 수직인 직선을 선분AB의 수직이등분선이라고 합니다. 작도 순서는 이렇습니다([그림 1-4] 위 참조).

① 점A를 중심으로 반지름을 적당히 잡고 원을 그린다

② 점B를 중심으로 ①과 반지름 길이가 똑같은 원을 그린다

③ ①과 ②의 교점을 C, D로 해서 직선CD를 긋는다

반지름이 같은 2개의 원이 교차할 때, 두 원은 두 교점을 지나는 직선에 대해 선대칭이 됩니다. [그림 1-4] 위를 보면, 직선CD가 '대칭축'이 되므로 직선CD는 선분AB의 수직이등분선이 되는 것이지요.

각의 이등분선 작도하기

하나의 각을 2등분하는 반직선을 그 각의 이등분선이라고 합니다. 작도 순서는 이렇습니다([그림 1-4] 아래 참조).

① 점O를 중심으로 반지름을 적당히 잡고 원을 그린다

② ①에서 그린 원과 반직선OA, OB가 만나는 교점을 각각 C, D로 하고, 두 점 C, D를 각자 중심으로 해서 반지름이 같은 원을 그린다

그림 1-4 선분의 수직이등분선과 각의 이등분선 작도하기

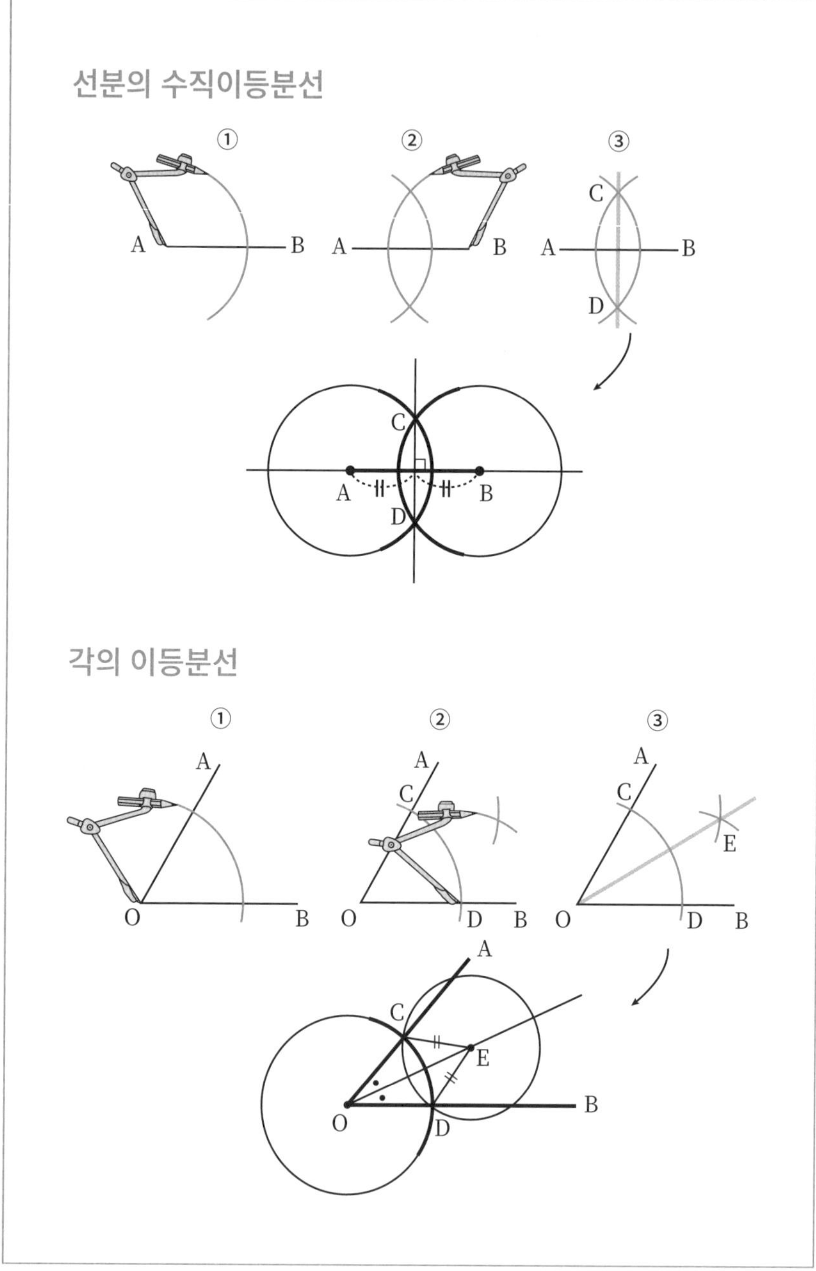

③ ②에서 그린 두 원의 교점을 E로 놓고, 반직선OE를 긋는다

교차하는 두 원은 양쪽 원의 중심을 지나는 직선에 대한 선대칭입니다. E는 C와 D를 지나는 원의 중심이 되므로 두 원의 '대칭축'이 되는 반직선OE는 ∠AOB의 이등분선이라고 할 수 있지요.

가능한 작도와 불가능한 작도

세 점 A, B, C를 지나는 원

세 점 A, B, C가 주어졌을 때, 이 세 점을 지나는 원을 작도하려면 어떻게 해야 할까요?

여기에는 앞에서 나온 '선분의 수직이등분선'의 성질을 이용합니다. 앞 절에서 설명한 '선분의 수직이등분선 작도하기'를 다양한 반지름의 원으로 그려 보면 알 수 있듯이, 선분의 수직이등분선은 선분의 양쪽 끝점에서 각각 거리가 같은 점을 연결한 선입니다([그림 1-5] 왼쪽 참조).

세 점 A, B, C를 지나는 원의 중심은 A와 B에서 같은 거리에 있으므로 선분AB의 수직이등분선 위에 있습니다. 또한 이 원의 중심은 B와 C에서도 같은 거리에 있으므로 **선분BC의 수직이등분선 위에도 있습니다.** 따라서 **①선분AB의 수직이등분선과 ②선분BC의 수직이등분선을 각각 작도해서 교점(O로 놓습니다)을 구하고, ③OA를 반지름으로 하는 원을 그리면 세 점 A, B, C를 지나는 원이 완성됩니다**([그림 1-5] 오른쪽 참조).

그림 1-5 세 점을 지나는 원의 작도

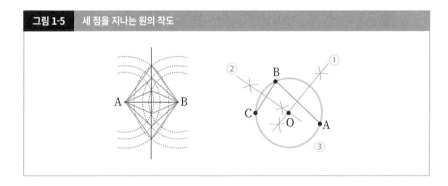

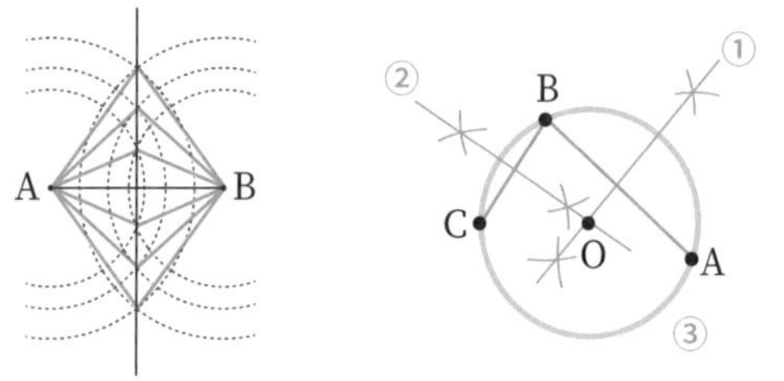

그리스의 3대 작도 문제

수학 역사상 증명에 가장 긴 시간이 필요한 명제는 무엇일까요?

그것은 '그리스의 3대 작도 문제'입니다.

① 원의 넓이 문제 … **주어진 원과 넓이가 같은 정사각형 만들기**

② 정육면체 배적 문제 … **주어진 정육면체보다 부피가 2배 큰 정육면체 만들기**

③ 각의 3등분 문제 … **주어진 각을 3등분하기**

고대 그리스 시대부터 많은 수학자나 수학 애호가들이 이 문제들에 도전해 왔습니다. 하지만 이 3가지는 모두 눈금 없는 자와 컴퍼스만으로는 그릴 수 없습니다.

②와 ③이 불가능하다는 것은 고대 그리스 시대로부터 2200년 이상이 지난 1837년에 프랑스의 수학자 피에르 방첼이 증명했습니다. 또한 ①이 불가능하다는 사실은 독일의 페르디난트 폰 린데만(1852~1939)이 1882년이 되어서야 겨우 증명했지요.

그림 1-6 그리스의 3대 작도 문제

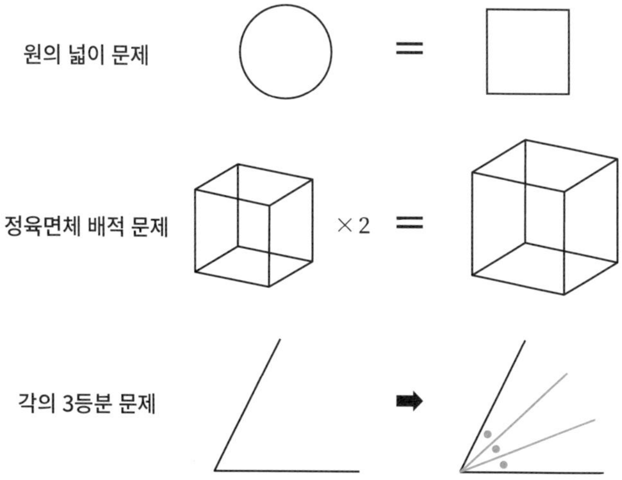

유클리드의 제5공준과 귀류법

물의를 일으킨 유클리드의 '제5공준'

수학의 증명 스타일을 확립한 유클리드의 『원론』을 펼치면, 서론은 없고 갑자기 본론부터 들어갑니다.

처음에는 정의가 나옵니다. '선의 끝은 점이다', '평행선이란 동일한 평면 위에 있으며 양쪽으로 끝없이 연장해도 어느 방향에서든 서로 교차하지 않는 직선이다' 등 다 합쳐서 23개가 있습니다.

정의 다음으로는 공준이 옵니다. 왠지 낯선 용어인데, **'논증을 하기 전에 이것만은 인정해 둡시다'라는 약속**을 말합니다.

현대에는 논증을 생략하고 자명한 진리로서 승인하는 것을 공리라고 하므로 공준과 공리는 거의 비슷한 뜻이지만, **『원론』에서는 도형에 관한 공리를 특히 공준이라고 불렀습니다.**

유클리드의 공준은 다 합쳐서 5개 있는데, 처음 4개는 '모든 직각은 서로 같은 것'처럼 의문을 던질 여지가 없는 것들입니다.

하지만 마지막 제5공준은 **'한 직선이 두 직선과 만날 때 같은 쪽 내각의 합이 두 직각보다 작다면, 이 두 직선은 한없이 연장되는 경우 두 직각보다 작은 각이 있는 쪽에서 만난다'**라고 되어 있고, 얼핏 봤을 때는 공준으로 정할 만큼 자명한 진리는 아닌 것처럼 보입니다. 그래서 일부러 공준으로 정하지 않아도 다른 것을 사용해서 증명할 수 있겠다고 생각한 사람이 많이 있었습니다. 그러나 **19세기에 들어서 제5공준은 결코 증명할 수 없다는 사실이 밝혀졌습니**

다. 유클리드의 기하학(평면의 기하학)이라는 것은 **제5공준을 논증할 필요 없이 받아들일 수 있는 기하학**이라고 해도 좋을 것입니다. 제5공준의 내용은 어려우니 그림으로 설명해 보겠습니다.

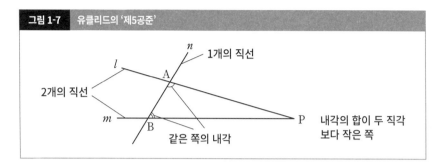

그림 1-7 유클리드의 '제5공준'

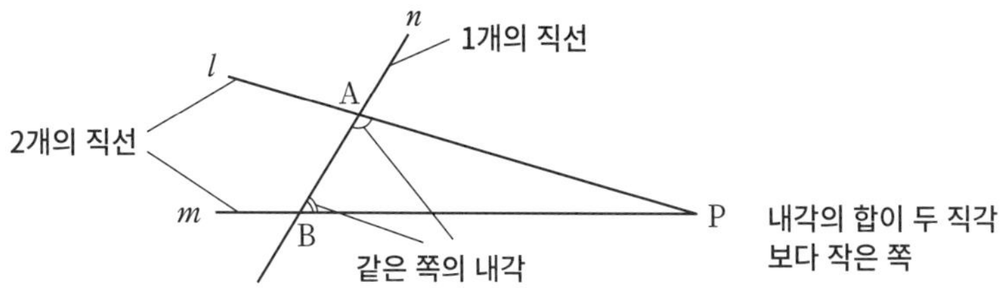

제5공준은 [그림 1-7]에서 직선n이 직선l과 직선m과 만났을 때 $\angle PAB + \angle PBA < 180°$라면, l과 m은 내각의 합이 '두 직각(180°)보다 작은 쪽', 다시 말해 그림의 오른쪽에서 반드시 만난다는 것을 의미합니다. 이 제5공준은 다음 절의 주제인 '평행한 두 직선과 동위각·엇각'의 관계를 나타낼 때 이용합니다.

귀류법이란?

'평행한 두 직선과 동위각·엇각'으로 들어가기 전에 앞으로 나올 **귀류법**이라는 증명법에 관해 이야기하겠습니다.

귀류법이란 **'증명하고 싶은 내용의 부정을 가정해서**(그런 것이라 치고 이야기를 진행) **모순을 이끌어 내어 증명하는 방법'**을 말합니다. 알기 쉽게 말하자면 **'만약 ○○가 아니라고 치면 이야기가 이상해지잖아? 그러니까 ○○는 옳을 수밖에 없지'라는 논리의 증명법**입니다.

형사 드라마에 자주 나오는 '알리바이가 있으니까 용의자는 무죄'라는 논리 역시, '만약 용의자가 유죄라면 범행 시각에 범행 장소 말고 다른 곳에 있었다는 것은 모순이다. 따라서 용의자는 무죄다'라는 식으로 이끌어 내는 귀류법인 셈입니다.

의외로 어렵다! 평행한 두 직선과 동위각·엇각의 관계

평행한 두 직선과 동위각·엇각

본격적인 증명에 들어가기에 앞서 먼저 준비 운동을 하겠습니다. 평행한 두 직선에 또 다른 직선이 교차할 때 동위각이나 엇각에 대해 먼저 정리해야 하거든요. 여러분 중에는 **'동위각이나 엇각이 같을 때는 평행이야'**라거나 **'평행하면 동위각이나 엇각이 같지'**라는 사실을 당연하게 생각하는 분들이 있을 겁니다.

하지만 그 이유를 설명(증명)할 수 있는 사람은 과연 얼마나 될까요? 사실 평행한 두 직선과 동위각·엇각에 대한 위의 관계를 **제대로 증명하기란 상당히 어렵습니다.**

유클리드의 『원론』에서는 어떤 사실을 증명하는 데 필요한 명제가 용의주도하게 준비되어 있습니다. 그 『원론』에 평행선과 동위각, 엇각의 관계는 명제 27 이후에나 등장합니다. 그만큼 많은 사실을 쌓아 올리지 않으면 증명할 수 없다는 뜻이지요.

Homeroom에서도 말했지만, 정의를 확인한 후에 정리나 공식에 이르는 과정을 이해해서 **직접 증명을 해 보는 것은 수학을 잘하는 지름길**입니다.

그래서 여기부터는, 이해를 하면 수학 센스와 논리적 사고력이 특히 단련되는 중요 증명을 한꺼번에 소개하겠습니다(어려워 보이면 건너뛰어도 상관없습니다).

증명이라는 블록을 하나하나 정성스레 쌓아 올리는 감각이 머리에 잡히면, '수학을 잘하는 사람들 눈에만 보이는 세계'가 여러분에게도 보일 겁니다.

맞꼭지각, 동위각, 엇각의 정의

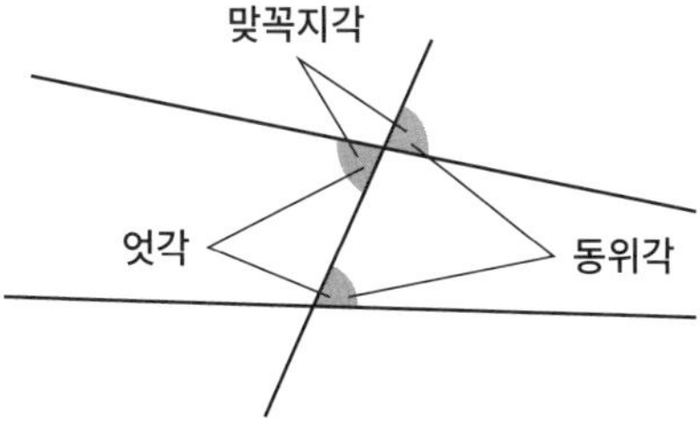

맞꼭지각 …… **두 직선이 만나서 생기는 4개의 각 중에 서로 마주 보는 각**

동위각 …… **두 직선에 다른 직선이 교차해서 생기는 각 중에서 두 직선의 같은 쪽에 위치하는 각**

엇각 …… **두 직선에 다른 직선이 교차해서 생기는 두 직선의 안쪽 4개 각 중에서 서로 다른 방향을 보고 있는 각**

'맞꼭지각은 같다' 증명하기

'맞꼭지각은 같다'라는 명제를 증명할 때는 아래 사실을 이용합니다.

$$A=B,\ A=C \Rightarrow B=C$$

$$A=B \Rightarrow A+C=B+C$$

$$A+C=B+C \Rightarrow A=B$$

『원론』에서도 이들은 처음에 **'공준 = 사전에 승인하는 것'**으로서 나와 있습니다. 이를테면 다음 페이지에서 **'맞꼭지각은 같다'**를 증명하려고 합니다. 하나하나 당연한 사실만 나열한 것이 아닌가 싶을 수도 있지만, 꼭 차근차근 살펴보세요.

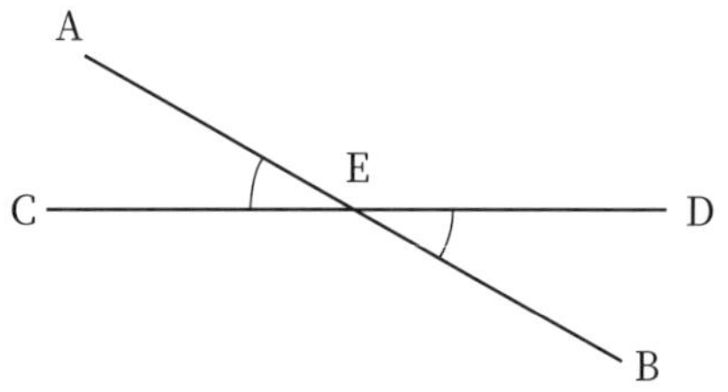

《증명》

$\angle AEC + \angle AED = 180° \cdots$ ①

$\angle DEB + \angle AED = 180° \cdots$ ②

①, ②에서

$\angle AEC + \angle AED = \angle DEB + \angle AED$

$\Rightarrow \angle AEC = \angle DEB$

따라서 맞꼭지각은 같다.

(증명 끝)

'삼각형의 외각은 안맞각보다 크다' 증명하기

이어서 **'삼각형의 외각은 안맞각(내대각)보다 크다'**를 증명하겠습니다.

삼각형의 외각과 안맞각의 관계는 다음 페이지 그림(i)을 보세요. 그림을 보면 누가 봐도 당연한 사실이 적혀 있는데, 정확히 증명하려면 오른쪽 페이지의 증명처럼 논리를 구축할 필요가 있습니다.

또한 '외각은 두 안맞각의 합과 같다'라는 유명한 사실을 여기서 사용할 수는 없습니다. 이 사실을 증명할 때는 삼각형의 내각의 합이 180°라는 사실을 사용하는데, 우리는 삼각형의 내각의 합에 대해서는 아직 아무것도 증명한 게 없기 때문이지요.

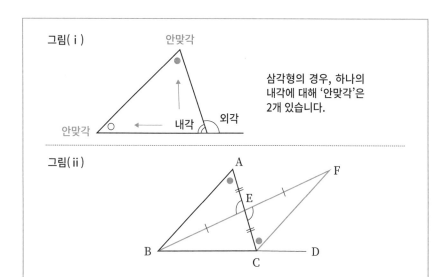

그림(i)

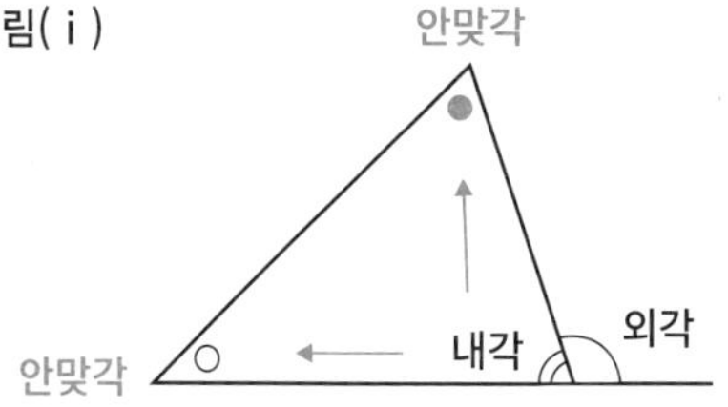

삼각형의 경우, 하나의 내각에 대해 '안맞각'은 2개 있습니다.

그림(ii)

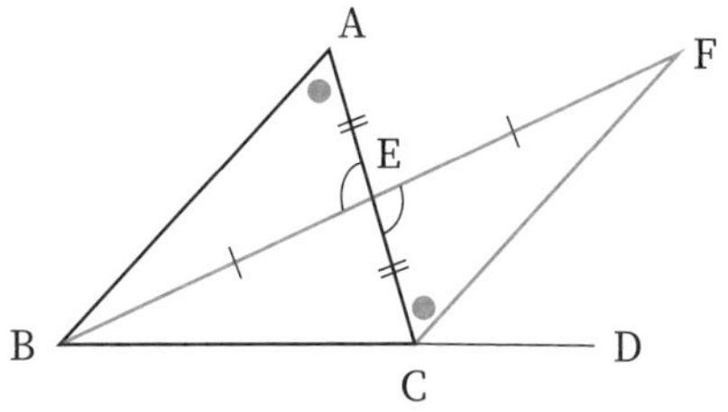

《증명》

그림(ii) $\triangle$ABC에서 AC의 중점을 E, BE를 늘려서 EB = EF가 되는 점을 F로 둡니다.

$\triangle$EAB와 $\triangle$ECF는

· EA = EC　　· BE = EF　　· $\angle$AEB = $\angle$CEF(맞꼭지각)

두 쌍의 변과 그 사이의 각이 각각 같으므로 $\triangle$EAB와 $\triangle$ECF는 합동.

(※삼각형의 합동과 합동 조건에 대해서는 71페이지에서 자세히 해설합니다)

합동인 도형에서 대응하는 각은 같으므로

$\angle$EAB = $\angle$ECF ⇒ **$\angle$EAB** < $\angle$ECF + $\angle$FCD = **$\angle$ECD**

⇒ $\angle$EAB < $\angle$ECD

$\angle$ECD는 $\triangle$ABC의 외각, $\angle$EAB는 안맞각(중에서 하나)이므로 삼각형의 외각은 안맞각보다 크다.

(증명 끝)

중학 수학에서 가장 어려운 증명은 이걸로 해결!

‘엇각이 같다 ⇒ 평행’ 증명하기

드디어 준비가 끝났습니다! 먼저 **‘엇각이 같다 ⇒ 두 직선은 평행하다’**를 증명해 보겠습니다. 이 증명에서는 **귀류법**을 사용합니다.

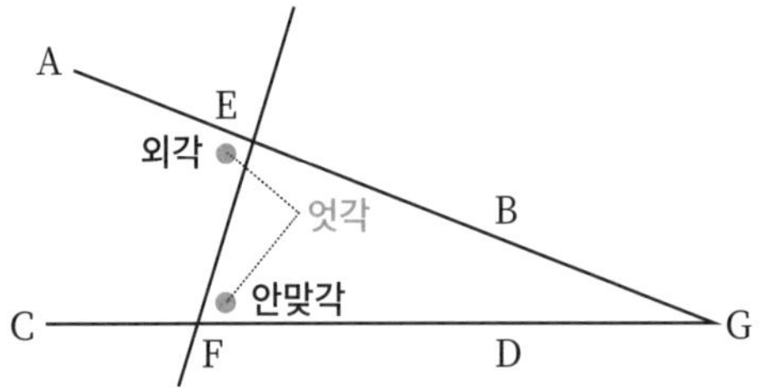

《증명》

그림에서 ∠AEF와 ∠EFG가 같을 때, ‘직선AB와 직선CD가 그림의 오른쪽 점 G에서 만난다’라고 가정한다.

(※ ‘평행 = 아무리 뻗어도 만나지 않는다’를 증명하고 싶으므로 ‘평행이 아니다 = 만난다’를 가정해서 모순을 이끌어 내려 합니다)

두 직선이 만나면 생기는 △GEF에 대해 ∠AEF는 외각, ∠EFG는 안맞각.

앞에 나온 증명에서 도출한 대로, **삼각형의 외각은 안맞각보다 크므로**

$\angle AEF > \angle EFG \cdots$ ①

한편, 가정을 보면 엇각은 같으므로

$\angle AEF = \angle EFG \cdots$ ②

①과 ②는 모순. 직선AB와 직선CD가 그림의 왼쪽에서 만난다고 가정해도 마찬가지로 모순이다(※ '엇각이 같을 때 두 직선은 평행이 아니다=만난다'라는 가정이 틀렸기 때문입니다).

따라서 '엇각이 같으면 두 직선은 평행이다.'

(증명 끝)

'동위각이 같다 ⇒ 평행' 증명하기

'동위각이 같다 ⇒ 평행'은 비교적 간단히 나타낼 수 있습니다. **여기서는 '동위각이 같다 ⇒ 엇각이 같다'만 증명하면 충분**합니다. 왜냐하면 '엇각이 같다 ⇒ 평행'은 이미 증명했으니, '동위각이 같다 ⇒ 엇각이 같다 ⇒ 평행'이 성립함으로써 '동위각이 같다 ⇒ 평행'을 증명한 셈이 되기 때문이지요.

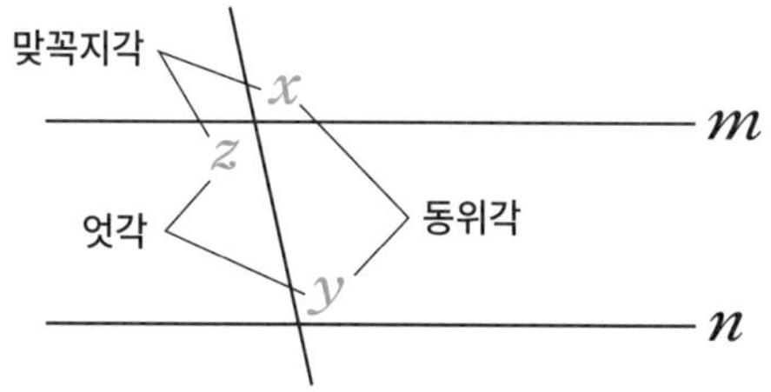

《증명》

가정에 따르면 동위각은 같으므로

$x = y \cdots$ ①

또한 맞꼭지각은 같으므로

$x = z \cdots ②$

①, ②로 미루어보아 $y = z$

엇각이 같으므로 그림의 직선m과 직선n은 평행이다.

(증명 끝)

'평행 ⇒ 엇각이 같다' 증명하기

'평행 ⇒ 엇각이 같다'를 증명할 때는 **유클리드의 제5공준을 사용해서 귀류법으로 나타냅니다.**

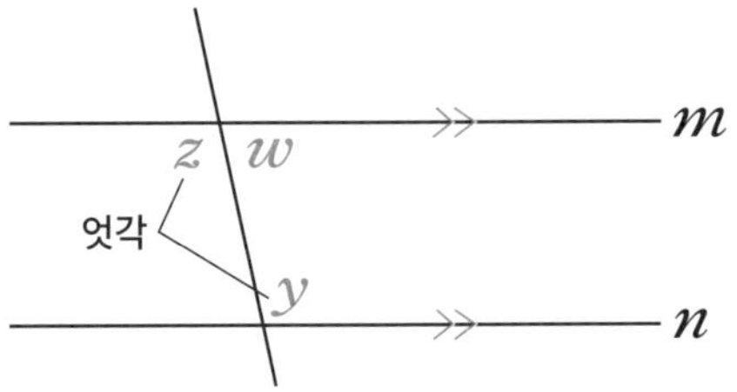

《증명》

그림에서 직선m과 직선n이 평행할 때, 엇각인 z와 y는 같지 않다고 가정한다(여기서는 $y < z$로 둔다).

한편, $w + z = 180° \Rightarrow w + y < 180°$

'유클리드의 제5공준'에 따르면, **같은 쪽의 내각의 합이 180°보다 작으면 두 직선은 만난다.** 이것은 두 직선이 평행하다는 것과 모순이다.

따라서 평행 ⇒ 엇각은 같다.

(증명 끝)

위의 증명에서는 $y < z$로 두었지만, $y > z$의 경우에 두 직선은 그림의 왼쪽에서 만나게 되고, 역시 평행이라는 사실과 모순입니다. 결국 평행일 때 **'엇각이 같지 않으면 모순이므로 엇각은 같다'**가 되는 것이지요.

'평행 ⇒ 동위각이 같다' 증명하기

'평행 ⇒ 동위각이 같다'를 증명하려면 **'엇각이 같다 ⇒ 동위각이 같다'를 보여 주어야 합니다.** 그러면 '평행 ⇒ 엇각이 같다'를 이미 증명했으니, '평행 ⇒ 엇각이 같다 ⇒ 동위각이 같다'가 성립하기 때문에 '평행 ⇒ 동위각이 같다'를 증명할 수 있으니까요.

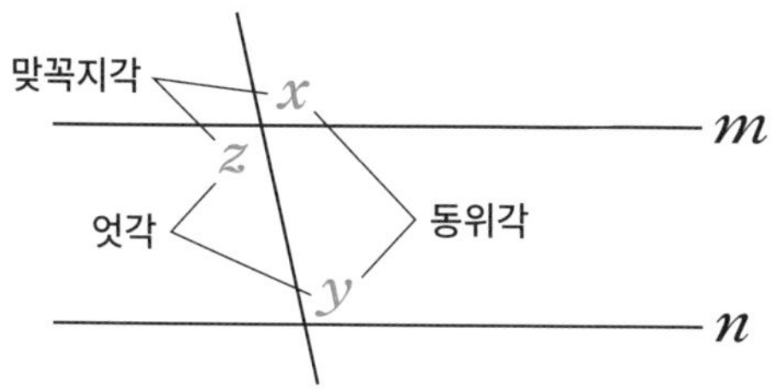

《증명》

그림에서 직선m과 직선n이 평행하다고 하면, 엇각은 같으므로

$y = z \cdots$ ①

또한 맞꼭지각끼리 같으므로

$x = z \cdots$ ②

①, ②로 미루어보아 $x = y$

따라서 동위각은 같다.

(증명 끝)

이게 되면 '증명의 달인'!

고생 많으셨습니다! 긴 여정이었네요. 여기까지 어렵게 느낀 분들도 많겠지만, **이번 절의 내용을 이해하고 백지에 똑같이 재현해 낼 수 있다면 '증명'은 마스터했다고 봐도 좋습니다.**

이렇게 해서 중학 수학에서 가장 어렵고 도형에서 응용 범위가 매우 넓은 정리, '동위각·엇각이 같다 ⇒ 평행'과 '평행 ⇒ 동위각·엇각이 같다'를 증명했습니다.

일반적으로 '$p \Rightarrow q$'와 '$q \Rightarrow p$'가 둘 다 성립할 때, **'p와 q는 동치 관계에 있다'**라고 하고, '$q \Leftrightarrow p$'와 같이 나타냅니다. 즉, **'동위각이나 엇각이 같다 ⇔ 두 직선이 평행'**인 것이지요.

삼각형 내각의 합은 왜 180°일까?

'삼각형 내각의 합은 180°' 증명하기

삼각형 내각의 합이 180°라는 사실은 '평행한 두 직선과 동위각·엇각의 관계'를 사용하면 비교적 간단히 증명할 수 있습니다.

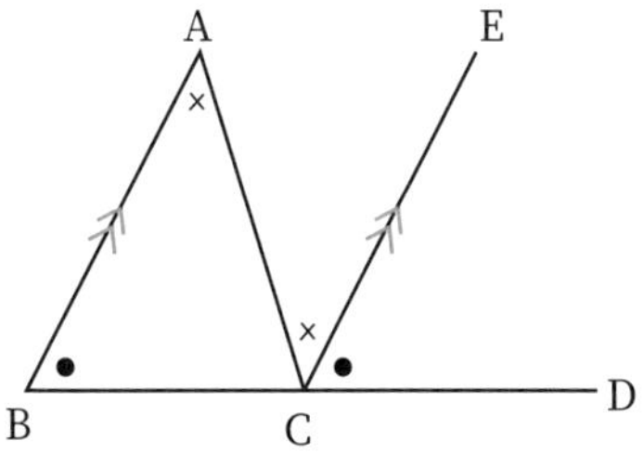

《증명》

그림과 같이 △ABC의 BC를 C 쪽으로 늘려서 점D를 찍는다.

C를 지나며 BA와 평행한 직선CE를 긋는다.

- $\angle ABC = \angle ECD$(동위각)
- $\angle CAB = \angle ACE$(엇각)

$\Rightarrow \angle ABC + \angle CAB + \angle BCA = \angle ECD + \angle ACE + \angle BCA = 180°$

(증명 끝)

순환논법에 주의!

예를 들어, '우는 것은 슬프기 때문이다. 왜 슬프냐면, 그것은 울고 있기 때문이다'는 아무런 설명이 없습니다. '우는 이유'가 '슬프기 때문'이며, '슬픈 이유'는 '울고 있기 때문'이지요.

이처럼 **어떤 명제를 증명할 때 그 명제를 가정한 논증을 이용하는 것**을 **순환논법**이라고 합니다. 그러니까 순환논법은 허위 '증명'인 셈이지요.

앞 절에서 증명했던 '평행 ⇒ 동위각·엇각이 같다'를 삼각형 내각의 합이 180°라는 사실을 사용해서 '증명'하는 모습을 가끔 발견하는데, 이는 순환논법이기 때문에 틀렸습니다.

왜냐하면 앞에서 말한 대로 '삼각형 내각의 합이 180°'라는 사실을 증명하려면 '평행 ⇒ 동위각·엇각이 같다'를 사용하기 때문이지요.

한 바퀴가 360°인 이유는?

한 바퀴가 360°인 이유를 알고 있나요? 고대 그리스에서 '천문학의 아버지' **히파르코스**(기원전 2세기경)가 지구를 경선(북극과 남극을 연결하는 세로선)으로 360분할한다고 제창했을 때부터 시작되었습니다. 당시에 위선(적도와 평행한 가로선)이라는 개념은 이미 나와 있었기 때문에 위선에 경선을 조합해서(경도와 위도로) 지구상의 위치를 나타내고자 한 것이지요. 게다가 **'360'은 1년의 날짜 수와 가깝고 딱 떨어지는 (약수가 많은) 숫자**라는 이유로 선택되었습니다.

그 후 **프톨레마이오스**(2세기경)가 이 개념을 이어받아 원둘레를 360등분해서 한 바퀴의 360분의 1에 상당하는 각도를 1°로 정했습니다. 이렇게 해서 한 바퀴가 360°가 되었지요.

프톨레마이오스는 더 나아가 1°를 60분의 1로 해서 'partes minutae prime(첫 번째 작은 부분)', 그리고 그 60분의 1을 'partes minutae seconds(두 번째 작은 부분)'이라고 불렀습니다.

참고로 16세기 이후에 성능이 좋은 기계식 시계가 만들어졌는데, '시간'보다 더 작은 단위가 필요해졌을 때 프톨레마이오스의 이 60분할 아이디어가 사용되었습니다. 지금도 1시간의 60분의 1을 minute(분), 1분의 60분의 1을 second(초)라고 부르는 것도 그 자취 때문이지요.

다각형 각도의 성질

내각과 외각의 정의

내각 …… **[그림 1-8] (i)의 ∠BAE처럼 다각형에서 이웃한 변이 만드는 다각형 내부의 각**

외각 …… **[그림 1-8] (i)의 ∠EAP처럼 다각형의 각 꼭짓점에서 변 하나와 이웃한 변의 연장선이 만드는 각**

다각형의 내각의 합

도형의 각도나 넓이를 따질 때 단번에 보고 잘 모르겠다면, 삼각형으로 분할하는 것은 기하(도형의 수학)의 기본입니다.

[그림 1-8](ii)를 보세요. 7각형의 중앙 부근에 점을 찍고, 각 꼭짓점과 연결합니다. 그러면 7개의 삼각형이 생기지요. 이 삼각형 7개의 내각의 합에서 중앙에 찍은 점의 둘레인 360°를 빼면 '7각형의 내각의 합'을 구할 수 있습니다. 마찬가지로 생각해서 추상화하면 **n각형의 내각의 합**을 구하는 공식을 얻을 수 있지요.

다각형의 외각의 합

이번에는 7각형의 외각의 합을 구해 봅시다. 각 꼭짓점 주변의 내각과 외각을 더하면 180°(점선의 각도)이므로 '180° × 7'에서 '7각형의 내각의 합'을 빼면 7각형의 외각의 합을 구할 수 있습니다.

[그림 1-8](iii)의 수식에서 '7'을 '*n*'으로 바꾸어 추상화해도 같은 결과가 나옵니다. 의외라고 생각할 수도 있지만, **n각형의 외각의 합은 항상 (n의 값과 상관없이) 360°**입니다.

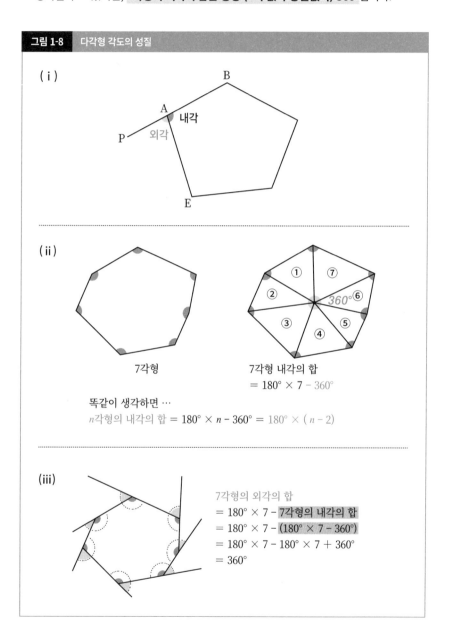

그림 1-8 다각형 각도의 성질

(i)

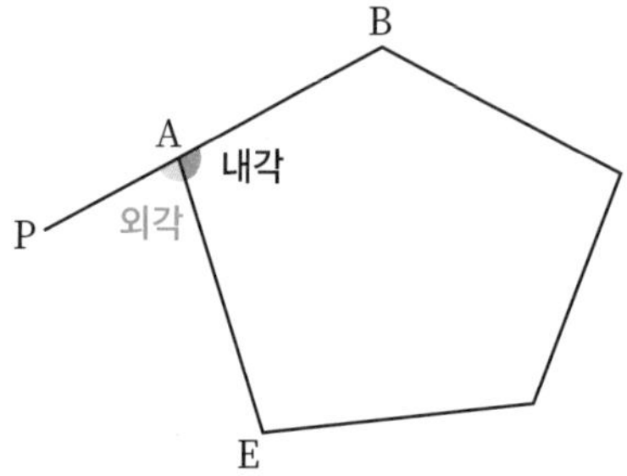

(ii)

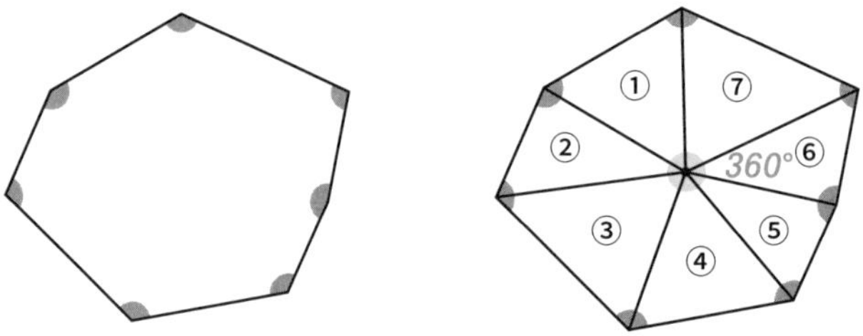

7각형

7각형 내각의 합
$= 180° \times 7 - 360°$

똑같이 생각하면 …
n각형의 내각의 합 $= 180° \times n - 360° = 180° \times (n - 2)$

(iii)

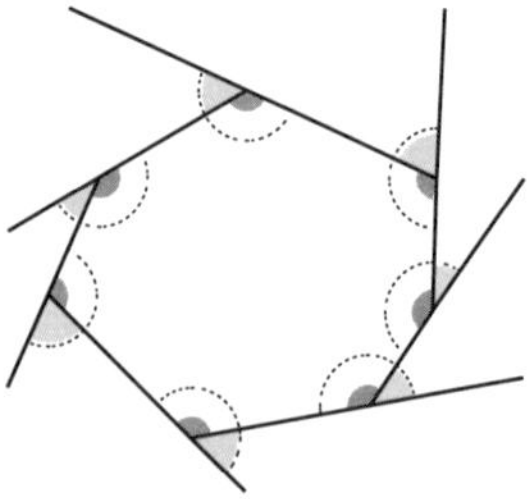

7각형의 외각의 합
$= 180° \times 7 -$ 7각형의 내각의 합
$= 180° \times 7 - (180° \times 7 - 360°)$
$= 180° \times 7 - 180° \times 7 + 360°$
$= 360°$

삼각형의 합동 조건은 '효율 좋은 체크리스트'

합동이란

먼저 정의를 확인해 봅시다.

합동 …… **모양과 크기가 똑같은 2개 이상의 도형이 완전히 포개어지는 것**

합동인 두 도형은 하나를 이동하면 다른 쪽으로 완전히 겹치기 때문에 **합동인 도형끼리 대응하는 변이나 대응하는 각의 크기가 같습니다.**

그림 1-9 삼각형의 합동 조건

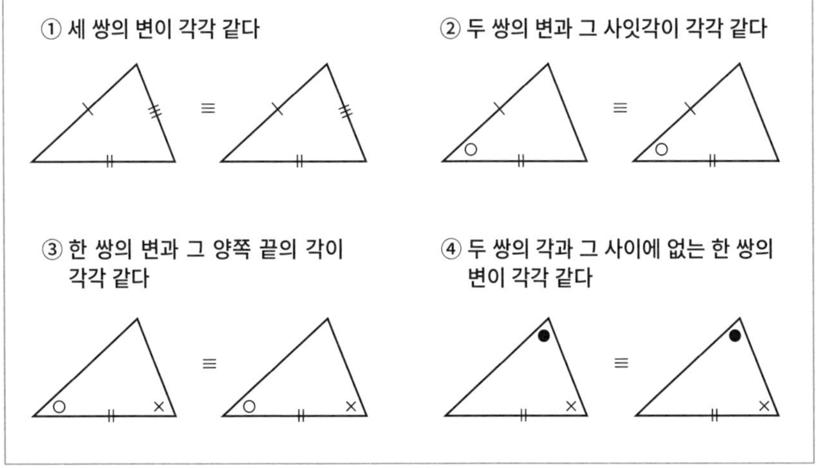
① 세 쌍의 변이 각각 같다
≡
② 두 쌍의 변과 그 사잇각이 각각 같다
≡
③ 한 쌍의 변과 그 양쪽 끝의 각이 각각 같다
≡
④ 두 쌍의 각과 그 사이에 없는 한 쌍의 변이 각각 같다
≡

'≡'는 합동이라는 것을 나타내는 기호입니다. 삼각형은 변이 3개, 각이 3개니까 합동인 삼

각형끼리는 이 6개의 값이 전부 다 같습니다.

하지만 복수의 삼각형이 합동이라는 사실을 말하기 위해 6개의 값이 전부 다 똑같다는 사실을 확인할 필요는 없습니다. '삼각형의 합동 조건'이란 3개의 값이 같다는 사실만 확인해도 합동이 확정되는 **'효율 좋은 체크리스트'**라고 할 수 있답니다. 여섯 군데 체크할 것을 세 군데로 변환하는 것이지요.

또한 중학교 교과서에서는 [그림 1-9] ①~③을 '삼각형의 합동 조건'으로 소개하며, ④는 나와 있지 않습니다.

두 쌍의 각이 같으면 나머지 한 쌍의 각도 저절로 같기 때문에 ④번 조건은 ③번 조건에 귀착하는데, 3개를 체크하면 합동이 확정되는 '체크리스트'로서 받아들인다면 ④번도 포함하는 게 좋지 않을까 생각합니다. 실제로 해외에서는 '삼각형의 합동 조건'이라고 하면 ①~④를 다 가리키는 경우가 많답니다.

'두 쌍의 변과 그 사잇각이 각각 같다 ⇒ 합동' 증명하기

삼각형의 합동 조건 ①~③ 증명은 중학교 커리큘럼에 생략되어 있습니다. 중학생들은 이해하기가 어렵기 때문인데, 정의를 확인하고 과정을 보는 눈을 기르는 좋은 훈련이 될 테니 이 책에서는 도전해 보려고 합니다.

'② 두 쌍의 변과 그 사잇각이 각각 같다' → '③ 한 쌍의 변과 그 양쪽 끝의 각이 각각 같다' → '① 세 쌍의 변이 각각 같다' 순서로 증명하겠습니다.

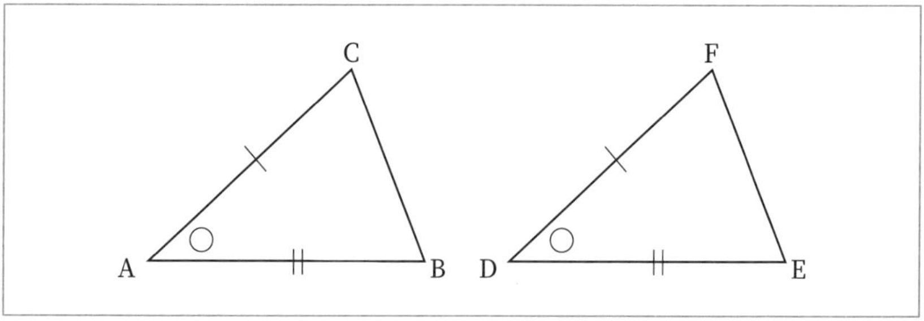

《증명》

그림의 △ABC와 △DEF에서

AB = DE, AC = DF, ∠A = ∠D ⋯ (가정)해 둔다.

△ABC를 △DEF에 포갤 때, AB를 DE에 포개면 (가정) 때문에 AC와 DF 역시 포개진다.

이때 B와 E, C와 F가 각각 포개지는데 BC와 EF가 포개지지 않는다면 두 점을 연결하는 선분이 두 종류 있다는 뜻이 되어 모순이다.

따라서 BC와 EF도 포개지므로 △ABC ≡ △DEF.

(증명 끝)

'한 쌍의 변과 그 양쪽 끝의 각이 각각 같다 ⇒ 합동' 증명하기

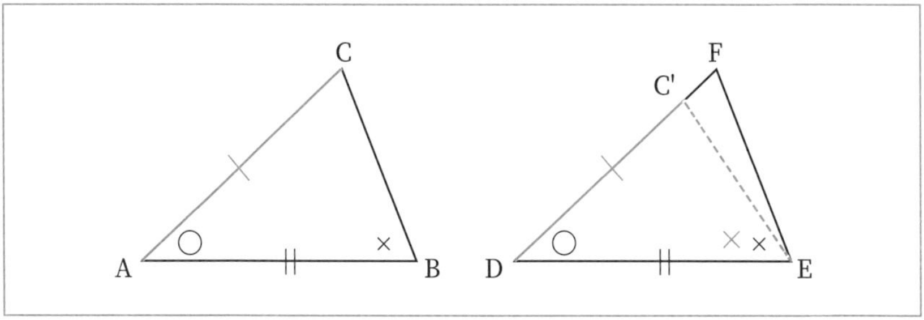

《증명》

그림의 △ABC와 △DEF에서

AB = DE, ∠CAB = ∠FDE, ∠ABC = ∠DEF ⋯ (가정)해 둔다.

이제 △DEF의 DF 위에 AC = DC'가 되도록 C'를 두면,

(※ ↑ 여기서는 아직 C'가 F와 일치하는지 알 수 없습니다)

△ABC와 △DEC'는 '두 쌍의 변과 그 사잇각이 각각 같다'이므로

△ABC ≡ △DEC' ⋯ (가)

합동인 삼각형은 대응하는 각이 같으므로

$\angle ABC = \angle DEC'$ ⋯ (나)

한편 (가정) 때문에

$\angle ABC = \angle DEF$ ⋯ (다)

(나)와 (다)에서 $\angle DEF = \angle DEC'$

따라서 C′와 F는 일치한다. 즉,

$\triangle DEF \equiv \triangle DEC'$ ⋯ (라)

(가)와 (라)로 미루어보아 $\triangle ABC \equiv \triangle DEF$

(증명 끝)

'세 쌍의 변이 각각 같다 ⇒ 합동' 증명하기

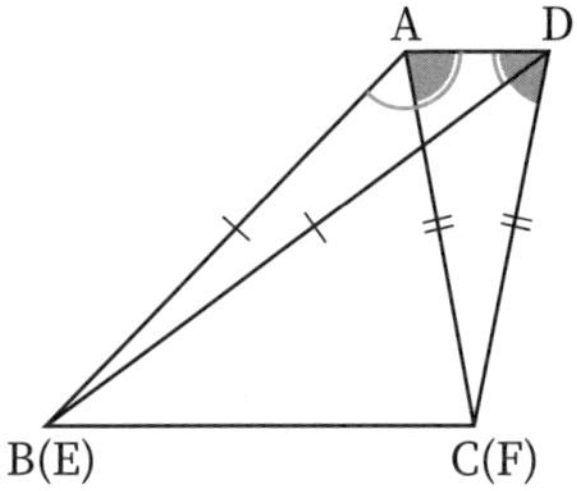

귀류법을 사용해서 A와 D는 일치한다는 것을 증명합니다.

《증명》

그림의 $\triangle ABC$와 $\triangle DEF$에서

$AB = DE$, $BC = EF$, $CA = FD$ ⋯ (가정)해 둔다.

$\triangle ABC$의 BC와 $\triangle DEF$의 EF가 포개지도록 놓았을 때, A와 D가 다른 점이 된다면

$\triangle CAD$와 $\triangle BDA$는 각각 이등변삼각형이다.

이등변삼각형의 밑각은 같으므로

$\angle CAD = \angle CDA$ ⋯ (가)

$$\angle BAD = \angle BDA \cdots (나)$$

그러나 위의 그림에서 (가)와 (나)는 동시에 성립하지 않는다. 따라서 A와 D는 일치한다.

즉, △ABC와 △DEF는 완전히 포개지므로

$$\triangle ABC \equiv \triangle DEF$$

(증명 끝)

'이등변삼각형의 밑각은 같다'를 증명하는 건 재미있다

'이등변삼각형의 밑각은 같다'를 증명

앞 절에서 '세 쌍의 변이 각각 같다 ⇒ 합동'을 증명할 때 이등변삼각형의 밑각이 같다는 사실을 사용했습니다. 이 사실을 아는 사람은 많겠지만, 이것도 증명해 보겠습니다. 그러나 이 증명 방법에는 의외의 재미가 있습니다.

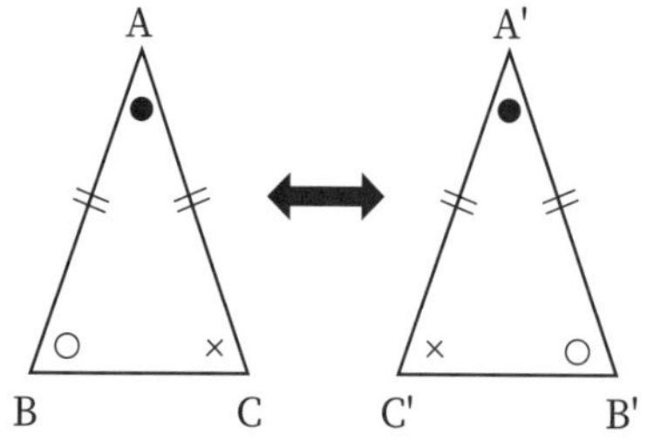

《증명》

△ABC는 AB＝AC인 이등변삼각형 … (가정)해 둔다.

이제 △ABC의 좌우를 뒤집은 삼각형을 준비하고 이것을 △A′C′B′로 두면,

AB＝A′B′ … ①　　AC＝A′C′ … ②

∠A＝∠A′ … ③　　∠C＝∠C′ … ④

(※그 밖에도 BC＝B′C′나 ∠B＝∠B′도 말할 수 있지만 여기서는 사용하지 않습니다)

①, ②, ③으로 미루어보아 '두 쌍의 변과 그 사잇각이 각각 같다'이므로

$$\triangle ABC \equiv \triangle A'C'B'$$

합동인 삼각형은 대응하는 각이 같으므로

$$\angle B = \angle C' \cdots ⑤$$

④, ⑤로 보면

$$\angle B = \angle C$$

따라서 이등변삼각형의 밑변은 같다.

(증명 끝)

왜 증명이 이렇게 이상할까?

'좌우를 뒤집은 삼각형을 준비'하라니, 이 무슨 기묘한 소리인가 싶을지도 모르겠습니다. 중학교 교과서에서 이등변삼각형의 밑각이 같다는 사실을 증명할 때는, 꼭지각의 이등분선을 그어서 생기는 두 삼각형이 합동이라는 사실을 사용합니다.

하지만 엄밀히 따지면 **'꼭지각의 이등분선'을 반드시 그을 수 있다는 보증은 없습니다.** 앞(51페이지)에서 각의 이등분선 작도 방법을 배웠는데, 그때는 작도 방법의 근거로 썼던 **원의 대칭성** 증명을 생략했습니다.

사실 원의 대칭성을 증명할 때는 '세 쌍의 변이 각각 같으면 합동이다'를 사용합니다. 그러나 74페이지에서 소개했듯이 이 합동 조건을 증명할 때는 '이등변삼각형의 밑각은 같다'를 사용합니다. 즉, 꼭지각의 이등분선을 사용해서 '증명'을 하면, **'이등변삼각형의 밑각은 같다 ⇒ 세 쌍의 변이 각각 같으면 합동이다 ⇒ 꼭지각의 이등분선을 그을 수 있다 ⇒ 이등변삼각형의 밑각은 같다'**라는 논리를 사용하게 되는 셈이라서 **순환논법**(68페이지)이 되고 맙니다. 이등변삼각형의 밑각이 같다는 사실을 증명할 때 얼핏 기묘한 아이디어를 사용하는 이유는 이를 피하기 위함이었던 것이지요.

닮음 조건이 옳다는 것을 증명하자

닮음이란

닮음 …… **한쪽을 확대 혹은 축소하면 다른 쪽과 합동이 되는 것**

실물 도쿄타워와 모형 도쿄타워처럼 **크기는 달라도 모양이 똑같으면 닮음**입니다. 예를 들어, 모든 원은 닮음이라고 할 수 있지요. 정삼각형이나 정사각형 같은 정다각형도 닮음인데, 이등변삼각형이나 직각삼각형은 모양이 다양하기 때문에 일반적으로 닮음은 아닙니다.

그림 1-10 삼각형의 닮음 조건

① 세 쌍의 변은 비율이 모두 같다

$a : a' = b : b' = c : c'$

② 두 쌍의 변의 비율과 그 사잇각이 같다

$a : a' = b : b'$
$\angle C = \angle C'$

③ 두 쌍의 각이 같다

$\angle B = \angle B'$
$\angle C = \angle C'$

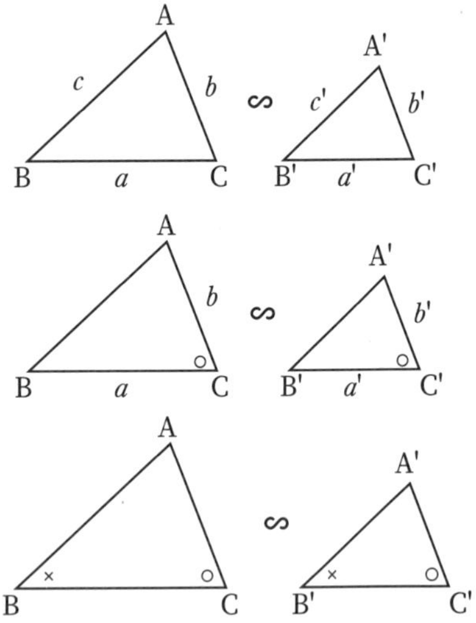

삼각형의 닮음 조건을 소개합니다. 이 역시 합동 조건과 마찬가지로 '효율 좋은 체크리스트' 입니다.

'∽'**는 닮음을 나타내는 기호**입니다. 닮음이라는 뜻의 라틴어 'similis'의 머리글자 S를 눕힌 것이 기원이라고 합니다.

2개의 도형이 닮음일 때 한쪽을 확대(또는 축소)하면 다른 쪽과 완전히 포개지기 때문에 **닮음인 도형에서는 대응하는 변의 길이의 비가 모두 같고, 대응하는 각의 크기가 각각 같습니다.**

닮음 조건은 합동 조건과 연관 짓자!

닮음 조건도 중학교 교과서에는 증명 없이 소개되어 있는데, 이 책에서는 확실히 증명하겠습니다. 다음 페이지부터 3개의 닮음 조건이 옳다는 것(확실히 닮음이 된다)을 한꺼번에 증명하려고 합니다. 방침은 모두 같습니다.

왼쪽 정의에도 적었듯이 닮음이란 한쪽을 확대(혹은 축소)했을 때 합동이 되는 것을 말합니다.

따라서 **닮음 조건을 충족하는 도형의 한쪽을 확대(혹은 축소)했을 때 합동 조건이 충족된다면, 닮음 조건은 옳다는 것이 증명되는 셈이지요.**

진도를 빨리 나가고 싶은 분들은 닮음 조건의 증명을 건너뛰어도 좋습니다. 그런데 합동 조건을 복습하는 좋은 기회니까 끝까지 다 봤으면 여기로 다시 꼭 돌아오세요.

수학에서는 (다른 과목과도 일맥상통하지만) **새로운 지식을 배우면 그것이 기존의 지식과 어떤 식으로 이어지는지 생각하는 것이 무척 중요**합니다. 머릿속으로 다른 지식과 연관을 지은 지식은 기억의 그물망에서 빠져나갈 가능성이 낮아지지요. 하지만 혼자만 동떨어져 고립된 지식은 기억의 바다에서 물고기 밥이 되어 사라지게 됩니다.

어떤 지식을 하나씩 낚아 올려 머릿속에서 꺼내기란 쉽지 않지만, 다른 지식과 연관 지은 지식은 간단히 떠올릴 수 있습니다.

닮음 조건을 증명하면 **닮음 조건과 합동 조건의 관계를 알 수 있으니까 양쪽 다 머릿속에 '저장'이 되는 것이지요.**

'세 쌍의 변은 비율이 모두 같다 ⇒ 닮음' 증명하기

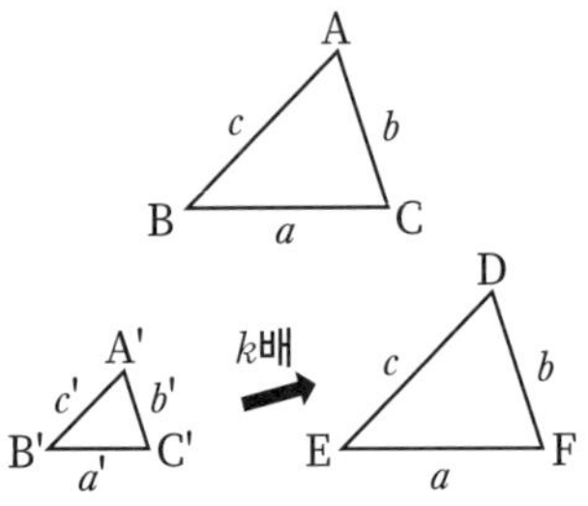

《증명》

그림의 △ABC와 △A'B'C'에 대한 가정으로

$a : a' = b : b' = c : c'$

이렇게 둔다.

$a : a' = b : b' = c : c' = k : 1$

이렇게 놓으면,

$a = ka', b = kb', c = kc' \cdots$ ①

여기서 △A'B'C'를 k배한 △DEF를 준비한다. ①에서

BC = EF　　CA = FD　　AB = DE

△DEF와 △ABC는 '세 쌍의 변이 각각 같다'이므로

$$\triangle ABC \equiv \triangle DEF$$

△A'B'C'를 k배(로 확대 혹은 축소)한 삼각형(△DEF)은 △ABC와 합동이 되니까

$$\triangle A'B'C \backsim \triangle ABC$$

(증명 끝)

‘두 쌍의 변의 비율과 그 사잇각이 같다 ⇒ 닮음’ 증명하기

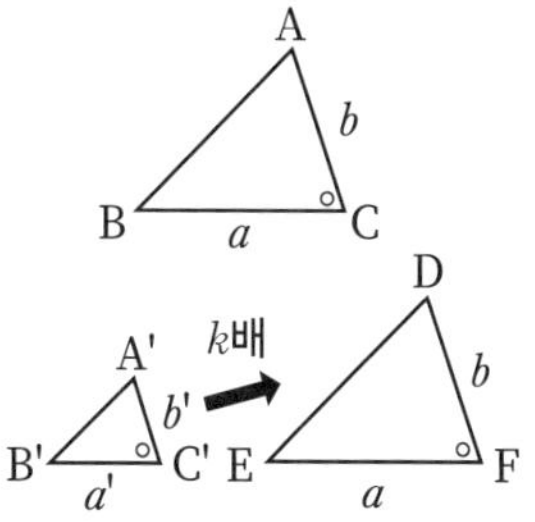

《증명》

그림의 △ABC와 △A'B'C'에 대한 가정으로

$a : a' = b : b'$ ⋯ ①

$\angle C = \angle C'$ ⋯ ②

이렇게 둔다. ①에서

$a : a' = b : b' = k : 1$

이렇게 두면,

$a = ka', b = kb'$ ⋯ ③

여기서 △A'B'C'를 k배한 △DEF를 준비한다. ③으로 보아

BC = EF ⋯ ④

CA = FD ⋯ ⑤

또한 ②로 보면

$\angle C = \angle F$ ⋯ ⑥

④, ⑤, ⑥로 보아 △DEF와 △ABC는 ‘두 쌍의 변과 그 사잇각이 각각 같다’이므로

$$\triangle ABC \equiv \triangle DEF$$

△A'B'C'를 k배(로 확대 혹은 축소)한 삼각형(△DEF)은 △ABC와 합동이 되므로

$$\triangle A'B'C' \backsim \triangle ABC$$

(증명 끝)

'두 쌍의 각이 같다 ⇒ 닮음' 증명하기

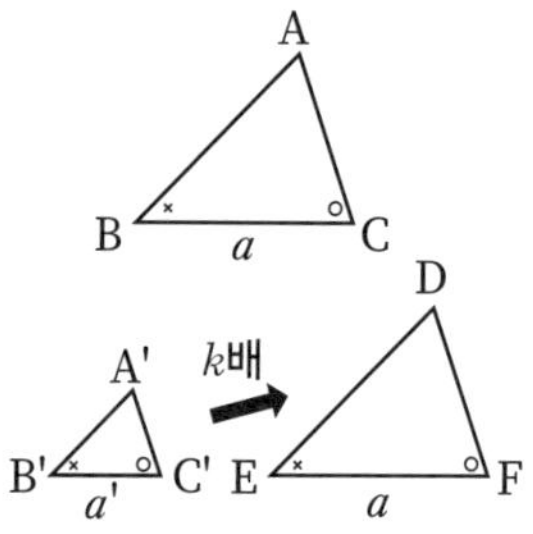

《증명》

그림의 △ABC와 △A'B'C'에 대한 가정으로

$\angle B = \angle B'$, $\angle C = \angle C'$ ⋯ ①로 둔다.

또한

$a : a' = k : 1$

이렇게 두면,

$a = ka'$ ⋯ ②

여기서 △A'B'C'를 k배한 △DEF를 준비한다.

①에서 보아

$\angle B = \angle E$, $\angle C = \angle F$ ⋯ ③

②로 보면

$BC = EF$ ⋯ ④

③과 ④로 미루어보아 $\triangle DEF$와 $\triangle ABC$는 '한 쌍의 변과 그 양쪽 끝의 각이 각각 같다' 이므로

$$\triangle ABC \equiv \triangle DEF$$

$\triangle A'B'C'$를 k배(로 확대 혹은 축소)한 삼각형($\triangle DEF$)은 $\triangle ABC$와 합동이 되므로

$$\triangle A'B'C' \backsim \triangle ABC$$

(증명 끝)

측량 기술은 닮음으로 발전했다

측정하기 어려운 길이 구하기

닮음을 이용하면 측정하기 어려운 길이를 측정하기 쉬운 길이로 변환해서 구할 수 있습니다. 예를 들어, 바다 가운데에 떠 있는 배에서 물가까지 거리가 얼마나 되는지 알고 싶으면 어떻게 할까요? 옆에는 도와줄 친구가 한 명 있습니다. 당신과 친구는 아래의 [그림 1-11] (ⅰ)과 같이 해안선 끄트머리에 딱 10m 떨어져 있습니다

두 사람이 각각 바다에 있는 배를 바라봤을 때의 각도를 알아봤더니, 50°와 70°였습니다. 그래서 이번에는 손에 들고 있던 노트에 (ⅱ)와 같이 삼각형을 그렸습니다. 자를 사용해서 실제로 (ⅱ)의 CH 길이를 재 봤더니 16.8cm였습니다.

(ⅰ)와 (ⅱ)의 삼각형은 두 쌍의 각이 각각 같으므로 닮음입니다.

그림 1-11 지상에서 해면의 거리 재기

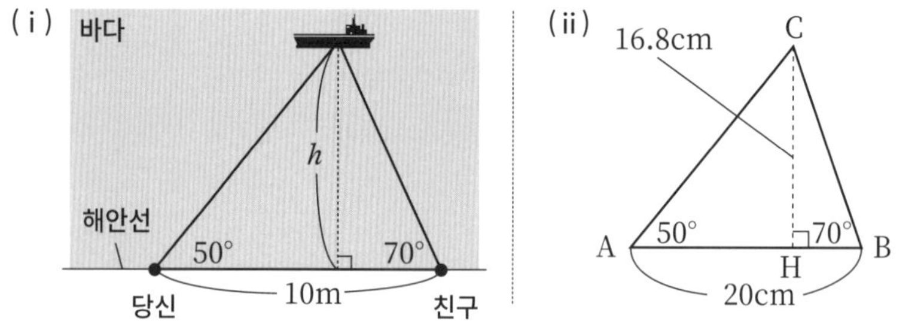

닮음인 도형은 대응하는 변의 길이의 비율이 같으므로 아래가 성립합니다.

$$10\ [\mathrm{m}] : 20\ [\mathrm{cm}] = h\ [\mathrm{m}] : 16.8\ [\mathrm{cm}]$$

여기에서 배와 물가의 거리(h)는 **8.4 [m]**로 나옵니다.

닮음을 이용해서 피라미드의 높이를 잰 탈레스

인류 최초 수학자인 탈레스는 **닮음을 이용해 이집트의 피라미드 높이를 재서 당시 사람들을 깜짝 놀라게 했다**고 합니다.

먼저 탈레스는 태양에 등을 진 채로 서서 자신의 그림자 길이가 자신의 키와 똑같아지는 타이밍을 쟀습니다. 그리고 그 순간이 오자 탈레스는 피라미드의 그림자 끝부분과 피라미드 밑면의 중심([그림 1-12]의 BC) 길이를 쟀고, '이 길이가 피라미드의 높이일세'라고 말했습니다.

태양으로 그림자가 생기는 방향은 같으므로(AC와 A'C'는 평행) △ABC와 △A'B'C'는 (∠B =

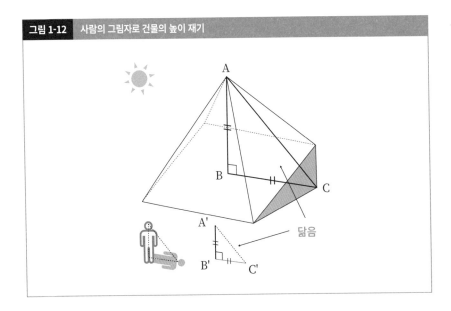

그림 1-12 사람의 그림자로 건물의 높이 재기

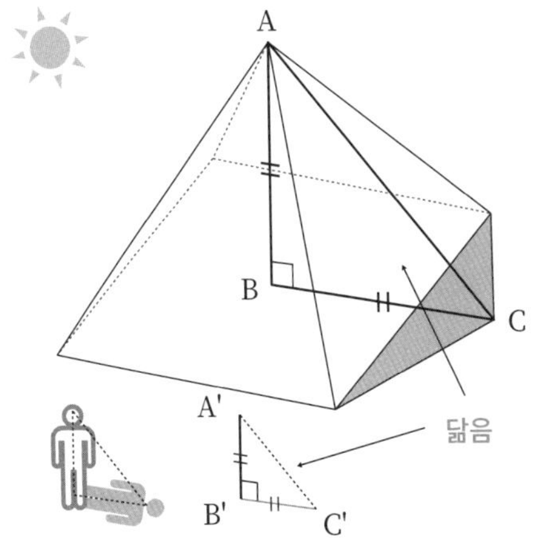

$\angle B'$, $\angle C = \angle C'$에 따라 두 쌍의 각이 같으므로) 닮음입니다. 탈레스의 키와 그림자의 길이가 같을 때, $\triangle A'B'C'$는 $A'B' = B'C'$인 직각이등변삼각형이 되므로 피라미드 쪽의 $\triangle ABC$도 $AB = BC$인 직각이등변삼각형이 되어 BC의 길이는 피라미드의 높이(AB)와 같아지는 것입니다.

닮음에서 발전한 삼각측량

다양한 삼각형 변의 길이와 각도의 크기 관계를 알아보고 측량이나 다른 기하학으로 응용하도록 연구하는 수학을 삼각법이라고 하고, 삼각법을 사용한 측량을 삼각측량이라고 합니다.

삼각법에서 기본이 되는 것은 직각삼각형입니다. 왜냐하면 **직각삼각형은 직각 이외의 각도 중에서 어느 한쪽이 같으면 (두 쌍의 각이 각각 같기 때문에) 닮음**이라는 사실을 알 수 있는데다가, 피타고라스 정리를 사용하면 각 변의 길이도 계산하기 쉽기 때문이지요. 고등학교에서 배우는 삼각비나 삼각함수는 삼각법에서 생겨났습니다.

지금도 거리에 나가면 측량사들이 삼각 받침대 위에 서서 기계를 들여다보는 모습을 볼 수 있습니다. 삼각측량에 필요한 수치(84페이지 예시의 10m나 50°나 70°)를 재는 기계이지요. 또한 인공위성의 위치도 2개의 항성을 사용해서 삼각측량으로 계산합니다. 고대 그리스 시대부터 현대에 이르기까지 삼각측량만큼 인류를 뒷받침한 기술도 드물 정도랍니다.

'기하학'의 어원

기하학을 나타내는 영어 'geometry'는 geo(땅)와 metria(측정)에서 유래했습니다. 또한 '기하'라는 말은 중국에서 이탈리아인 선교사 마테오 리치가 'geo'를 음역한 것이 시초였다고 합니다. 일본에는 메이지 시대 초반에 이것들이 고스란히 들어왔습니다.

고대 문명은 큰 강 부근에서 번영했고, 홍수를 피하지 못했기 때문에 강이 범람할 때마다 토지 측량을 다시 해야 했습니다. **측량에 도움이 되는 도형에 관한 지식은 생활에 반드시 필요했던 것이지요.** 측량의 필요성 때문에 생긴 삼각법, 삼각비, 삼각측량, 삼각함수는 인류가 끝없이 쌓아 온 문명의 산증인 같은 존재나 다름없습니다.

가장 아름다운 도형은 원

원주각의 정리

먼 옛날 고대 그리스 사람들은 원을 **'가장 아름다운 도형'**이라고 불렀습니다.

원은 중심에 대해 점대칭이며 지름에 대해 선대칭인 도형입니다. 그런 '모든 방향에 균등'한 도형적 특징을 아름답게 느끼는 감성은 이해할 수 있습니다. 하지만 그것만 가지고 원을 '가장 아름다운 도형'이라고 부르지는 않았을 겁니다.

논리적이라는 것에 무엇보다 큰 가치를 두는 고대 그리스 사람들이 원을 아름답다고 느낀 이유는 원에는 다양한 정리가 성립하기 때문이 아니었을까요?

유클리드의 『원론』에서도 평면 기하에 관한 1~4권 중에서 3권과 4권은 모두 원에 관한 명제를 증명한 내용입니다. 고대 그리스 사람들이 얼마나 원을 중요시했는지 알 수 있지요.

여기서는 그런 원의 정리 중에서도 특히 중요한 원주각의 정리를 다루어 보겠습니다. 먼저 원에 관한 명칭의 정의부터 소개하겠습니다.

현 …… **원둘레 위의 두 점을 잇는 선분**

호 …… **원둘레의 일부**

원둘레 위의 두 점 A, B를 양 끝으로 하는 호를 호AB라고 하고, $\overset{\frown}{AB}$로 나타낸다

중심각 …… **부채꼴에서 2개의 반지름이 만드는 각**

원주각 …… **원둘레 위의 한 점을 공유하는 2개의 현이 만드는 각**

특히 원O에 대해 $\overset{\frown}{AB}$(호 모양)를 제외한 원둘레 위에 점P를 찍었을 때,

∠APB를 $\overset{\frown}{AB}$(호 모양)에 대한 원주각이라고 한다.

원주각의 정리란?

원주각에 대해서는 다음 정리가 성립합니다(**원주각의 정리**).

(1) 원주각의 크기는 같은 호에 대한 중심각의 절반이다

(2) 한 호 또는 균등한 호에 대한 원주각의 크기는 같다

(1)이 증명되면 (2)는 거의 자명(굳이 증명하지 않아도 확실한 것)합니다. 왜냐하면 한 호(또는 균등한 호)에 대한 중심각의 크기는 일정하며, 원주각의 크기는 그 절반이기 때문이지요.

(1)의 증명은 [그림 1-13]에서 (i) AP 위에 중심O가 있는 경우, (ii) ∠APB 안에 중심O가 있는 경우, (iii) ∠APB 밖에 중심O가 있는 경우로 나누어서 증명하겠습니다(증명은 다음 페이

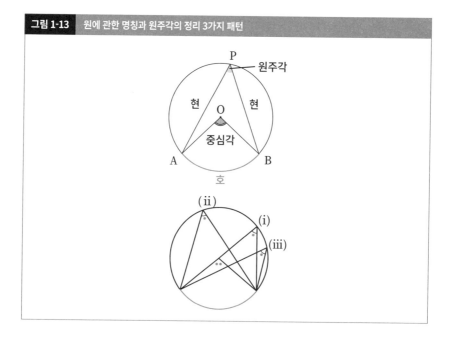

그림 1-13 원에 관한 명칭과 원주각의 정리 3가지 패턴

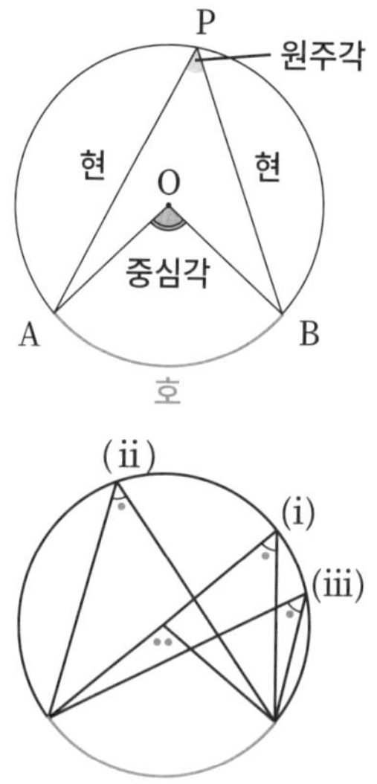

지에 정리했습니다). '원주각의 정리' 증명은 **경우를 적절히 나누어서 모든 사례를 망라해 증명을 완성하는 연습을 할 때 추천합니다.**

원주각의 정리(1) '원주각의 크기는 같은 호에 대한 중심각의 절반이다' 증명하기

(ⅰ) 증명

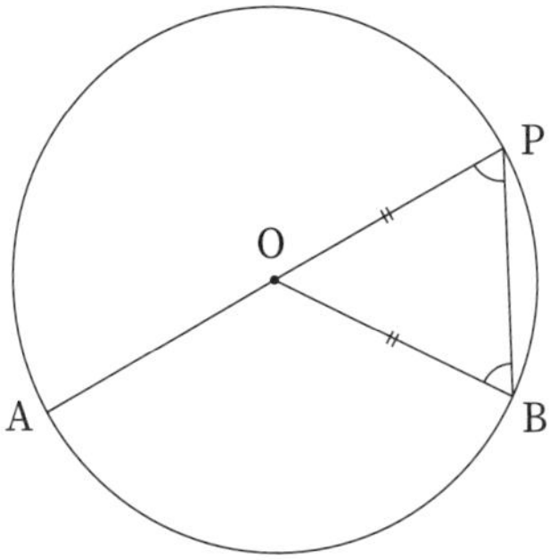

(ⅱ) 증명

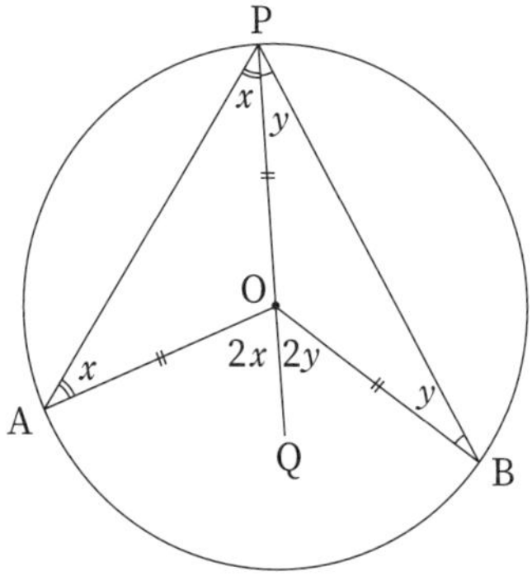

(ⅲ) 증명

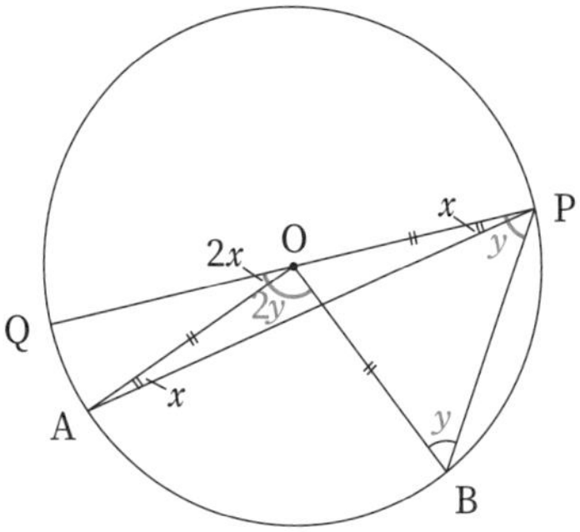

《증명》

(i) $\triangle$OPB는 이등변삼각형이므로 $\angle OPB = \angle OBP$ ⋯ ①

$\angle AOB$는 $\triangle$OPB의 외각이고, 삼각형의 외각은 이웃하지 않는 내각의 합과 같으므로

$\angle AOB = \angle OPB + \angle OBP$ ⋯ ②

①, ②로 미루어보아 $\angle AOB = \angle OPB + \angle OBP = 2 \times \angle OPB = 2 \times \angle APB$

$\Rightarrow \angle APB = \frac{1}{2}\angle AOB$

(ii) $\angle OPA$의 크기를 x, $\angle OPB$의 크기를 y로 둔다.

$OA = OB = OP$로 보아 $\triangle$OPA와 $\triangle$OPB는 이등변삼각형이므로

$\angle OPA = \angle OAP = x$, $\angle OPB = \angle OBP = y$

삼각형의 외각은 이웃하지 않는 내각의 합과 같으므로

$\angle AOQ = \angle OPA + \angle OAP = x + x = 2x$

$\angle BOQ = \angle OPB + \angle OBP = y + y = 2y$

$\Rightarrow \angle AOB = \angle AOQ + \angle BOQ = 2x + 2y = 2(x+y) = 2 \times \angle APB$

$\Rightarrow \angle APB = \frac{1}{2}\angle AOB$

(iii) $\angle OPA$의 크기를 x, $\angle OPB$의 크기를 y로 둔다.

$OA = OB = OP$로 보아 $\triangle$OPA와 $\triangle$OPB는 이등변삼각형이므로

$\angle OPA = \angle OAP = x$, $\angle OPB = \angle OBP = y$

삼각형의 외각은 이웃하지 않는 내각의 합과 같으므로

$\angle AOQ = \angle OPA + \angle OAP = x + x = 2x$

$\angle BOQ = \angle OPB + \angle OBP = y + y = 2y$

$\Rightarrow \angle AOB = \angle BOQ - \angle AOQ = 2y - 2x = 2(y-x) = 2 \times \angle APB$

$\Rightarrow \angle APB = \frac{1}{2}\angle AOB$

(증명 끝)

'전환법'으로 증명하는 '원주각 정리의 역'

전환법이란?

전환법이란 **참인 일련의 명제에서 어떤 가정을 해도 모든 경우를 망라하며, 2가지가 동시에 성립하는 결론이 나지 않는다면 일련의 명제의 역도 성립한다**는 것을 이용하는 증명법입니다.

예를 들어, 3월 1일 시점에서 아래와 같이 나이에 관한 일련의 명제는 참입니다.

- 0세부터 5세 ⇒ 미취학 아동
- 6세부터 11세 ⇒ 초등학생
- 12세부터 14세 ⇒ 중학생
- 15세 이상 ⇒ 고등학생 이상

이 명제들의 가정(3월 1일 시점의 나이)은 모든 경우를 망라하며, 결론이 중복되는(초등학생인 동시에 중학생 등) 일은 없습니다.

따라서 이 명제들의 역인 '초등학생 ⇒ 6세부터 11세' 등도 참이라고 할 수 있습니다.

이런 식으로 말을 바꾸어서(전환) 증명하는 것이 전환법입니다.

원주각 정리의 역 증명하기

'두 점 C, P가 직선AB에 대해 같은 쪽에 있을 때, $\angle APB = \angle ACB$라면 네 점 A, B, C, P가 동일한 원둘레 위에 있다'라는 것을 원주각 정리의 역이라고 합니다. 이를 증명하려면 아래 내용이 모두 참이라는 사실을 증명해야 합니다.

① 점P가 △ABC 외접원의 둘레 위 ⇒ ∠APB = ∠ACB

② 점P가 △ABC 외접원의 내부 ⇒ ∠APB > ∠ACB

③ 점P가 △ABC 외접원의 외부 ⇒ ∠APB < ∠ACB

①~③의 가정은 모든 경우를 망라하며, 그와 동시에 결론에 중복이 하나도 없다는 사실 때문에 전환법을 사용할 수 있습니다. 다시 말해 ①의 역도 성립하기 때문에 **'원주각 정리의 역'**은 참입니다.

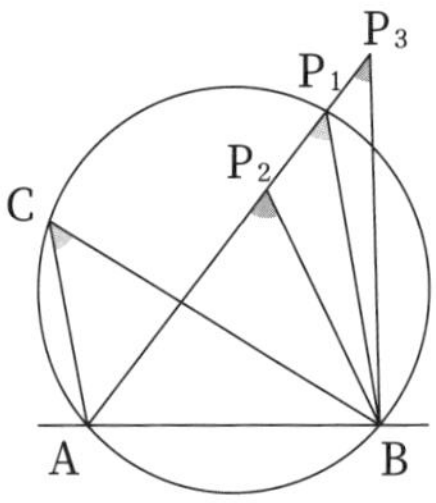

《①의 증명》

점P_1이 △ABC 외접원의 둘레 위에 있을 때 원주각의 정리에서

$\angle AP_1B = \angle ACB$

《②의 증명》

점P_2가 △ABC 외접원의 내부에 있을 때,

$\angle AP_2B$는 $\triangle P_2P_1B$의 외각이며 $\angle P_2P_1B$는 안맞각이므로

$\angle AP_2B > \angle P_2P_1B = \angle AP_1B = \angle ACB \Rightarrow \angle AP_2B > \angle ACB$

《③의 증명》

점P_3가 △ABC 외접원의 외부에 있을 때,

$\angle P_2P_1B$는 $\triangle P_1P_3B$의 외각이며 $\angle P_1P_3B$는 안맞각이므로

$\angle P_2P_1B > \angle P_1P_3B$

$\Rightarrow \angle AP_3B = \angle P_1P_3B < \angle P_2P_1B = \angle AP_1B = \angle ACB$

$\Rightarrow \angle AP_3B < \angle ACB$

①~③은 모든 경우를 망라하며, 그와 동시에 결론에 중복이 하나도 없으므로 각각의 역도 참입니다. 즉, ①의 역도 참이지요.

따라서

$\angle AP_1B = \angle ACB$라면 점$P_1$는 △ABC 외접원의 둘레 위.

(증명 끝)

희대의 수학자 집단 '피타고라스 교단'

피타고라스 교단의 탄생

피타고라스는 젊었을 때 가르침을 받은 탈레스의 추천으로 이집트와 바빌로니아로 수행을 떠났습니다.

수행은 실로 20년 이상이나 이어졌고, 피타고라스가 고향인 사모스섬으로 돌아왔을 때는 50대 중반을 넘은 나이였습니다. 피타고라스는 고향에서 학교를 세울 생각이었는데, 그 당시 사모스섬의 지배자가 훼방을 놓은 탓에 이탈리아의 크로토네라는 마을로 이주했습니다.

크로토네에 도착한 피타고라스는 어쩐 일인지 첫 한 달 동안 지하에 만든 주거지에 틀어박혀 지냈습니다. 그동안은 물과 채소만 먹고 살아서 그런지 한 달 만에 지상으로 모습을 드러낸 피타고라스는 해골처럼 앙상했다고 합니다. 게다가 피타고라스 본인이 '나는 지금 저세상에서 돌아온 참일세'라면서 사후 세계에 관한 이야기를 꾸몄는데, 민중들은 불길하게 생각하면서도 피타고라스의 말을 믿고 그를 위해 교단을 만들어 주었습니다.

교단은 부귀영화를 누렸다

이렇게 탄생한 **피타고라스 교단**은 **'만물의 근원은 수'**를 슬로건으로 내세워 활동을 시작했습니다. 마을에서 힘 있는 자들의 보호 아래에 제자는 수백 명에 이르러 교단은 점점 번성했고, 피타고라스는 점차 마을의 지도자 위치에 올랐습니다. 많은 신자가 피타고라스를 따랐던 것은 이유가 있었습니다.

첫 번째로 피타고라스의 가르침은 독창성이 있었습니다. 피타고라스는 일반적으로 성립하는 원리부터 시작해 추상적이면서도 합리적인 방법으로 진실을 탐구한다는, 이른바 연역적 사고법을 처음으로 확립한 인물입니다.

두 번째로 피타고라스의 평화와 융화와 행복을 중시하는 사상이 사람들의 마음을 사로잡았습니다. 그는 의학에도 정통했기 때문에 병이나 건강 문제의 자연 해소법, 그리고 건강한 삶을 탐구했지요.

세 번째로 피타고라스는 제자를 세뇌해 사고력을 빼앗는 일은 절대 하지 않았습니다. 반대로 **신자들에게는 스스로 새로운 사고법이나 해결법을 찾도록 재촉했지요.**

피타고라스 교단은 비밀주의였다?

피타고라스 교단에는 많은 계율이 있었습니다. 그중에는 '콩류를 줄여라'라는 희한한 것도 있었는데, 이 계율을 만든 이유를 물은 제자에게 피타고라스는 '콩은 장내에 가스가 생기기 쉬워서 진실을 추구하는 인간의 정신적 평온을 해치기 때문일세'라고 대답했습니다.

한편 피타고라스 교단은 비밀주의를 고수했다는 말이 많은데, 꼭 그런 것만은 아니었습니다.

당시에 **피타고라스와 그 제자들의 학술 수준은 놀랄 정도로 높은 경지에 도달해 있었습니다.** 그만큼 높은 경지의 내용을 누구나 이해할 수 있게 가르치기란 불가능하지요. 그래서 피타고라스는 교단을 따르는 사람을 선별하기 위해 입단을 희망하는 자들에게는 엄격한 시험을 보게 했습니다. 피타고라스와 그의 제자들은 이른바 고고한 천재 집단이었던 것이지요. 그게 외부인들에게는 폐쇄적이라 비밀주의처럼 보였던 것 아닐까요.

하지만 이러한 '높은 전문성'은 결국 피타고라스의 목숨을 빼앗는 독이 되고 맙니다.

어느 날 교단 시험에 떨어진 자가 앙심을 품고 '피타고라스의 비밀주의는 머지않아 이 나라를 망하게 할 걸세'라며 사람들을 선동해서 피타고라스는 죽임을 당하고 맙니다. 일설에 따르면 도주하던 중에 만난 콩밭에 들어가기를 주저하는 사이에 붙잡혀서 목숨을 잃었다는 이야기도 있습니다.

중학 수학의 도달점 '피타고라스 정리'

피타고라스 정리란?

그림 1-14 피타고라스 정리

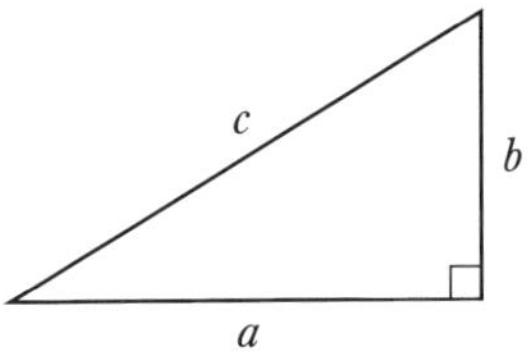

$$a^2 + b^2 = c^2$$

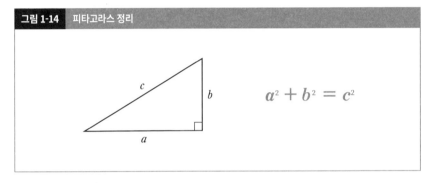

피타고라스 정리란 **'직각삼각형에서 직각을 낀 두 변의 제곱의 합이 빗면의 제곱과 같다'**입니다. 세 변의 길이의 제곱에 대한 정리라고 해서 '삼평방의 정리'라고도 불리지요.

피타고라스 정리 증명하기(가필드식)

사실 **피타고라스 정리를 증명하는 방법은 300종류 이상 있다**고 합니다. 여러 웹사이트에 정리되어 있으니 관심 있는 분들은 꼭 검색해 보세요.

중학생 수준의 고전적인 방법부터 현대 수학을 이용한 명쾌한(하지만 어려워요) 방법까지 실로 다양한 방법이 있는데, 전부 다 이해하지 못하더라도 '$a^2 + b^2 = c^2$'라는 식이 얼마나 심오한지 느낄 수 있습니다.

여기서는 제20대 미국 대통령 **제임스 가필드**(1831~1881)가 고안한 증명 방법을 소개하겠습니다.

가필드는 대통령에 취임한 후 불과 4개월 만에 총탄을 맞고 쓰러지는 불운을 맞이했기 때문에 대통령으로서의 업적은 많지 않지만, **'역사상 가장 박학다식한 대통령'**이라고 합니다. 그는 한 손으로는 라틴어를 쓰고 다른 한 손으로는 그리스어를 동시에 쓸 수 있었다고 하네요.

그런 가필드는 의원 시절에 다음과 같은 증명 방법을 생각해 냈습니다. 넓이를 2가지로 나타내는 점이 포인트입니다.

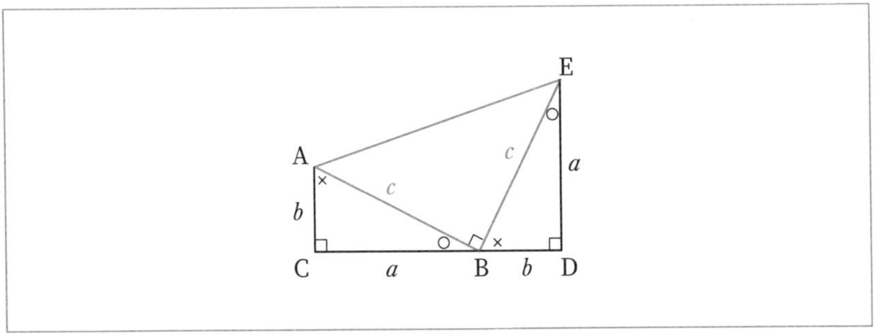

《증명》

△ABC와 △BED는 합동인 직각삼각형으로 놓는다.

○와 ×의 각도의 합이 90°이기 때문에 △ABE는 직각이등변삼각형.

직각삼각형 3개의 넓이의 합은 사다리꼴 ACDE의 넓이와 같으므로

$$\frac{ab}{2}\times 2+\frac{c^2}{2}=\frac{(a+b)\times(a+b)}{2}$$

$$\Rightarrow\ ab+\frac{c^2}{2}=\frac{a^2}{2}+ab+\frac{b^2}{2}\ \Rightarrow\ a^2+b^2=c^2$$

(증명 끝)

(※위의 증명에서는 제2장의 '수와 식'에서 배우는 $(a+b)^2=a^2+2ab+b^2$의 전개 공식(173페이지)을 사용했습니다)

왜 '피타고라스 정리'를 중학 수학 마지막에 배울까?

앞에서 설명한 대로 피타고라스 정리에는 많은 증명 방법이 있습니다. 접근을 달리해서 같은 결론에 도달한다는 것은 **논리적인 것의 묘미**이지요.

'피타고라스 정리'는 중학 수학의 커리큘럼에서 마지막에 배우는 단원입니다. 그 이유는 이 정리가 **중학 수학에서 하나의 도달점이라는 것과 동시에 고등학생 이후에 배울 심오한 수학 세계까지 엿보게 해 주는 풍부함과 아름다움까지 지녔기** 때문이라고 생각합니다.

그만큼 고금동서를 막론하고 많은 사람이 이 정리에 매료되어 그렇게나 다양한 증명 방법이 나온 것 아닐까요.

삼각자가 된 '유명한 직각삼각형'의 세 변의 비

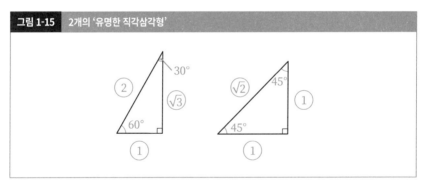

그림 1-15 2개의 '유명한 직각삼각형'

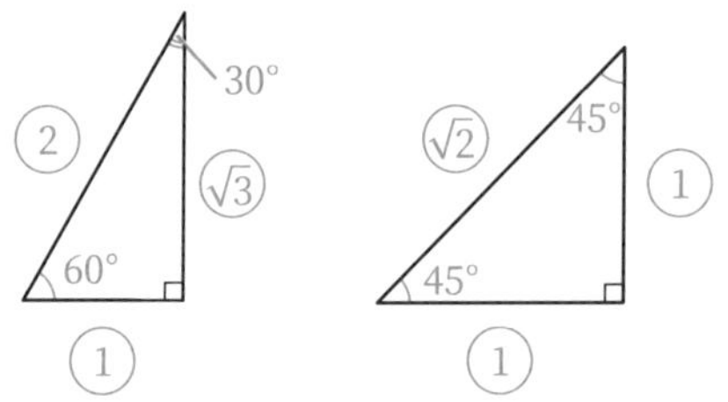

[그림 1-15]에 나온 두 직각삼각형은 삼각자로도 쓰이는, 그 **유명한 직각삼각형**입니다. 두 직각삼각형의 세 변의 비는 위에 나와 있지요. 또한 $\sqrt{\ }$(근호)에 대해서는 제2장(183페이지)에서 자세히 해설하겠습니다.

'유명한 직각삼각형'의 세 변의 비는 고등 수학의 **삼각비**나 **삼각함수**에서도 매우 중요하기 때문에 증명을 해 둡시다.

세 변의 비의 증명

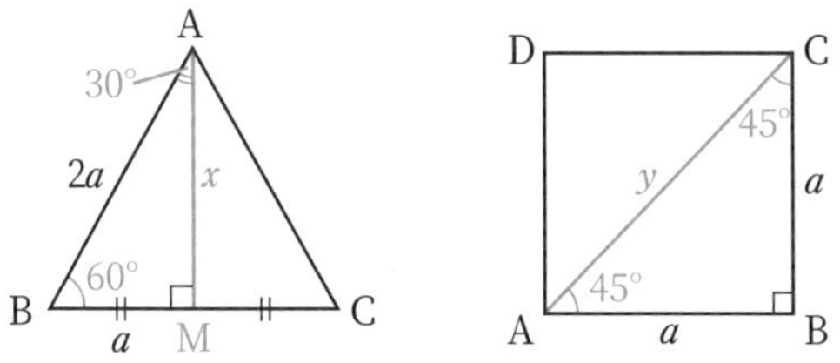

(i)　　　　(ii)

《증명》

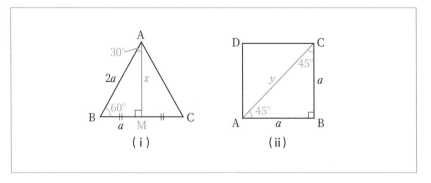

(30° · 60° · 90° 직각삼각형 세 변의 비 증명하기)

(i)에서 △ABC는 한 변의 길이가 $2a$인 정삼각형.

A에서 BC로 수직선AM을 그리면, M은 BC의 중점이므로 $\mathrm{BM} = a$

AM의 길이를 x로 놓고 △ABM에 피타고라스 정리를 사용하면

$$a^2 + x^2 = (2a)^2 \Rightarrow a^2 + x^2 = 4a^2$$

$$\Rightarrow x^2 = 3a^2$$

$x > 0$이므로 $x = \sqrt{3}a$

따라서

$$\mathrm{BM} : \mathrm{AB} : \mathrm{AM} = a : 2a : \sqrt{3}a = 1 : 2 : \sqrt{3}$$

(45° · 45° · 90° 직각이등변삼각형 세 변의 비 증명하기)

(ii)에서 사각형 ABCD는 한 변의 길이가 a인 정사각형.

AC의 길이를 y로 놓고, △ABC에 피타고라스 정리를 사용하면

$$a^2 + a^2 = y^2 \Rightarrow y^2 = 2a^2$$

$y > 0$이므로 $y = \sqrt{2}a$

따라서

$$\mathrm{AB} : \mathrm{BC} : \mathrm{CA} = a : a : \sqrt{2}a = 1 : 1 : \sqrt{2}$$

(증명 끝)

5를 특별 취급한 고대 그리스인

플라톤의 입체도형(5개의 정다면체)

고대 그리스인들은 피타고라스와 그의 제자들이 내세운 '만물의 근원은 수'라는 가르침을 이어받아 수(정수)에는 영적인 자질이 있다고 생각했습니다. 그중에서도 **'5'는 조화와 균형, 풍요로움을 상징하는 신성한 수였습니다.**

그들은 왜 5를 특별 취급했을까요? 그것은 우주에 **정다면체가 다섯 종류밖에 존재하지 않는다**는 사실에 매료되었기 때문입니다.

정다면체 **모든 면이 합동인 정다각형**이며, **모든 꼭짓점에 똑같은 수만큼 면이 모여 있고 움푹 파인 곳이 없는 입체도형(볼록다면체)**을 말합니다. 구체적으로는 다음 5개의 입체도형을 가리키지요.

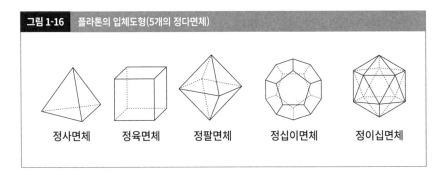

그림 1-16 플라톤의 입체도형(5개의 정다면체)

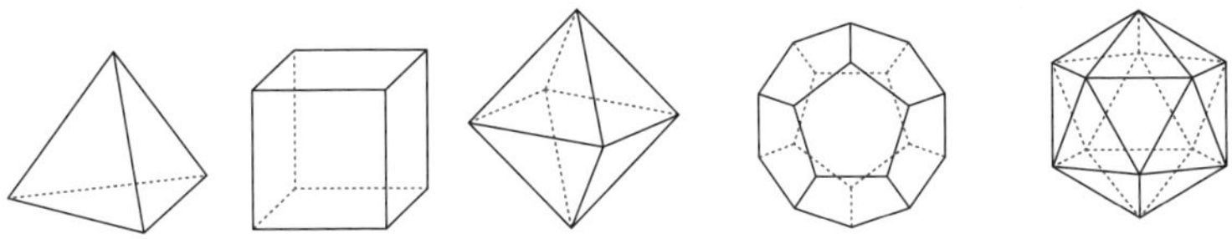

이 정다면체들을 **플라톤의 입체도형**이라고 부르는 경우가 있는데, 고대 오리엔트에서는 이

미 정사면체, 정육면체, 정팔면체가 알려져 있었고, 여기에 정십이면체와 정이십면체를 추가한 사람은 피타고라스라고 합니다.

아무튼 **플라톤**(기원전 427~347) 본인이 이 입체도형들을 발견한 것은 아닙니다. 그런데도 5개의 정다면체가 '플라톤의 입체도형'이라고 불리는 이유는 그가 쓴 책에서 이 내용을 종합적으로 논했기 때문입니다.

플라톤은 각 입체도형이 고대 그리스의 4대 원소(불, 흙, 공기, 물)와 우주를 상징한다고 생각했고, 아래와 같이 대응시켰습니다.

- **정사면체**: 불을 상징. 불의 뜨거움과 예리함을 나타낸다
- **정육면체**: 흙을 상징. 안정성과 신뢰성을 나타낸다
- **정팔면체**: 공기를 상징. 공중을 나는 능력과 경쾌함을 나타낸다
- **정이십면체**: 물을 상징. 유동성과 불확정성을 나타낸다
- **정십이면체**: 우주를 상징. 천체나 우주의 완전성을 나타낸다

이러한 아이디어는 **형상이 본질적인 성질이나 특성을 나타낼 수 있다는 당시의 기하학과 철학이 깊이 연결되어 있었다는 것**을 나타냅니다.

정다면체의 꼭짓점과 변과 면의 수

정다면체의 꼭짓점과 변과 면의 수와 면의 모양을 표에 정리했습니다.

	꼭짓점의 수	변의 수	면의 수	면의 모양
정사면체	4	6	4	정삼각형
정육면체	8	12	6	정사각형
정팔면체	6	12	8	정삼각형
정십이면체	20	30	12	정오각형
정이십면체	12	30	20	정삼각형

꼭짓점(vertex)의 수를 V, 변(edge)의 수를 E, 면(face)의 수를 F라고 두면, 어느 정다면체

든 **'$V - E + F = 2$'**라는 관계식이 성립합니다. 사실 정다면체가 아니더라도 **구멍만 뚫려 있지 않다면 어떤 다면체든 같은 식이 성립**합니다. 이 신기한 사실은 그 유명한 오일러(1707~1783)가 발견했습니다. 이 수식은 **'세계에서 두 번째로 아름다운 수식'**이라 불립니다(첫 번째는 오일러가 발견한 $e^{i\pi} + 1 = 0$).

볼록다면체에 대한 2가지 법칙

평면도형인 정다각형(각 변의 길이가 같고 내각의 크기가 모두 같은 다각형)은 무수히 있는데, 입체도형인 정다면체는 고작 5개밖에 없다니, 신기하지 않나요?

그 구조를 증명으로 풀 수 있는데, 증명에 들어가기 전에 볼록다면체에 대한 중요 법칙을 확인해 둡시다. 다음과 같이 2가지입니다.

《법칙 I》 다면체의 한 꼭짓점에는 3개 이상의 면이 모인다

《법칙 II》 한 꼭짓점에 모이는 각의 합은 360° 미만이다

《법칙 I》은 다면체의 꼭짓점에 모이는 면이 2개 이하일 때는 입체도형의 각을 만들 수 없기 때문에 존재합니다. 또한 《법칙 II》는 한 꼭짓점에 모이는 각의 합이 360° 이상이 되면 평면이 되거나 푹 꺼진 입체도형이 되기 때문에 존재합니다([그림 1-17] 참조).

그림 1-17 한 꼭짓점에 모이는 각도의 합이 360° 이상이 되면 ……

이 꼭짓점에 모이는 각도의 합
$\Rightarrow 120° \times 3 = 360°$

이 꼭짓점에 모이는 각도의 합
$\Rightarrow 72° \times 6 = 432°$

면의 모양이 정육각형인 경우, 최소 3개만 모여도 한 꼭짓점으로 모이는 각도의 합이 360°가 됩니다. 따라서 **정오각형보다 각이 많은 정다각형을 사용해서 정다면체를 만들 수는 없습니다.** 정육각형 이상인 정다각형의 내각은 120° 이상이라서 3개가 모이면 360°를 넘기 때문이지요.

정다면체가 5개밖에 없다는 것 증명하기

《증명》

이하, 1개의 꼭짓점에 모이는 면의 수를 n으로 둔다.

볼록다면체의 법칙 I 에서

$$n \geq 3 \cdots ①$$

(i) 면의 모양이 정삼각형인 경우

하나의 내각은 60°이므로, 법칙 II 에서

$$60° \times n < 360° \Rightarrow n < 6$$

①도 생각하면, $n = 3, 4, 5$

($n = 3$: **정사면체**, $n = 4$: **정팔면체**, $n = 5$: **정이십면체**)

(ii) 면의 모양이 정사각형인 경우

하나의 내각은 90°이므로, 법칙 II 에서

$$90° \times n < 360° \Rightarrow n < 4$$

①도 생각하면, $n = 3$

($n = 3$: **정육면체**)

(iii) 면의 모양이 정오각형인 경우

하나의 내각은 108°이므로, 법칙 II 에서

$$108° \times n < 360° \Rightarrow n < 3.33 \cdots\cdots$$

①도 생각하면, $n = 3$

($n = 3$: **정십이면체**)

(i)~(iii)로 미루어보아 정다면체는 모두 합쳐 5개밖에 존재하지 않는다.

(증명 끝)

면의 모양에 따라 **경우를 나누는 것**이 이 증명의 포인트입니다.

입체도형의 '보이지 않는' 부분을 '보기' 위한 법칙

입체도형의 절단면을 생각할 때의 법칙

입체도형을 어떤 평면으로 잘랐을 때, 절단면에 대해 생각하는 문제를 어려워하는 사람들이 많습니다. 약식도가 있다고 해도 보이는 면이나 변의 반대쪽은 어떻게 될지, 혹은 지나는 세 점으로 결정되는 '절단면'이 어떤 모습일지 상상하기 어렵기 때문이지 않을까요? 하지만 법칙만 확실히 잡으면 전혀 어렵지 않습니다.

입체도형의 절단면에는 2가지 법칙이 있습니다.

《기본 법칙 I》 입체도형의 각 면에 생기는 절단면의 선은 직선

《기본 법칙 II》 평행한 두 면의 절단면은 평행

둘 다 그림을 보면 당연하게 느껴질 수 있겠지만, 중요하니까 꼭 확인해 두세요.

정육면체 절단의 간단한 사례

[그림 1-18]의 (ii)와 같이 세 점 A, B, C를 지나는 평면으로 정육면체를 절단했을 때의 절단면을 생각해 보겠습니다. A와 C는 꼭짓점, B는 변의 중점입니다.

먼저 《기본 법칙 I》을 따라 (순서1)에서는 **같은 평면 위의 두 점을 직선으로 연결합니다.** 참고로 A와 C는 정육면체의 같은 면에 없기 때문에 직접 연결하면 안 됩니다.

다음으로《기본 법칙 II》을 따라 (순서2)에서는 **A를 지나 BC와 평행한 직선을 긋습니다.** 여기서 정육면체의 변과 만나는 점을 D라고 하겠습니다. 마지막으로 C와 D를 직선으로 연결하면, 자연스레 AB와 CD는 평행해집니다. 이 **사각형 ABCD가 바로 우리가 구하는 절단면**입니

그림 1-18 입체도형의 절단

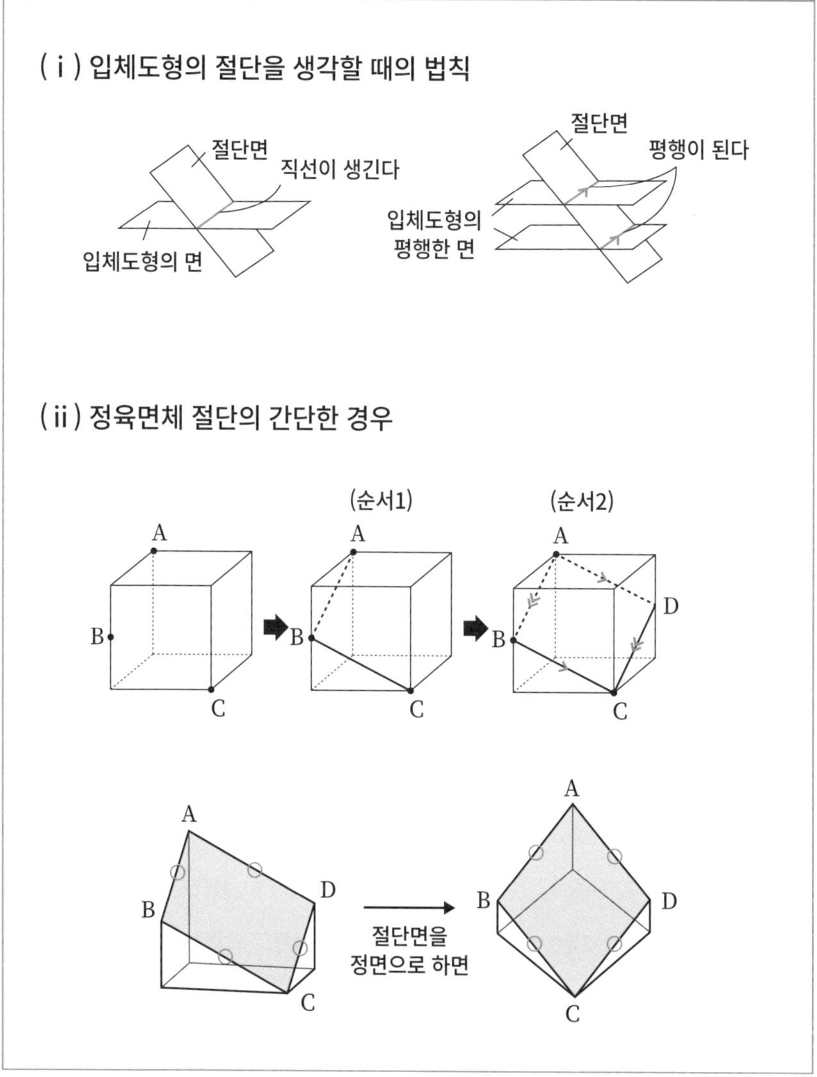

다. 참고로 사각형 ABCD는 **마름모**입니다.

정육면체 절단의 어려운 사례

이번에는 어려운 사례에 도전해 보겠습니다.

[그림 1-19] (i)와 같은 세 점 A, B, C를 지나는 평면으로 정육면체를 절단했을 때 절단면이 어떻게 될지 생각하겠습니다. A와 B는 변의 중점, C는 꼭짓점입니다.

《기본 법칙 I》을 따라 (순서1)에서는 **같은 평면 위의 두 점을 직선으로 연결합니다.** 여기까지는 간단하지만, 이 이상은 기본 법칙으로 그을 수 있는 선이 없습니다. A, B, C를 지나는 평면을 상상하기 어렵지요.

그래서 **더 큰 정육면체를 상상해서 큰 삼각형을 만들어 보겠습니다.** 구체적으로는 다음과 같습니다.

(순서2)와 (순서3)에서 **선분AB를 연장한 직선과 정육면체의 변을 연장한 직선의 교점을 만듭니다.** 그걸 각각 P와 Q라고 하겠습니다.

(순서4)에서 P, Q, C를 지나는 **큰 삼각형을 만듭니다.**

(순서5)에서는 **△PQC와 정육면체의 변이 만나는 점에 주목합니다.** 만나는 점을 D, E라고 하겠습니다.

(순서6)에서는 다시 《기본 법칙 I》을 따라 **같은 평면 위의 두 점을 직선으로 연결합니다.** 이렇게 완성된 **오각형 ABDCE가 바로 우리가 구하는 절단면**입니다.

2가지 기본 법칙과 이 방법을 활용하면 정육면체나 직육면체의 절단 문제는 모두 풀 수 있는데, 대체 어떻게 이런 방법으로 절단면을 알 수 있을까요?

앞에서 '더 큰 정육면체를 상상해서 큰 삼각형을 만든다'라고 설명했는데, [그림 1-19]의 《보충》을 보면 됩니다. **처음에 있던 정육면체가 큰 정육면체의 일부가 되어 있다**고 생각하면, 위와 같은 방법을 써서 어떻게 절단면을 알아낼 수 있는지 이해가 될 겁니다.

이 문제는 정육면체의 절단 문제치고 어려운 사례인데, 기본 법칙을 따르면서 몇 가지 순서로 분해하고 더 큰 정육면체를 상상하는 부감(관찰)을 하면 해결됩니다. '분해'와 '부감(관찰)'은 모두 수학에서 중요한 시점이랍니다.

그림 1-19 정육면체 절단의 어려운 사례

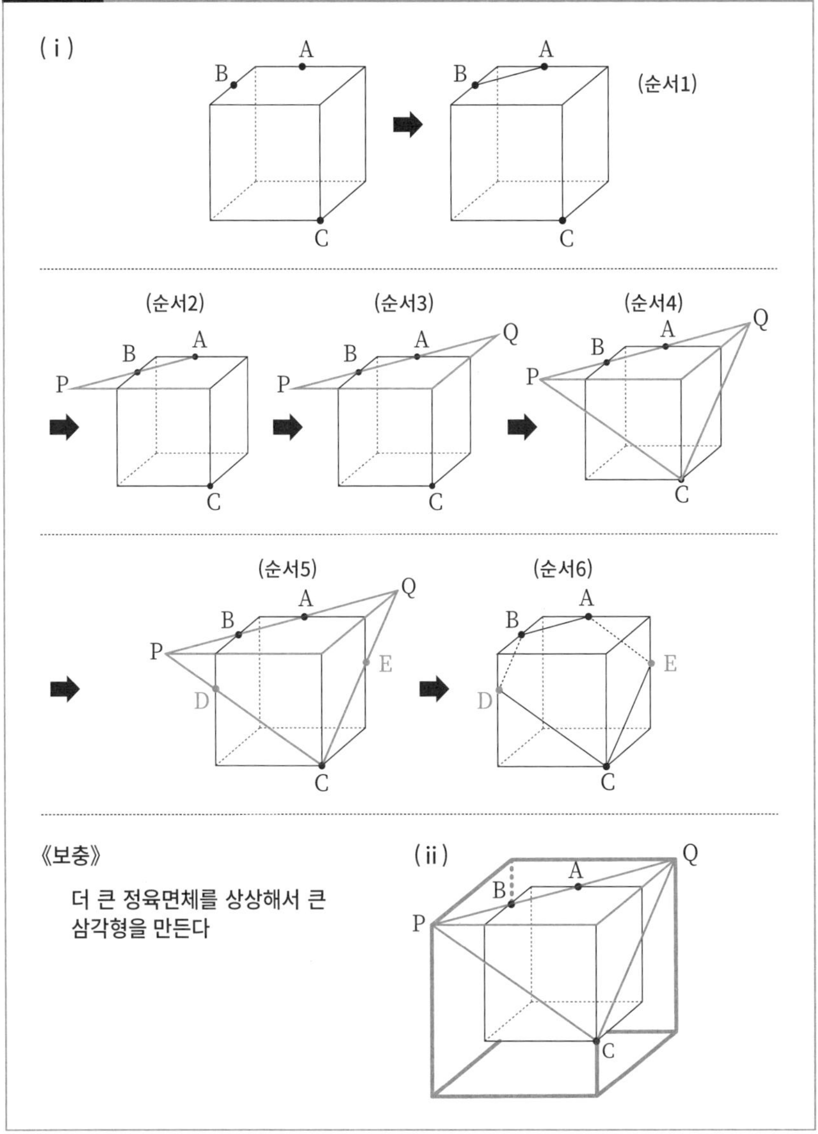

왜 '~뿔'의 부피는 $\frac{1}{3}$일까?

아르키메데스가 가장 마음에 들어 했던 연구 성과

고대 그리스의 아르키메데스(기원전 287~212경)는 **뉴턴**(1642~1727), **가우스**(1777~1855)와 나란히 세계 3대 수학자로 꼽히는 인물입니다. 욕조에 들어가 부력을 발견하고 온 거리를 알몸으로 뛰어다녔던 일이나 지레의 원리를 발견하고 '내게 지레와 발판을 주시오. 그러면 지구를 움직여 보이겠소'라며 호언장담을 했다는 일화는 유명하지요.

그런 아르키메데스가 가장 마음에 들어 했던 연구 성과가 무엇인지 아시나요? 그것은 **'원기둥과 그것에 내접하는 구는 부피도 겉넓이도 3 : 2다'**라는 것입니다.

비명횡사한 아르키메데스

아르키메데스는 제2차 포에니 전쟁이 한창이던 때, 로마군 병사에게 찔려 죽었습니다. 사실 로마군의 **마르쿠스** 장군은 '아르키메데스를 발견하면 죽이지 말고 끌고 와라'라고 지시했는데, 말단 병사가 정확한 생김새를 몰랐던 모양입니다.

희대의 천재 수학자의 죽음을 개탄한 마르쿠스는 '원기둥에 내접하는 구'를 조각해 묘석을 만들어 정중히 땅에 묻었습니다.

카발리에리의 원리

아르키메데스는 **'한없이 가늘게 분할한 것을 모두 더한다'**라는 사고법으로 **원의 넓이**나 **구**

의 부피를 정확히 구했습니다. 고대 그리스 시대에 오늘날의 적분 개념을 먼저 생각해 냈으니 정말 놀랍지요.

유럽에서는 아르키메데스의 **구적법**(넓이나 부피를 구하는 방법)을 이어받은 사람이 천문학자로서도 유명한 **요하네스 케플러**(1571~1630)입니다. **갈릴레오 갈릴레이**(1564~1642)의 제자이기도 했던 **보나벤투라 카발리에리**(1598~1647)는 그 케플러의 영향을 받아 부피를 구할 때 도움이 되는 어떤 원리를 발견했습니다.

그것은 **'두 입체도형의 어떤 한 평면에 평행한 평면으로 자른 절단면의 넓이가 항상 같으면, 두 입체도형의 부피는 같다'**라는 카발리에리의 원리입니다.

무를 예로 생각해 보겠습니다. 무 하나를 통썰기 해서 다시 쌓아 올립니다. 이때 통썰기를 한 무를 서로 지그재그로 쌓아도(모양은 변하지만) 부피는 원래의 무와 다르지 않습니다. 이것이 카발리에리의 원리가 말하고자 하는 내용입니다.

그림 1-20 입체도형의 부피에 관한 연구

[아르키메데스가 가장 마음에 들어 했던 연구 성과]

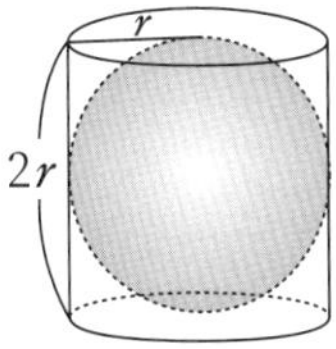

	원기둥		구	
부피	$2\pi r^3$	:	$\frac{4}{3}\pi r^3$	$= 3 : 2$
겉넓이	$6\pi r^2$	:	$4\pi r^2$	$= 3 : 2$

[카발리에리의 원리]

모든 높이에서 단면적이 같으면
두 입체도형의 부피는 같다.

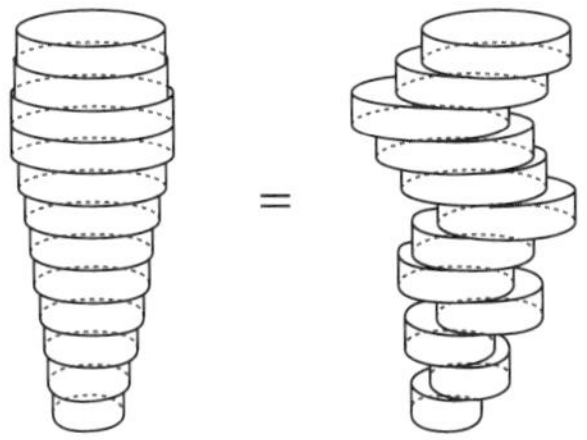

자, 그럼 카발리에리의 원리를 이용해서 구의 부피 구하는 공식을 이끌어 내 볼까요.

구의 부피 도출

[그림 1-21]에서 A는 반지름이 r인 반구입니다. 한편, B는 밑면의 반지름도 높이도 r인 원기둥에서 밑면의 반지름도 높이도 r인 원뿔을 도려낸 입체도형입니다.

사실 **카발리에리의 원리**로 보면 **A와 B는 부피가 같아집니다.** 왜냐하면 A와 B는 임의로(자유롭게 고를 수 있는) 정한 높이 a인 평면으로 잘랐을 때, 단면(연두색 부분)의 넓이가 항상 같아지기 때문이지요.

그림 1-21 '카발리에리의 원리' 이용하기

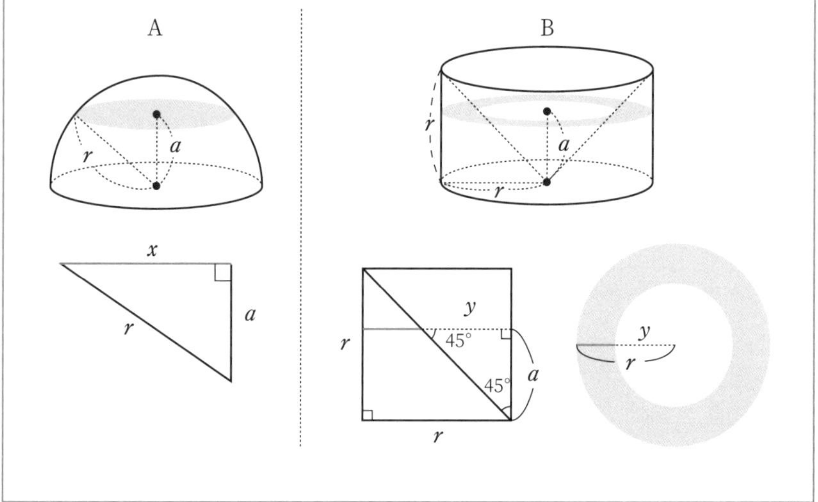

《증명》

A의 연두색 원의 반지름을 x로 둔다. 피타고라스 정리에 따라

$$x^2 + a^2 = r^2 \Rightarrow x^2 = r^2 - a^2$$

따라서 A의 연두색 원의 넓이는

$$\pi x^2 = \pi(r^2 - a^2) \cdots ①$$

한편, B의 연두색 도넛 모양 도형의 안지름을 y로 두면,

[그림 1-21]에서 $y = a$. 따라서 B의 도넛 모양 도형의 넓이는

$$\pi r^2 - \pi y^2 = \pi(r^2 - y^2) = \pi(r^2 - a^2) \cdots ②$$

①, ②로 미루어보아 A와 B를 밑면으로 해서 평행한 면으로 잘랐을 때의 단면적은 같다.

(증명 끝)

여기서 입체도형 B의 부피는 원기둥에서 원뿔을 제외한 것이므로

B의 부피 = 원기둥 − 원뿔

$$= \pi r^2 \times r - \pi r^2 \times r \times \frac{1}{3} = \pi r^3 - \frac{1}{3}\pi r^3 = \frac{2}{3}\pi r^3$$

A의 부피(반지름이 r인 반구의 부피)는 B와 같으므로

반지름이 r인 구의 부피 = A의 부피 × 2 = B의 부피 × 2 = $\frac{2}{3}\pi r^3 \times 2 = \frac{4}{3}\pi r^3$

왜 '~뿔'의 부피는 × $\frac{1}{3}$일까?

그런데 왜 각뿔이나 원뿔의 부피를 구할 때는 $\frac{1}{3}$을 곱하는 걸까요?

아마 정육면체의 내부에 4개의 대각선을 넣었을 때, 내부에 생기는 사각뿔([그림 1-22]의 회색 부분)의 부피가 전체의 6분의 1이라는 사실을 보면 이미지를 그릴 수 있을 겁니다(엄밀한 증명은 아닙니다).

그림 1-22 왜 '~뿔'의 부피를 구할 때는 $\frac{1}{3}$을 곱할까?

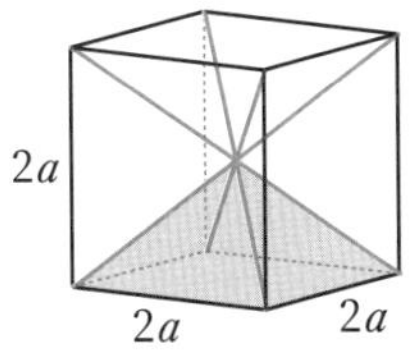

사각뿔의 부피 $= (2a)^3 \times \frac{1}{6}$

$$= \frac{8a^3}{6} = \frac{4a^3}{3} = 4a^2 \times a \times \frac{1}{3}$$

$= $ **밑면적** $\times$ **높이** $\times \frac{1}{3}$

※ **사각뿔의 밑면적은** $4a^2$, **높이는** a

구의 겉넓이 도출하기

마지막으로 **구의 겉넓이가 어떻게 $4\pi r^2$가** 되는지도 설명하겠습니다.

[그림 1-23]처럼 반지름이 r, 겉넓이가 S인 구에서 중심을 꼭짓점으로 하는 사각뿔을 잘라 냅니다(엄밀히 따지면 밑면은 구면의 일부고, 평평하지 않지만 사각뿔과 유사합니다). 사각뿔의 밑넓이가 최대한 작아지도록 하면 **이 사각뿔의 높이는 구의 반지름 r과 거의 같습니다.**

예를 들어, 구를 사각뿔 1000개로 분해하면 사각뿔 1000개의 부피의 합계는 구의 부피와 같고, 밑넓이의 합계는 구의 겉넓이와 같다고 할 수 있습니다(이하, S_1~S_{1000}은 사각뿔 1000개의 밑넓이입니다).

그림 1-23 구의 겉넓이는 왜 $4\pi r^2$일까?

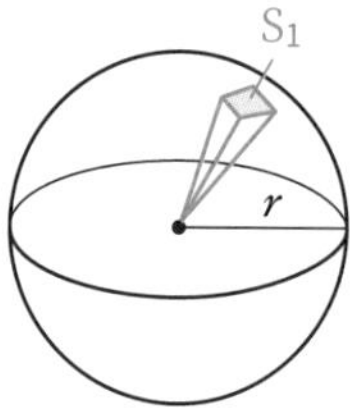

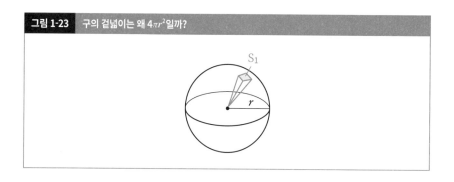

사각뿔 1000개의 부피 = 구의 부피

$$\Rightarrow \frac{1}{3}S_1 r + \frac{1}{3}S_2 r + \cdots\cdots + \frac{1}{3}S_{1000} r = \frac{4}{3}\pi r^3$$

$$\Rightarrow S_1 + S_2 + \cdots\cdots + S_{1000} = 4\pi r^2$$

양변에 $\times \frac{3}{r}$

⇒ 사각뿔 1000개의 밑넓이의 합계 $= 4\pi r^2$

⇒ 구의 겉넓이 $= 4\pi r^2$

이 장의 초반에도 설명했지만, 기하학(도형에 대한 수학)은 논리적 사고력을 길러 줍니다. 이 장의 내용을 이해했다면 '논리'에 관해서 만큼은 자신감을 가져도 좋습니다.

제2장

x y

수와 식

수와 식 ─ 교역의 시작 ─

도형 하면 그리스, 계산 하면 인도

고대 그리스에서는 기하학(도형)을 통해 논증 수학이 큰 발전을 이루었습니다. 하지만 주로 길이나 넓이 등 '양'에 관한 문제를 다루었지, 수 자체를 계산하는 기술은 크게 발전하지 않았습니다. 게다가 자연관이나 종교상의 제약으로 다룰 수 있는 수의 범위에 한계가 있었습니다. 이러한 제약은 기하학 말고 다른 수학의 발전을 더디게 한 요인이 되었다고도 합니다.

로마제국이 쇠퇴한 후 서유럽은 긴 암흑시대에 돌입했는데, 그와 대조적으로 비유럽 지역에서는 교역이 활발해졌습니다. 상거래가 복잡해지면서 고도의 계산이 필요하게 되었지요.

인도에서는 예로부터 수 자체에 대한 날카로운 감각과 계산에 강한 수의 표현법(십진법)을 갖고 있었습니다. 0이나 음수도 유럽보다 훨씬 빨리 받아들여서 이들을 포함하는 계산 기술이 발달했지요. **이슬람 세계**에서는 **대수학**(방정식에 관한 수학)의 대명사가 된 대가도 나타났습니다.

이처럼 비유럽 지역에서 대수학이나 다른 수학 분야가 발전을 이룬 것은 특정 지역만의 고립된 현상은 아닙니다. **다른 문명을 연결하는 교역로의 복잡한 그물코 덕분에 서로 큰 영향을 주고받았던 것이지요.** 이 루트는 아이디어 교환을 위한 파이프로서 기능했고, 인간의 집단적인 노력의 결정체로서 수학은 맥맥이 이어져 왔습니다.

이 장에서는 음수를 포함한 계산이나 방정식 해법 등, 비유럽권에서 크게 발전한 수학에 대해 이야기하려고 합니다. 또한 이차방정식을 풀 때 반드시 필요한 인수분해나 $\sqrt{\ }$를 다루는 법도 소개합니다.

그림 2-0 제2장 [수와 식] 약식도

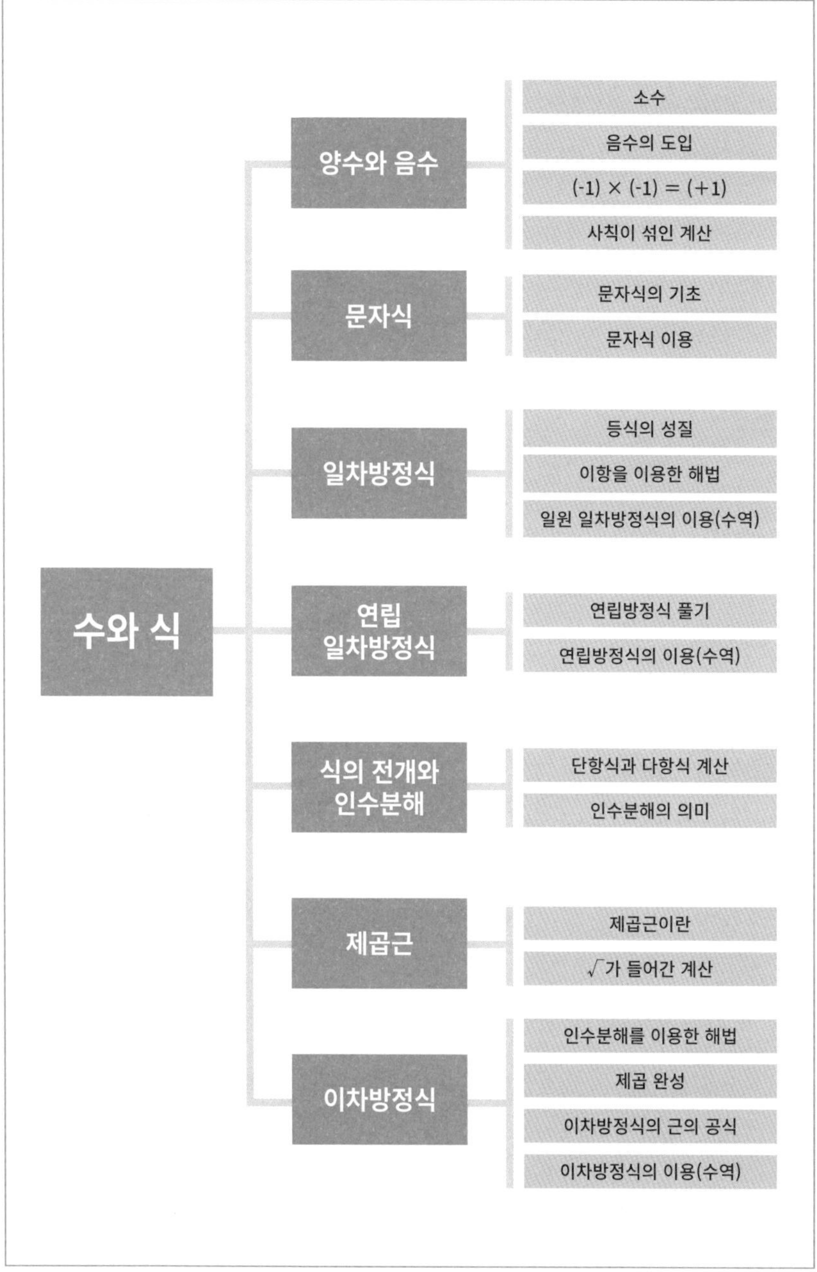
수와 식
양수와 음수
소수
음수의 도입
(-1) × (-1) = (+1)
사칙이 섞인 계산
문자식
문자식의 기초
문자식 이용
일차방정식
등식의 성질
이항을 이용한 해법
일원 일차방정식의 이용(수역)
연립 일차방정식
연립방정식 풀기
연립방정식의 이용(수역)
식의 전개와 인수분해
단항식과 다항식 계산
인수분해의 의미
제곱근
제곱근이란
√가 들어간 계산
이차방정식
인수분해를 이용한 해법
제곱 완성
이차방정식의 근의 공식
이차방정식의 이용(수역)

소수는 가장 귀하고 가장 불가사의한 수

소수란

소수의 정의는 이렇습니다.

소수 …… **1과 자기 자신 이외로는 나누어떨어지지 않는 2 이상의 정수**

예를 들어, 2나 3이나 5는 소수이지만 4는 1과 4 말고 2로도 나누어떨어지니까 소수는 아닙니다. 소수 이외의 정수는 '6 = 2 × 3'처럼 소수의 곱셈으로 나타낼 수 있습니다. 소수는 글자 그대로 수의 소(素), 그러니까 '수의 부품'인 것입니다.

소수는 영어로 'prime number'라고 합니다. 'prime'이란 '가장 귀한'이라는 뜻을 가졌으니, **소수는 온갖 수 중에서도 가장 귀한 수라고 할 수 있겠네요.** 그만큼 중요한 수이면서도 작은 순서대로 소수를 찾아보면 그 숫자들의 나열은 랜덤으로 보입니다.

소수에 관한 연구는 고대 그리스 시대부터 시작되었고 현재도 한창 연구가 진행되고 있지만, 그중에서도 소수의 분포(나타나는 모습)에 규칙성이 있는가 없는가에 대해서는 많은 수학자들이 관심을 두고 있습니다.

기원전 200년경, 고대 그리스의 **에라토스테네스**(기원전 275경~194경)는 연속된 자연수(양의 정수)를 일람표로 만들어서 소수 찾는 방법을 고안했습니다. **'에라토스테네스의 체'**라고 불리는 그 방법을 사용해서 100 이하의 소수를 찾는 경우는 오른쪽 그림처럼 됩니다.

그런데 화학 원소에 끝이 있듯이, 소수에도 끝이 있을까요? 사실 **소수는 무수히 많습니다.** 이 사실은 **유클리드**(46페이지)가 귀류법으로 증명해 보였지요.

그림 2-1 에라토스테네스의 체(100 이하의 소수를 찾는 경우)

[순서]

1) '1'은 소수가 아니므로 빗금을 긋는다.
2) '2'에 ○를 쳐서 남긴다. 2를 제외한 2의 배수에는 빗금을 긋는다.
3) 남은 수 중에서 가장 작은 '3'에 ○를 쳐서 남긴다.
   3을 제외한 3의 배수에는 빗금을 긋는다.
4) 남은 수 중에서 가장 작은 '5'에 ○를 쳐서 남긴다.
   5를 제외한 5의 배수에는 빗금을 긋는다.
5) 남은 수 중에서 가장 작은 '7'에 ○를 쳐서 남긴다.
   7을 제외한 7의 배수에는 빗금을 긋는다.
6) 남은 수에 모두 ○를 친다.
   ⇒ ○를 친 수가 소수다.

1	2	3	4	5	6
7	8	9	10	11	12
13	14	15	16	17	18
19	20	21	22	23	24
25	26	27	28	29	30
31	32	33	34	35	36
37	38	39	40	41	42
43	44	45	46	47	48
49	50	51	52	53	54
55	56	57	58	59	60
61	62	63	64	65	66

⋮

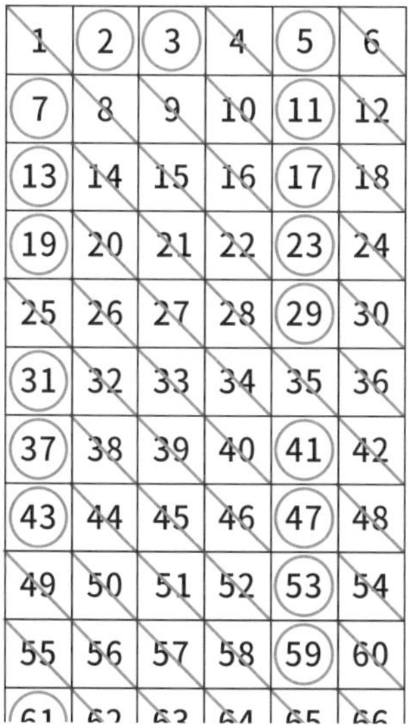

⋮

소수 판정 방법

앞 페이지에서 소개한 '에라토스테네스의 체'는 왜 **7보다 큰 소수의 배수에 빗금을 긋지 않았을까요?** 그 이유는 100 이하에서 소수가 아닌 수는 모두 $\sqrt{100}$ (=10) 이하 소수의 배수이기 때문입니다($\sqrt{\ }$에 대해서는 183페이지 참조).

일반적으로 **n이 소수인지 아닌지를 판정하려면 $\sqrt{n}$ 이하의 소수로 나누어떨어지는지만 알아보면 충분**합니다.

그 이유를 99(소수는 아닙니다)의 약수로 생각해 보겠습니다.

$$99 \div 1 = \textcircled{99} \qquad 99 \div \textcircled{99} = 1$$
$$99 \div 3 = \textcircled{33} \qquad 99 \div \textcircled{33} = 3$$
$$99 \div 9 = \textcircled{11} \qquad 99 \div \textcircled{11} = 9$$

이것을 보면 99의 약수(99를 딱 떨어지게 나누는 정수) 중에서 9보다 큰 수(11, 33, 99)는 모두 9 이하의 수로 99를 나누었을 때의 몫(나눗셈의 답)에 등장한다는 사실을 알 수 있습니다. 일반적으로 어떤 수 N이 a로 나누어떨어질 때, 그 몫을 b라고 하면 아래와 같습니다.

$$N \div a = b \ \Rightarrow \ \mathrm{N} = a \times b$$

그러므로 **b도 반드시 N의 약수가 됩니다.** 따라서 나누어떨어지는 수(약수)를 알아보고 싶을 때는 $a \leqq b$의 경우만 알아보면 충분한 것이지요.

이 사실은 N의 약수(나누어떨어지는 수)를 찾을 때는 다음 범위의 a로 나누면 된다는 뜻입니다.

$$a \times a \leq a \times b = N \Rightarrow a^2 \leq N \Rightarrow a \leq \sqrt{N}$$

소인수분해 순서

정수를 알아볼 때는 처음에 소인수분해를 합니다. 소인수분해란 정수를 소수의 곱으로 나타내는 것을 말합니다. 여기서도 먼저 말의 정의부터 확인해 보겠습니다.

인수 …… **정수를 자연수의 곱으로 나타낼 때 들어가는 숫자 하나하나**

소인수 …… **소수인 인수**

소인수분해는 나눗셈의 붓셈을 위아래 거꾸로 한 모양으로 하면 편리합니다.

그림 2-2 소인수분해

[순서]

1) 나누어떨어지는 소수로 계속해서 나눈다.
2) 나눈 모든 소수와 마지막에 남은 소수로 곱셈을 만든다.

2) 72	72÷2 = 36
2) 36	36÷2 = 18
2) 18	18÷2 = 9
3) 9	9÷3 = 3
3	

$\Rightarrow 72 = 2 \times 2 \times 2 \times 3 \times 3 = 2^3 \cdot 3^2$

주) '·'는 '×'의 생략 기호(144페이지 참조)

'1'이 소수에 포함되지 않는 이유

소수의 정의(118페이지)에는 '1'이 포함되어 있지 않습니다. 그 이유는 **소인수분해의 결과를 하나로 결정하기 위함**입니다. 만약 '1'이 소수에 포함되면 정수 하나를 소인수분해하는 데 여러 가지 방법이 생기게 되기 때문입니다.

예) $15 = 3 \times 5 = 1 \times 3 \times 5 = 1 \times 1 \times 3 \times 5 = \cdots$

그렇게 되면 **정수 하나와 그 소수의 소인수분해 결과가 1대 1 대응이 아니게 되고, 어떤 소인수분해의 결과를 알아보든지 원래 수를 완전하게 알아본 것이 아니게 됩니다.** 이렇게 되면 여러 가지 상황에서 여러모로 불편하니까 '1'을 소수에 포함하지 않는 것이지요.

'100만 원의 빚'은 '-100만 원의 이익'

양수, 음수란

제일 먼저 양수와 음수의 정의를 확인해 보겠습니다.

양수 …… **0보다 큰 수**

음수 …… **0보다 작은 수**

여기서 '0'은 양수도 음수도 아니라는 사실에 주의하세요.

역사상 음수가 처음 등장한 곳은 중국입니다. 기원전 1~2세기경에 쓰인 『**구장산술**』이라는 책에 음수 계산에 관한 기술이 있습니다. 그럼 왜 일본에서는 양수를 '정(正)의 수', 음수를 '부(負)의 수'라고 부르게 되었을까요?

'정(正)'은 '一(한 일)'+'止(발 지)'인 회의 문자(2개 이상의 한자를 조합하고, 각각 의미를 합성한 문자)입니다. '一'은 마을이나 나라, '止'는 발자국을 의미합니다. 그래서 **'正'에는 '적국을 향해 직진한다' = '옳다'라는 의미가 생겼습니다.**

한편 '부(負)'는 '人(사람 인)' + '貝(조개 패)'의 회의 문자입니다. 고대에는 조개껍데기가 화폐로 사용되었기 때문에 '貝'는 재산을 상징합니다. 원래 '負'는 사람이 재산을 짊어진 모양을 가리켰는데, 점점 무거운 짐이나 성가신 것을 짊어졌다는 의미로 넓어졌습니다. 그게 점점 진화해서 **'적국에 등을 돌리고 도망치다' = '패배'를 나타내게 된 것입니다.**

그러니까 **'負'는 '正'과는 반대 방향으로 향하는 것을 뜻합니다.**

그림 2-3 음수

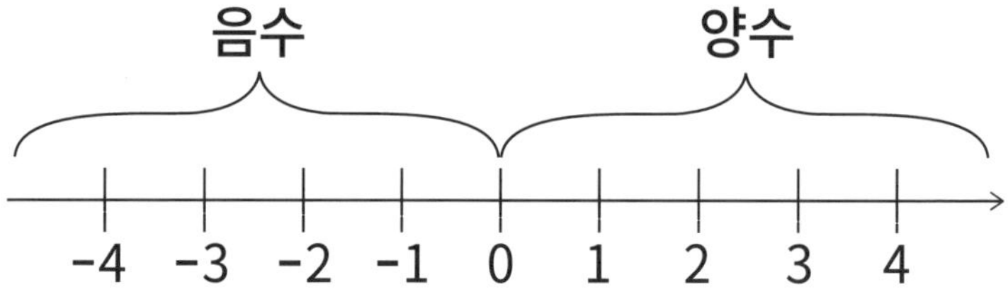

좀처럼 받아들여지지 않았던 음수

중국 다음으로 '음수'를 사용한 나라는 인도입니다. 인도에서는 6~7세기경에 상인들이 이를테면 **'100만 원의 빚'을 '−100만 원의 이익'이라는 식으로 표현하기 시작했습니다.**

수학서로는 **브라마굽타**(598~665경)가 쓴 책 『**브라마스푸타싯단타**』에서 처음으로 '0'이나 '음수'를 포함한 계산의 법칙을 명기했습니다. 거기에는 '무(無)에서 분리된 부채는 채권이 된다(0에서 음수를 빼면 양수가 된다)'라는 식으로 기재되어 있습니다.

한편, 유럽의 수학자는 17세기에 접어든 후에야 음수를 받아들였는데, 그때까지는 음수를 쓰는 것에 거부감을 드러냈습니다. 음수가 방정식의 해로 나오면 '무의미한 것'이라며 배제했을 정도니까요.

영어 'negative number(음수)'는 '부정한다'라는 의미를 가진 라틴어 'negativus'에서 유래했습니다. 이 말이 뽑힌 배경에는 유럽이 긴 세월 동안 음수에 대해 회의적이었다는 역사가 담겨 있지요.

음수를 단순히 '0보다 작은 수'로 인식하기만 해서는 음수를 포함한 계산, 특히 곱셈이나 나눗셈을 이해할 수 없습니다. **음수에는 더 풍부한 이미지가 필요**합니다. 이제부터 천천히 살펴보겠습니다.

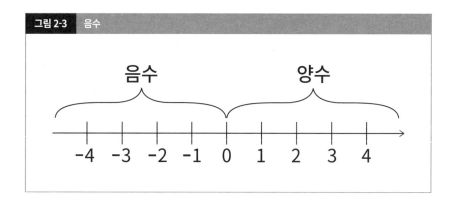

음수를 사용한 표현

예를 들어, **평균보다 높은 것을 양수, 낮은 것을 음수로 표현**하기로 했다면, 평균점이 60점일 때 90점은 **+30**점, 40점은 **−20점**으로 나타낼 수 있습니다.

음수는 양수와 반대 방향으로 나아가는 수입니다. 이 사실을 꼭 염두에 두도록 하세요.

양수나 음수를 사용해서 **위치를 나타낼 수도 있습니다.**

만약 동쪽을 양의 방향이라고 한다면, 지점0에서 동쪽으로 3km 떨어진 지점은 '+3km', 지점0에서 서쪽으로 4km 떨어진 지점은 '−4km'가 됩니다. 여기서 '−4km'라는 것은 **'동쪽을 양의 방향이라고 했을 때 반대 방향(서쪽)으로 4km 떨어진 지점'**이라는 뜻인데, 수학에서는 이것을 **'동쪽으로 −4km'**라고 표현합니다.

예) 10cm 낮다 ⇒ −10cm 높다
10kg 늘었다 ⇒ −10kg 줄었다
남쪽으로 10m ⇒ 북쪽으로 −10m
3분 전 ⇒ −3분 후

수에 방향이 더해지다

음수를 사용하면 수의 세계에 '방향성'이 더해집니다. 양수만 사용하면 수는 한 방향으로만 나아갑니다. 하지만 **음수를 갖고 오면 수는 '크기'뿐만 아니라 '방향'도 고려할 요소가 되지요.** 처음에는 음수를 사용한 표현이 부자연스럽게 느껴질 수도 있지만, 그만큼 **수학적 표현이 풍부해집니다.**

음수를 도입하면 **수의 세계가 확장**됩니다. 계산할 때도 (양의) 정수만 존재했던 세계에 분수나 소수를 더해서 수의 세계가 넓어졌지요. 수학 공부를 하다 보면 곳곳에서 이런 '확장'을 경험할 수 있습니다. **종래의 개념을 부정하는 일 없이, 거기에 새로운 요소를 더함으로써 더 다양하고 광범위한 대상을 다룰 수 있게 됩니다.** 기대하셔도 좋습니다.

음수가 가져다준 편리함

음수를 이용하면 대립하는 개념을 하나의 플레임 워크 안에서 다룰 수 있습니다. 이게 바로 음수의 어마어마한 매력이지요. 업무를 할 때 음수가 허용되지 않으면 이익과 손실이라는 2개의 다른 개념을 매번 고려해야 하고, 손익이 현란하게 변동하는 경우에는 계산이나 기록을 하기가 번잡해집니다. 하지만 **100만 원의 손실을 '−100만 원의 이익'이라는 식으로 생각하면, 손익분기점을 원점으로 한 하나의 수직선상에서 매출과 손익을 일원적으로 논할 수 있습니다.**

절댓값

음수가 들어오면 수에 방향성이 생기게 되는데, 가끔은 방향을 무시하고 크기에만 주목하고 싶을 때도 있습니다. 그럴 때 쓰는 것이 절댓값입니다. 절댓값의 정의는 이렇습니다.

절댓값 …… **수직선의 원점에서 얼마나 떨어져 있는지 나타낸다**

수 a의 절댓값은 $|a|$로 나타내고, '절댓값a'라고 읽는다

그림 2-4 절댓값

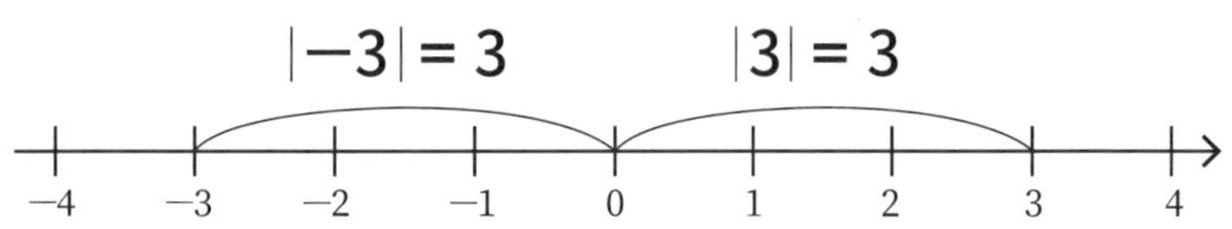

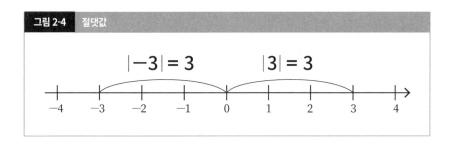

절댓값은 '거리'를 나타내므로 값에는 음수가 오지 않습니다. 결과적으로 **양수의 절댓값은 그대로, 음수의 절댓값은 '−'를 뗍니다.**

극단적이지만 뺄셈은 이제 필요 없다

음수가 들어간 덧셈

그럼 이제 음수가 들어간 계산에 대해 살펴보겠습니다.

음수가 들어간 계산은 '배우기보다는 익숙해져라'라는 측면이 있는데, '나도 모르는 사이에 할 수 있게 되어 있었다'라는 사람이 적지 않을 겁니다. 하지만 (예를 들어, 아이들에게) 막상 제대로 설명해 보라고 하면 성가시게 느껴지는 경우가 많은 것도 사실이지요.

먼저 덧셈부터 시작해 보겠습니다. 항상 **'음수는 양수와 반대 방향으로 나아간다'**라는 사실을 의식하세요. 또한 **양수를 '이익', 음수를 '손실'**이라고 생각하는 것도 이해를 도와줍니다.

그림 2-5 음수 + 음수

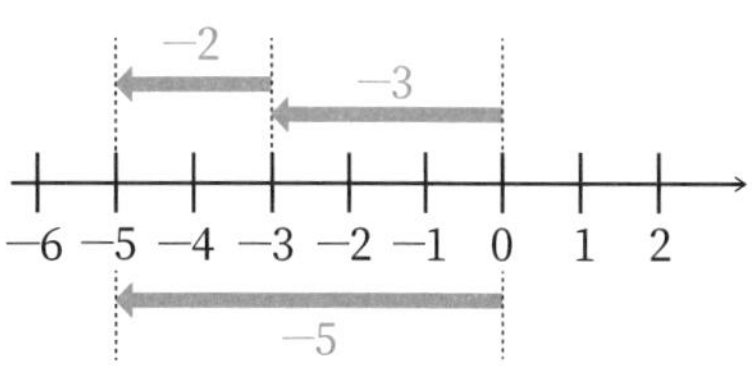

예) $(-3)+(-2)$

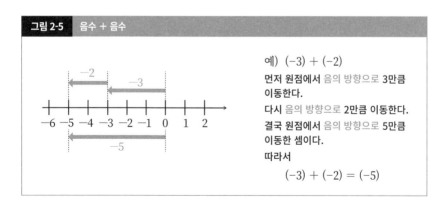

먼저 원점에서 음의 방향으로 3만큼 이동한다.

다시 음의 방향으로 2만큼 이동한다.

결국 원점에서 음의 방향으로 5만큼 이동한 셈이다.

따라서

$$(-3)+(-2)=(-5)$$

위의 계산은 '3만 원 손실을 본 곳에 또 2만 원의 손실이 생기면 총 5만 원 손실이다'라고 이해할 수도 있습니다.

그림 2-6 양수 + 음수

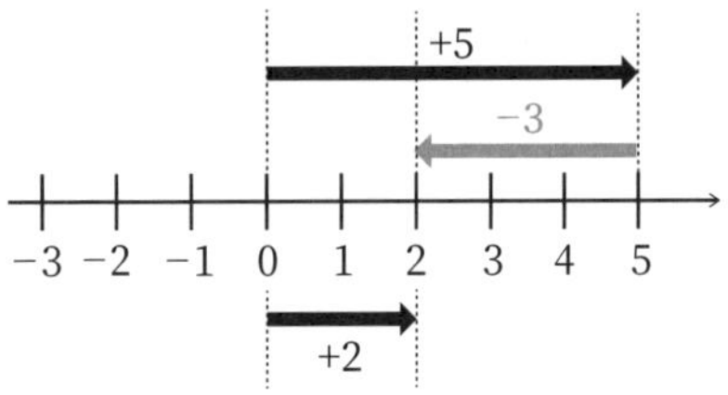

예) (+5) + (−3)

먼저 원점에서 양의 방향으로 5만큼 이동한다.

다음은 음의 방향으로 3만큼 이동한다.

결국 원점에서 양의 방향으로 2만큼 움직인 셈이다.

따라서

(+5) + (−3) = (+2)

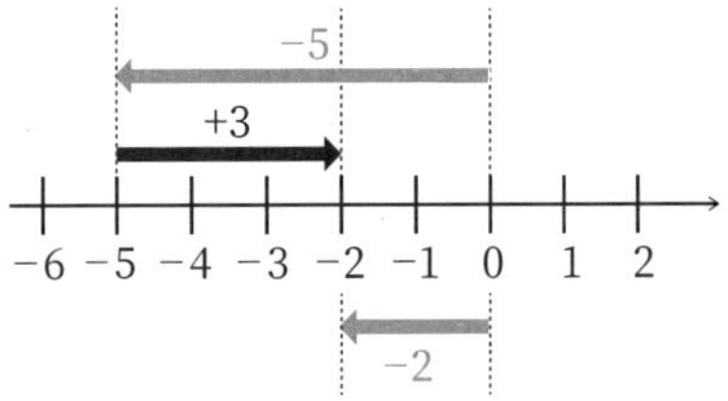

예) (−5) + (+3)

먼저 원점에서 음의 방향으로 5만큼 이동한다.

다음은 양의 방향으로 3만큼 이동한다.

결국 원점에서 음의 방향으로 2만큼 움직인 셈이다.

따라서

(−5) + (+3) = (−2)

양수 + 음수 = { 양수(양수의 절댓값이 더 클 때) / 음수(음수의 절댓값이 더 클 때) }

이렇게 됩니다. 이 사실은 다음 이미지와 같습니다.

이익 + 손실 = { 이익(이익이 더 클 때) / 손실(손실이 더 클 때) }

'양수 + 음수'의 계산 순서를 정리하겠습니다([그림 2-7] 참조).

① 절댓값이 더 큰 쪽 부호를 채택

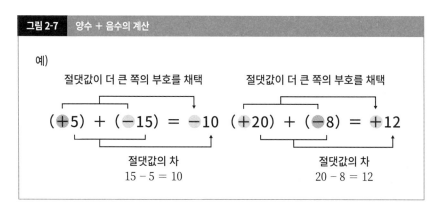

② 절댓값의 차 구하기

그림 2-7 양수 + 음수의 계산

예)

절댓값이 더 큰 쪽의 부호를 채택

$$(+5)+(-15)=-10$$

절댓값의 차

$15-5=10$

절댓값이 더 큰 쪽의 부호를 채택

$$(+20)+(-8)=+12$$

절댓값의 차

$20-8=12$

음수가 들어간 뺄셈

음수를 사용하면 뺄셈도 '덧셈'이라는 테두리 안에서 생각할 수 있습니다.

예를 들어, '5 − 3 = 2'라는 뺄셈은 '5와 3의 차는 2'라는 뜻인데, '3에 2를 더하면 5가 된다'라고도 해석할 수 있습니다. '5 − 3'은 '3 + □ = 5'에서 □를 구하는 계산이라고도 할 수 있겠지요. 일반화를 해 보겠습니다.

$$a+\square=b \;\Rightarrow\; b-a=\square$$

이걸 사용하면 [그림 2-6]에서 본 계산을 다음과 같이 쓸 수 있습니다.

$$(+5)+\boxed{(-3)}=(+2) \;\Rightarrow\; (+2)-(+5)=\boxed{(-3)}$$

여기서는 '$(+2)+(-5)=(-3)$'이라는 점에 주의하세요. 다시 써 보면 아래 식이 됩니다.

$$(+2)-(+5)=(+2)+(-5)=(-3)$$

마찬가지로 이런 식으로도 나타낼 수 있습니다.

$$(-5)+\boxed{(+3)}=(-2) \;\Rightarrow\; (-2)-(-5)=\boxed{(+3)}$$
$$\Rightarrow (-2)-(-5)=(-2)+(+5)=(+3)$$

결국 **양수를 빼는 것은 음수를 더하는 것**이며, **음수를 빼는 것은 양수를 더하는 것**이라고 할 수 있습니다. 글로 써서 정리해 보겠습니다.

$-(+a)=+(-a)$: 양수의 뺄셈 = 음수의 덧셈

$-(-a)=+(+a)$: 음수의 뺄셈 = 양수의 덧셈

뺄셈은 필요 없다?

극단적으로 말하자면 '뺄셈'은 이제 필요 없습니다. '$5-3$'은 뺄셈이 아니라 '$(+5)+(-3)$'이라는 덧셈이라고 생각할 수 있으니까요.

이 사실은 수식 표기에도 나타납니다.

지금까지는 수에 부호를 붙여서 그것을 ( ) 안에 넣고, ( ) 밖에는 덧셈을 나타내는 '+'나 뺄셈을 나타내는 '−'를 썼습니다. 그런데 이제 덧셈만 남길 거니까 **덧셈을 나타내는 '+'는 생략**합니다. 예를 들어, 이런 식으로 쓰는 것이지요(맨 앞이나 = 바로 뒤에 오는 수가 양수일 때는 + 를 생략합니다).

$$(+3)+(-4)+(+5)+(-9)=3-4+5-9$$

'+'나 '−'는 계산 기호가 아니라 양수인지 음수인지를 나타내는 부호라고 생각하는 것입니다.

왜 $(-1)\times(-1)=(+1)$일까?

음수가 들어간 곱셈

음수가 들어간 곱셈을 이해하려면 '방향성'을 느낄 수 있는 수량을 사용해야 합니다. 여기서는 '시간'과 '속도'를 사용하겠습니다.

수직선 위를 기어가는 거북을 상상해 보세요. 이 거북이 ○시간 후에 어디에 있을지 추측해 봅니다. 시간과 속도의 양의 방향은 아래와 같이 정합니다.

- 시간의 양의 방향 …… **시간이 가는 방향**
- 속도의 양의 방향 …… **동쪽 방향**

(i) 시속 1km로 동쪽을 향하는 거북의 1시간 후 위치

시속 1km로 동쪽을 향하는 거북의 속도는 (+1km/시간)입니다.

'속도 × 시간 = 거리'로 계산하면, **(+1km/시간) × (+1시간) = +1km**

(ii) 시속 1km로 서쪽을 향하는 거북의 1시간 후 위치

시속 1km로 서쪽을 향하는 거북의 속도는 (−1km/시간)입니다. 이 거북의 1시간 후 위치는 서쪽으로 1km, 즉 −1km 지점이므로

'속도 × 시간 = 거리'로 계산하면, **(−1km/시간) × (+1시간) = −1km**

(iii) 시속 1km로 서쪽을 향하는 거북의 1시간 전 위치

시속 1km로 서쪽을 향하는 거북의 속도는 시속 (−1km/시간), '1시간 전'은 '−1시간 후'로 봅니다.

'속도 × 시간 = 거리'로 계산하면, **(−1km/시간) × (−1시간) = +1km**

그림 2-8 거북의 위치로 음수의 곱셈 생각하기

(i) 시속 1km로 동쪽을 향하는 거북의 1시간 후 위치

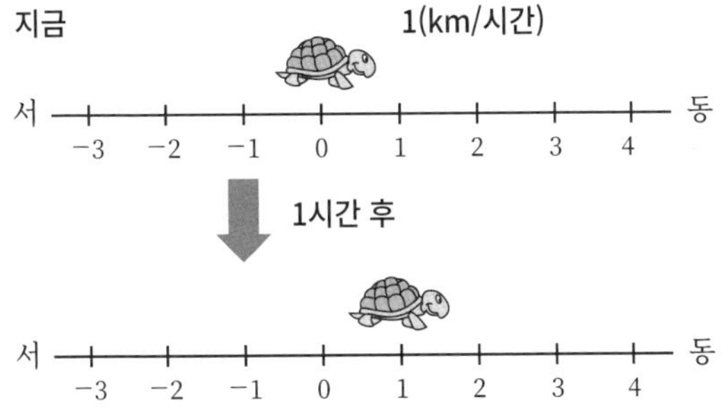

(+1km/시간) × (+1시간) = +1km

(ii) 시속 1km로 서쪽을 향하는 거북의 1시간 후 위치

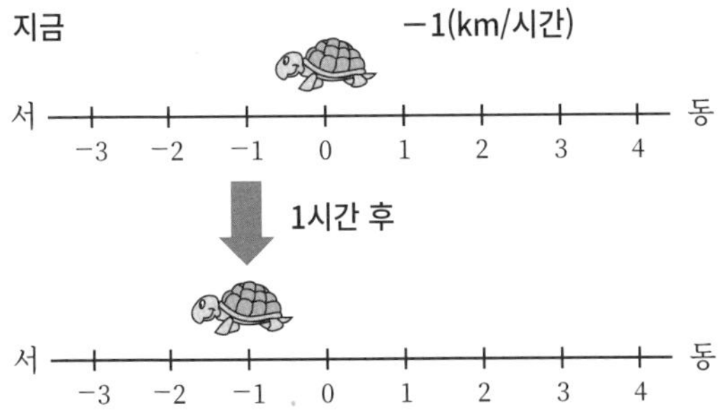

(−1km/시간) × (+1시간) = −1km

(iii) 시속 1km로 서쪽을 향하는 거북의 1시간 전 위치

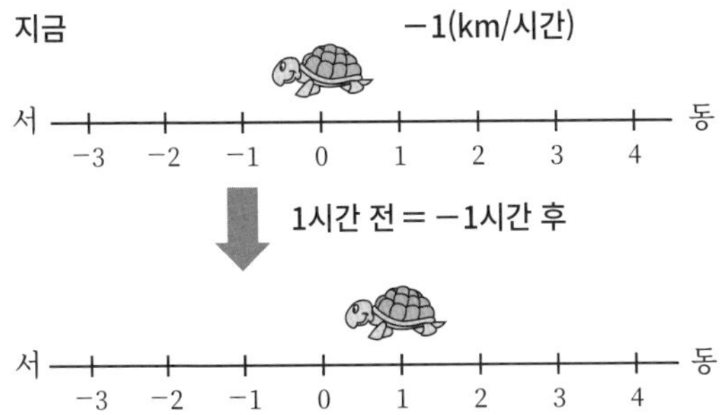

(−1km/시간) × (−1시간) = +1km

(ⅱ)와 (ⅲ)을 보면 $(-1)\times(+1)=(-1)$과 $(-1)\times(-1)=(+1)$임을 알 수 있습니다. 이 두 가지 계산은 이를테면 자동 이체 때문에 다달이 1만 원씩 줄어드는 은행 잔액이 '1개월 후에는 지금보다 1만 원 적다', 혹은 '1개월 전의 잔액은 지금보다 1만 원 많다'라는 식으로 해석하는 것도 좋습니다.

다음에서는 이해를 더 깊이 발전시켜 보겠습니다.

'양수 × 음수 = 음수', '음수 × 음수 = 양수' 이해하기

이번에는 앞 페이지에서 나온 $(-1)\times(+1)=(-1)$을 다른 측면에서 2가지로 해석해 보겠습니다.

먼저 이 식은 **'어떤 수에 (+1)을 곱해도 변하지 않는다'라는 (+1)의 성질**을 나타내는 것으로 생각할 수도 있습니다.

그런데 수를 화살표로 나타내면 (+1)과 (−1)은 길이(절댓값)는 같지만 방향은 반대입니다. 여기서 $(-1)\times(+1)=(-1)$을 **'어떤 수에 (−1)을 곱하면 화살표 방향이 180° 회전한다'**라고 생각해 봅시다([그림 2-9] 참조). 이것은 고등학교 3학년 이과 학생들이 배우는 **복소평면**과 일맥상통하는 본질적인 사고법이지요.

이 사고법을 사용하면 $(-1)\times(-1)=(+1)$도 음의 방향을 향하는 '−1'의 화살표에 (−1)을 곱해서 180° 회전시키면 양의 방향을 향하는 '+1'의 화살표가 된다고 이해할 수 있습니다.

$(+3)\times(-1)=(-3)$이나 $(-2)\times(-1)=(+2)$도 마찬가지입니다.

그럼 $(+3)\times(-2)$처럼 '−1'이 들어가지 않은 곱셈은 어떻게 이해하면 좋을까요? 이때는 이렇게 생각합니다.

$$(+3)\times(-2)=(+3)\times(+2)\times(-1)=(+6)\times(-1)=(-6)$$

그림 2-9 ×(−1)은 180° 회전

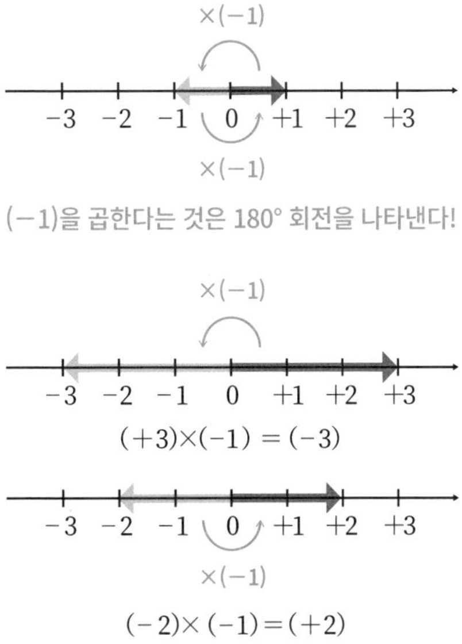

'−2'는 '+2'에 (−1)을 곱해서 방향을 180° 회전한 것으로 보고, '−2'를 (+2)×(−1)로 분해하는 부분에 주목하세요. 그렇게 해서 먼저 (+3)×(+2)를 계산한 다음에 마지막에 (−1)을 곱해서 다시 180° 회전시키는 것입니다. 마찬가지로 (−3)×(−2)는 다음과 같습니다.

$$
\begin{aligned}
(-3)\times(-2) &= (+3)\times(-1)\times(+2)\times(-1) \\
&= (+3)\times(+2)\times(-1)\times(-1) \\
&= (+6)\times(+1) \\
&= (+6)
\end{aligned}
$$

위의 구체적인 예시들을 추상화하면, 다음과 같은 사실을 알 수 있습니다.

양수 × 음수 = 음수

음수 × 양수 = 음수

음수 × 음수 = 양수

결국 음수는 항상 '양수 × (-1)'로 분해할 수 있고 (-1)의 수만큼 180° 회전을 하게 되는 것이니까 **음수가 들어간 곱셈**은 먼저 **절댓값의 곱을 계산**하고 나서 다음과 같이 정리해 두면 간단합니다.

음수가 홀수 개 있을 때 …… 답의 부호는 −

음수가 짝수 개 있을 때 …… 답의 부호는 +

사칙이 섞인 계산

거듭제곱이란

예를 들어, '$5 \times 5 \times 5$'는 '5^3'이라고 쓰며 '5의 3제곱'이라고 읽습니다. 이렇게 **같은 수를 여러 번 곱한 것**을 그 수의 거듭제곱이라고 합니다.

매우 편리한 기호니까 적극적으로 사용해 볼까요.

참고로 넓이는 'cm^2'나 'm^2'로 나타내는데, '가로 × 세로'로 구하는 넓이는 cm나 m를 2번 곱한 양이기 때문입니다.

또한 '5^3'이라고 표기할 때 '3'을 지수라고 부르고, **같은 수를 몇 번 곱했는지** 나타냅니다. 여담이지만 지수가 '변수를 나타내는 x'로 바뀌면, 고등학교에서 배우는 **지수함수**가 됩니다.

역수란

서장에서 '분수의 나눗셈을 뒤집는 이유'를 찬찬히 살펴봤지요(29페이지). 이것은 정수의 나눗셈에서도 똑같이 생각할 수 있습니다. 그러니까 다음 식과 같이 생각할 수 있습니다.

$$10 \div 2 = 10 \div \frac{2}{1} = 10 \times \frac{1}{2} = \frac{10}{2} = 5$$

그런데 수학에서는 2와 $\frac{1}{2}$처럼 **곱(곱한 결과)이 '1'이 되는 수의 한쪽을 다른 한 수의** 역수라고 부릅니다.

$$\frac{3}{4}\times\frac{4}{3}=1 \Rightarrow \frac{4}{3}\text{는 }\frac{3}{4}\text{의 역수}$$

$$(-3)\times\left(-\frac{1}{3}\right)=1 \Rightarrow -\frac{1}{3}\text{은 }-3\text{의 역수}$$

음수가 들어간 나눗셈

역수를 사용하면 나눗셈은 곱셈으로 변환할 수 있으므로 음수가 들어간 나눗셈은 새로울 게 아무것도 없습니다. 결국 **어떤 수로 나눈다는 것은 그 수의 역수를 곱한다는 것과 같은 이야기니까요.**

$$12\div(-3)=12\times\left(-\frac{1}{3}\right)=-\frac{12}{3}=-4$$

$$(-6)\div(-10)=(-6)\times\left(-\frac{1}{10}\right)=\frac{6}{10}=\frac{3}{5}$$

사칙이 섞인 계산

여기까지 복습하고 이제 **사칙**(덧셈, 뺄셈, 곱셈, 나눗셈)이 섞인 음수 계산을 해 보겠습니다.

계산의 우선순위가 ( ) → 거듭제곱·곱셈·나눗셈 → 덧셈·뺄셈이라는 부분에 주의하세요.

$$\begin{aligned}(-7+9)\div\boxed{\left(-\frac{1}{2}\right)^2}+12\times\left(\frac{1}{3}-\frac{1}{2}\right)&=2\div\boxed{\frac{1}{4}}+12\times\frac{2-3}{6}\\&=2\times4+12\times\left(-\frac{1}{6}\right)\\&=8+(-2)\\&=6\end{aligned}$$

왜 0으로 나누면 안 될까?

0으로 나누면 안 되는 이유

수학에는 **'0으로 나누면 안 된다'**라는 법칙이 있습니다. 예외는 없습니다. 계산만 할 때는 크게 의식하지 않지만, 수학에서는 문자를 포함한 식도 자주 변형하기 때문에 중간 과정에서 0으로 나누는 작업이 들어가지 않도록 주의해야 합니다.

그런데 0으로 나누는 것이 왜 금지되어 있을까요? 그 이유는 **0으로 나누는 것을 허용하면 누가 봐도 이상한 결론이 나오게 되기 때문**입니다. 예를 들어 보겠습니다.

$$2\times3=6 \iff 2=6\div3$$

위의 식과 똑같이 다음 식이 가능하다고 생각해 봅시다.

$$2\times0=0 \iff 2=0\div0$$
$$3\times0=0 \iff 3=0\div0$$
$$4\times0=0 \iff 4=0\div0$$

그럼 다음과 같이 됩니다.

$$0 \div 0 = 2 = 3 = 4$$

그러면 '2 = 3 = 4', 누가 봐도 틀린 결론이 나오게 됩니다.

말할 필요도 없지만 **수학은 논리적 엄밀성을 가장 중시합니다.** 고대 그리스 시대부터 현대에 이르기까지, 무수히 많은 수학자가 모호하지 않은 정확하고 치밀한 표현을 사용해서 일관된 주장을 차곡차곡 쌓아 왔습니다. 나라가 바뀌거나 시대가 변해도, 혹여나 인류가 멸망한다고 할지라도 영원히 흔들리지 않을 논리 체계를 완성하려 하고 있습니다.

마치 매우 단단한 블록을 쌓아 올려 절대 무너지지 않을 견고한 성을 지으려는 것과 같습니다. 그런 목적이 있는 이상, 중간에 취약한 블록을 사용할 수는 없는 노릇이지요.

그런데 이 '0으로 나누는 행위'가 그런 취약한 블록을 사용하는 것에 해당합니다. 이걸 용납해버리면 지금까지 쌓아 온 노력이 물거품이 되고 말 겁니다. 그래서 0으로 나누는 것이 금지된 것이지요.

0으로 나누면 무슨 일이 일어날까?

예를 들어, 컴퓨터가 프로그램에서 0으로 나눗셈을 하려고 하면, 많은 컴퓨터는 에러를 일으키고 가끔은 미처리 상태로 프로그램이 중단됩니다.

실제로 이런 일이 있었습니다. 1997년에 미국의 유도 미사일 순양함 USS 요크타운은 탑재했던 컴퓨터가 0으로 나눗셈을 해 버린 탓에 모든 시스템이 멈추었고, 2시간 30분 동안이나 항행을 할 수 없었습니다. 나중에 보고한 내용을 봤더니, 탑재한 컴퓨터의 OS였던 윈도우 NT 자체의 0을 과잉 인식하는 바람에 0으로 나눗셈을 하는 에러가 발생해서 회선이 터졌던 것이 원인이었다고 합니다.

이게 만약 비행기에 탑재되었던 컴퓨터였다면 어떻게 되었을까요? 아마 승무원들은 목숨을 잃었을 겁니다. 다시 한번 강조합니다. **0으로 나누면 안 됩니다!**

비유럽에서 발전한 '대수'

algebra(대수학)의 어원

숫자 대신에 문자를 사용하는 수학, 특히 '방정식'에 대해 연구하는 분야를 **대수학**이라고 하는데, 영어로는 '**algebra**'라고 합니다. 이 용어는 이슬람 세계에 혜성처럼 깜짝 등장한 천재 **알 콰리즈미**(780경~850경)가 쓴 『**Kitab al-mukhasar fi hisab al-jabra wa'l muqabala**(완성과 균형에 의한 계산 개론)』라는 책 제목에 들어 있는 **'al-jabra'**에서 유래했습니다. 책 제목 하나가 수학의 한 분야를 나타내는 일반 명사가 된 셈이지요.

'al-jabra'는 직역하면 '회복'이나 '보완'이라는 뜻인데, 수학적으로는 등식의 양변에 같은 수를 더하는 수법을 가리킵니다. 그리고 'wa'l muqabala'는 원래 '균형을 잡다'라는 뜻인데, 여기서는 등식의 양변에서 같은 수를 빼는 수법을 의미합니다. 참고로 현대에는 이 2가지 방법을 **이항**이라는 사고법으로 정리할 수 있습니다(이항에 대해서는 나중에 자세히 설명하겠습니다).

콰리즈미의 저서가 대명사가 된 이유

어떤 식에 들어 있는 **미지수**를 구하는 법(방정식의 해법)을 연구한 수학자는 콰리즈미 이전에도 있었습니다. 3세기에 알렉산드리아의 **디오판토스**(250경), 5~6세기에 인도의 **아리아바타**(476~550경)나 **브라마굽타**(598~665경) 등이 유명합니다.

하지만 그들이 쓴 책은 방정식을 연구하는 분야의 대명사는 되지 못했습니다.

콰리즈미는 방정식 연구의 선구자라고 할 수는 없을지도 모르겠습니다. 하지만 **특히 이차**

방정식의 해법을 완전히 망라해 체계적으로 정리해 냈다는 점에서는 그보다 옛날 사람들을 능가했다고 할 수 있습니다. 그리고 무엇보다 그가 뛰어났던 점은 **어떤 방정식도 그의 방법을 따르면 기계적으로 풀렸다는 점입니다.**

애초에 **수학은 늘 보편적인 진리를 추구합니다.** 모든 삼각형에 적용되는 성질, 모든 짝수에 성립하는 진리를 찾아내는 것이 수학입니다. **콰리즈미는 인류 최초로 방정식의 해법을 보편화하려 했고, 성공해 낸 인물**이라고 할 수 있습니다.

『Kitab al-mukhasar fi hisab al-jabra wa'l muqabala』가 16세기가 될 때까지 이슬람 세계나 유럽에서 교과서로 꾸준히 읽혔던 이유가 여기에 있습니다.

방정식을 배우는 교과서로서 몇백 년 동안이나 독점적으로 사용된 책의 제목이 방정식을 다루는 분야의 대명사처럼 사용되는 일은 지극히 자연스러운 일일 테지요. 현대에도 대일밴드, 포스트잇처럼 시장을 독점하는 상품 이름이 일반 명사처럼 쓰이는 일이 적지 않습니다. 그와 비슷한 이치지요.

대수학의 어원

참고로 대수학이라는 명칭은 '드모르간의 법칙'으로 유명한 영국인 **오거스터스 드 모르간**(1806~1871)이 쓴 『Elements of algebra』라는 책을 19세기의 중국인 수학자 **리산란**(1810~1882)과 영국인 선교사 **알렉산더 와일리**(1815~1887)가 중국어로 번역했을 때 『대수학』이라고 이름을 붙인 것이 최초입니다.

방정식을 푸는 순서를 보편화하는 열쇠는 수학 대신 문자를 쓰는 것에 있다고 간파하고 해낸 훌륭한 번역이지요.

의외로 짧은 '+, −, ×, ÷'의 역사

계산 기호는 대항해시대의 산물?

우리가 일상적으로 사용하는 +, −, ×, ÷라는 계산 기호가 언제부터 쓰였는지 알고 계시나요? 사실 이 기호들이 사용되기 시작한 것은 의외로 최근입니다. **+와 −는 15세기 말에, 그리고 ×와 ÷는 17세기로 접어든 후에 보급되었습니다.**

지금으로부터 500년 정도 전, 유럽은 **대항해시대**를 맞이해 배를 사용한 상업 활동이 흥했습니다. 당시에는 레이더 같은 선진 기술이 없었던 탓에 눈에 들어오는 드넓은 바다에서 배의 위치를 정확히 짚어내려면 천체관측을 기초로 한 계산이 반드시 필요했습니다. 그야말로 천문학적인 수치 계산이 필요했던 것이지요.

계산 기호가 생긴 배경에는 장대한 계산을 조금이라도 편하게 하고자 했던 절실한 마음이 담겨 있었을 것입니다.

+와 −의 기원

+와 −의 기원에 대해서는 여러 가지 이야기가 있지만, **원래는 뱃사람들이 사용했던 표시**였다는 설을 소개하겠습니다.

뱃사람들은 배 안에 준비된 나무통에서 물을 쓸 때, 어디까지 썼는지 알 수 있도록 나무통에 가로선 −를 그렸습니다. 그 후 나무통에 물을 부어 넣을 때는 가로선 위에 세로선을 더해서 +를 그렸다고 합니다.

물이 줄어들었을 때 쓴 −와 늘어났을 때 쓴 +가 각각 뺄셈과 덧셈을 나타내는 기호가 되었다는 것이 뱃사람 기원설입니다.

×의 기원

×는 영국의 수학자 **윌리엄 오트레드**(1574~1660)가 1631년에 그의 저서에서 처음으로 사용했습니다. 그런데 모양의 유래에는 여러 가지 설이 있는데, **기독교의 십자가를 비스듬히 기울였다는 설과 스코틀랜드의 국기 모양에서 따 왔다는 설**이 있습니다.

곱셈을 나타내는 기호로는 '•'도 있습니다.

사실 곱셈을 나타내는 ×는 유럽에서 크게 보급되지는 않았습니다. **독일의 고트프리트 라이프니츠**(1646~1716)는 어느 서간에 이렇게 적었습니다. '나는 곱셈 기호로 "×"를 좋아하지 않네. "x"와 쉽게 헷갈리기 때문일세. 나는 곱셈을 나타낼 때 "•"를 쓰려고 하네.'

당시에는 이런 의견이 주류였다고 합니다. 그 후 타자기나 컴퓨터가 보급되면서 곱셈을 나타내는 ×는 점점 더 쓰지 않게 되었습니다. 특히 인쇄할 때는 라이프니츠가 말한 대로 '×'와 'x'가 상당히 혼동되기 때문입니다. 참고로 표 계산 소프트나 프로그램 등에 곱셈을 입력할 때는 '*'를 씁니다.

÷의 기원

÷는 1659년에 스위스의 수학자 **요한 하인리히 란**(1622~1676)이 그의 저서에서 처음으로 사용했습니다. **분수 표기를 추상화해서** 만들었다고 하지요(31페이지 참조).

÷는 그 후 **아이작 뉴턴**(1642~1727) 등이 즐겨 쓰면서 영국을 중심으로 퍼져 나갔습니다.

나눗셈을 나타내는 기호에는 '/'나 ':'도 있습니다.

사실 일반적으로 ÷를 사용하는 나라는 그렇게 많지 않습니다. 영국, 미국, 일본, 한국, 태국 등 일부 나라에서만 쓰지요. 대부분의 나라는 '/'를 쓰고, 독일이나 프랑스에서는 ':'를 사용합니다.

왜 문자식을 쓸까?

또 한 사람의 '대수학의 아버지'

콰리즈미와 어깨를 견주어 '대수학의 아버지'라 불리는 수학자가 또 한 사람 있습니다. 16세기 프랑스에서 활약한 **프랑수아 비에트**(1540~1603)입니다. 비에트는 인류 최초로 **수를 하나의 문자로 나타냈습니다.**

앞 절에서 소개했듯이 계산 기호는 15세기 말 이후에나 발명되었습니다. 그때까지 방정식은 우리에게 익숙한 '$2x+1=5$'라는 식이 아니라, '어떤 것을 2배해서 1을 더하면 5가 된다'라는 문장이었습니다. 비에트는 미지수에는 모음 'A, I, O, U, Y'를, 기지수에는 자음 'B, D, G' 등을 쓰도록 제창했습니다. 참고로 미지의 양에 '$x, y, z \cdots$', 기지의 양에 '$a, b, c \cdots$' 등을 처음 쓴 사람은 **르네 데카르트**(1596~1650)입니다.

문자식이란

a나 x 등 문자를 사용한 식을 **문자식**이라고 부릅니다.

수학에서 문자식을 사용하는 첫 번째 이유는 추상화에 있습니다. **추상화란 구체적인 수치나 해법 등을 여러 가지 문제에 응용할 수 있도록 일반화하는 것**을 말합니다. 예를 들어, 69페이지에서 소개한 '다각형의 내각의 합'도 'n'이라는 문자를 사용해서 n각형의 내각의 합을 '$180\times(n-2)$'(×는 생략 가능)라고 정해 두었기 때문에, 임의의 다각형에서도 내각의 합을 구할 수 있는 것이지요. **문자식으로 나타내는 추상화는 수학에 반드시 필요한 요소이며, 수학**

의 다양성과 보편성을 높여 준다고 할 수 있습니다.

문자식의 법칙

아래에 문자식의 법칙을 정리했습니다.

① **곱셈 기호 '×'를 생략한다**

$$a \times b = ab$$

② **문자와 숫자를 곱할 때는 숫자를 문자 앞에 쓴다** (두 종류 이상의 문자가 있을 때는 특별한 이유가 없는 한 알파벳순으로 한다. 원주율을 나타내는 π는 알파벳 앞에 둔다)

$$b \times 5 \times a = 5ab、\ r \times 2 \times \pi = 2\pi r$$

③ **같은 문자를 곱할 때는 지수를 사용해서 쓴다**

$$a \times a \times a = a^3$$

④ **나눗셈 기호 ÷를 쓰지 않고 분수 형태로 나타낸다**

$$x \div 2 = \frac{x}{2}$$

주) '$\frac{x}{2}$'나 '$\frac{1}{2}$'로 나타내도 괜찮습니다.

예시 1) $a \times (-2) + b \div 3 = -2a + \frac{b}{3}$

예시 2) $(x \div 5 - y \times 2) \times 4 = 4(\frac{x}{5} - 2y)$

문자식의 계산과 이용

항과 계수

예컨대 '$2x+1$'이라는 식에서 **덧셈 기호 '+'로 엮인 부분**, 그러니까 '$2x$'와 '1'을 각각 '$2x+1$'의 항이라고 부릅니다.

그리고 문자를 포함하는 항 '$2x$'는 숫자 부분인 '2'를 x의 계수라고 부릅니다. 또한 '$5y-7$'은 '$5y+(-7)$'로 나타낼 수 있으니까, 식 '$5y-7$'의 항은 '$5y$'와 '-7'입니다('$5y$'와 '7'이 아닙니다).

덧셈, 뺄셈

'$(2x+1)+(3x+3)$'를 넓이로 따져서 계산해 보겠습니다.

[그림 2-10]을 보면, 넓이가 각각 '$2x$'와 '$3x$'인 직사각형은 세로 길이가 둘 다 x이므로 세로가 x, 가로가 $5(=2+3)$인 직사각형으로 합칠 수 있습니다. 넓이가 1과 3인 직사각형은 합쳤을 때 세로가 1, 가로가 4인 직사각형이 되지요.

그림 2-10 동류항 합치기

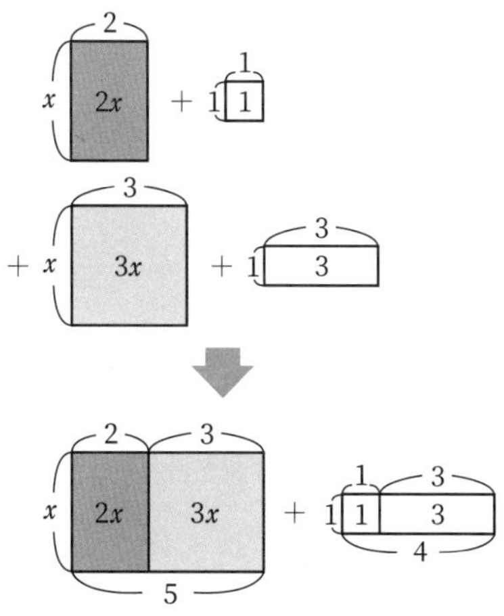

결국 다음과 같이 계산할 수 있다는 것을 알 수 있습니다.

$$\begin{aligned}(2x+1)+(3x+3) &= 2x+1+3x+3\\ &= 2x+3x+1+3\\ &= (2+3)x+1+3\\ &= 5x+4\end{aligned}$$

'$2x$'와 '$3x$'처럼 문자 부분이 같은 항을 **동류항**이라고 합니다. **문자식의 덧셈**에서 **동류항은 계수끼리 더해서 합칠 수 있습니다.** 참고로 '$2x^2$'과 '$3x$'는 동류항이 아닙니다. '$2x^2$'은 '$2\times x\times x$'라서 예를 들어 '가로 × 세로 × 높이'로 구하는 부피로서 볼 수 있는 반면, '$3x$'는 넓이로 보기 때문에 양쪽을 합칠 수는 없거든요.

한편, **문자식의 뺄셈**은 **부호를 반대로 해서 덧셈으로 고칠 수 있습니다.**

$$\begin{aligned}(3x-1)\boxed{-(5x+2)} &= (3x-1)\boxed{+(-5x-2)}\\ &= 3x+(-1)+(-5x)+(-2)\\ &= 3x+(-5x)+(-1)+(-2)\\ &= \{3+(-5)\}x+(-1)+(-2)\\ &= -2x+(-3)\\ &= -2x-3\end{aligned}$$

'3'을 뺀다는 것은 '−3'을 더한다는 것과 똑같았던 것처럼, **'$5x+2$'를 뺀다는 것은 '$-5x-2$'를 더하는 것이나 마찬가지**라는 점에 주의하세요.

문자식 계산을 어떤 식으로 해야 할지 불안하다고요? 위와 같이 모든 항을 '+'로 연결해 보면 더 쉬워질 거예요. 그런 식으로 익숙해지면 알아서 생략하면 됩니다.

곱셈, 나눗셈

다음은 **곱셈**과 **나눗셈**입니다. 곱셈은 생략했던 '×'를 다시 쓰면 어떻게 계산해야 할지 보입니다. 그리고 **나눗셈은 역수의 곱셈이라고 생각하세요.**

(1) $5a \times 2 = 5 \times a \times 2$

$= 5 \times 2 \times a$

$= 10 \times a$

$= 10a$

(2) $2(3a+4) = 2 \times (3a+4)$

$= 2 \times 3a + 2 \times 4$

$= 2 \times 3 \times a + 8$

$= 6 \times a + 8$

$= 6a + 8$

> 분배 법칙
> $a \times (b+c)$
> $= a \times b + a \times c$

(3) $(-5a) \times (-6b) = (-5) \times a \times (-6) \times b$

$= (-5) \times (-6) \times a \times b$

$= 30 \times a \times b$

$= 30ab$

> $(-5) \times (-6) = 30$

(4) $2a \times 3a^2 = 2 \times a \times 3 \times a \times a$

$= 2 \times 3 \times a \times a \times a$

$= 6 \times a^3$

$= 6a^3$

> $a \times a \times a = a^3$

$$(5)\ 20ab \div 5b = 20ab \times \frac{1}{5b}$$
$$= \frac{20 \times a \times b}{5 \times b}$$
$$= 4 \times a$$
$$= 4a$$

약분

문자식의 이용

예를 들어, 224는 224 = 4 × 56이므로 4의 배수(4 × 정수로 나타내는 수)입니다. 3232(= 4 × 808)이나 56716(= 4 × 14179)도 4의 배수이지요.

사실 어떤 수가 4의 배수인지 아닌지는 실제로 계산해 보지 않아도 바로 알 수 있습니다. 왜냐하면 **뒤의 두 자리가 4의 배수이면 어떤 수든 상관없이 무조건 4의 배수가 되기 때문**이지요. 문자식을 써서 이 사실을 증명해 보겠습니다.

그러려면 '뒤의 두 자리가 4의 배수'인 수를 추상화할 필요가 있습니다.

단서를 잡아야 하니까 위에 나온 3개의 예시를 뒤의 두 자리와 나머지 수로 분리해 보겠습니다.

$$224 = 200 + 24 = 2 \times 100 + 24$$
$$3232 = 3200 + 32 = 32 \times 100 + 32$$
$$56716 = 56700 + 16 = 567 \times 100 + 16$$

여기서 3가지에 공통으로 들어가는 '형태'가 보이나요? 모든 수가 '□ × 100 + 4의 배수'라는 형태로 되어 있습니다. 그러면 이 사실을 문자식으로 표현해 보겠습니다. 단, 다음에서 m과 n은 정수를 나타낸 문자입니다.

$$\text{뒤의 두 자리가 4의 배수인 수} = m \times 100 + 4 \times n = 100m + 4n$$

여기까지 왔으니 이제 조금 남았습니다. $100m + 4n$이 4의 배수, 그러니까 4×정수로 나타낼 수 있다는 걸 표현해 봅시다.

$$100m + 4n = 4 \times 25m + 4 \times n = 4 \times (25m + n) = 4(25m + n)$$

$25m + n$은 정수이니까 $4(25m + n)$은 4의 배수입니다. 이렇게 해서 뒤의 두 자리가 4의 배수인 수는 반드시 4의 배수가 된다는 사실을 증명했습니다.

참의 근거는 과정에 있다

과정을 보는 눈

당장 눈에 보이는 결과를 내기에 급급한 세계에서는 해답에 다다르기까지 가는 길이 얼마나 중요한지 간과하기 십상입니다.

이 책에서는 지금까지 여러 번 반복하며 강조했지만, 수학을 잘하려면 **과정을 보는 눈을 기를** 필요가 있습니다.

물론 수학에서도 옳은 답을 구하는 것은 중요합니다. 하지만 어림 대중으로 우연히 맞힌 해답에는 수학적인 가치가 없습니다. **정말로 중요한 것은 항상 면밀하고 확실한 원칙에 근거한 과정을 밟았는가 아닌가에 있습니다. 저는 수학의 진수란 정답을 이끌어 내는 것이 아니라 목표에 이르기까지 거친 올바른 과정에 있다**고 믿습니다.

기본의 공리

그럼 '올바른 과정'이란 구체적으로 어떤 것을 말할까요? 그것은 예를 들어 다음과 같은 공리(논증이 없어도 자명한 진리로서 인정받는 근본적인 명제)를 말합니다.

$$A = B\text{라면 } A + C = B + C$$

얼핏 보면 새삼 생각할 가치가 없을 정도로 당연한 사실로 보일 수도 있습니다. 하지만 등식

(수량이 같은 관계를 =를 써서 나타낸 식)이 가지는 이 성질은 다양한 식의 변형을, 나아가서는 수학적 개념을 이해하는 데 필요한 기초가 됩니다. 이 성질은 **등가성과 공평성의 본질을 체현**한다고도 할 수 있겠지요. 양자의 균형을 유지하고 싶다면, 한쪽에 준 것과 똑같은 것을 다른 쪽에도 주어야 합니다. 이는 인류의 역사 속에 존재하는 평등과 변환의 교훈이며, 수학을 뛰어넘은 진실입니다.

참의 근거

학생 때는 스스로 풀어낸 '해'가 옳은지 그른지 학교 선생님이나 문제집이 가르쳐 줍니다.

그런데 사회인이 되고 나서 직면하는 문제의 답은 아무도 제시해 주지 않습니다. 사회인은 자신이 이끌어 낸 '해'가 옳은지 그른지, 적어도 그 시점에서 최선인지 아닌지는 결과를 볼 때까지 모르는 일이 부지기수입니다. 게다가 만일 결과가 좋았다 하더라도 자신이 구한 해가 가장 적절한 답이 아닐 가능성도 남습니다.

학생일 때와는 비교가 되지 않을 정도로 가혹한 상황이지요. 하지만 우리는 최선의 방책이라고 믿을 만한 것을 쥐어 짜낼 필요가 있습니다. 그럴 때 자신감의 근거가 되는 것은 정답을 이끌어 내는 과정에 대한 이해입니다. **참인지 거짓인지 판단하는 근거는 항상 그 답을 이끌어 낸 과정에 있습니다.** 인간은 옳은 결과가 아니라 옳은 과정을 쌓았을 때 비로소 스스로의 '해'에 자신감과 긍지를 가질 수 있는 것이지요.

방정식의 해법은 알고리즘의 기본

수학에서 배우는 방정식의 해법은 해를 이끌어 내기 위한 올바른 과정을 일반화한 것입니다.

참고로 문제 해결 순서를 정식화한 것을 **'알고리즘'**이라고 하는데, 알고리즘은 앞에서 소개한 '대수학의 아버지' 알 콰리즈미의 이름에서 유래했습니다.

방정식의 '='에는 2가지 의미가 있다

등식의 성질

앞 절에서도 말한 대로 방정식의 해법은 '올바른 과정'의 기본이지만, 방정식의 해법을 받쳐 주는 것은 아래와 같은 등식의 성질입니다.

[등식의 성질]

(1) 등식의 양변에 같은 수를 더해도 등식은 성립한다

$$A = B \text{ 이면 } A + C = B + C$$

(2) 등식의 양변에 같은 수를 빼도 등식은 성립한다

$$A = B \text{ 이면 } A - C = B - C$$

(3) 등식의 양변에 같은 수를 곱해도 등식은 성립한다

$$A = B \text{ 이면 } AC = BC$$

(4) 등식의 양변을 같은 수로 나누어도 등식은 성립한다

$$A = B \text{ 이면 } \frac{A}{C} = \frac{B}{C} \text{(단, C는 0이 아니다)}$$

(5) 등식의 양변을 서로 바꾸어도 등식은 성립한다

$$A = B \text{ 이면 } B = A$$

방정식이란(=2가지 의미)

아래 두 식을 보세요.

①과 ②에서 '='의 의미가 다르다는 사실을 알 수 있나요?

$$① \ x + x + 1 = 2x + 1$$

$$② \ 2x + 1 = 5$$

①은 동류항을 합쳐서 문자식만 계산한 것입니다.

①의 '='는 x가 1이든 10이든 -3이든 π(원주율)이든 성립합니다. 그런데 ②의 '='는 $x=2$가 아니면 성립하지 않습니다.

①의 '='는 x가 어떤 값이든 상관없이 항상 성립하는데, ②의 '='는 특정 값인 x에 대해서만 성립합니다.

이처럼 **같은 '='일지라도 식에 따라서 의미 차이가 있다는 사실**은 의외로 알려지지 않은 것 같습니다.

②처럼 **특정 x에 대해서만 성립하는 등식을 x에 대한** 방정식이라고 합니다. 참고로 ①처럼 어떤 값의 x이든 성립하는 식을 x에 대한 항등식이라고 합니다(항등식은 고등학교에서 자세히 배웁니다).

또한 방정식에서 '='를 성립하게 하는 **특정 값**을 그 방정식의 해라고 합니다. x에 대한 방정식, $2x+1=5$의 해는 $x=2$입니다.

참고로 수학에서는 식이나 조건을 성립하게 하는 것을 **'만족한다'**라고 말할 때가 있습니다. '$x=2$는 $2x+1=5$를 만족한다'라는 식으로 사용하지요. 익숙하지 않은 사람들에게는 어려운 표현일지 모르지만, 영어 '$x=2$ satisfies $2x+1=$'5'를 번역한 표현입니다.

즉, 방정식의 해란 방정식을 만족하는 값인 셈입니다.

등식의 성질을 활용해서 일원 일차방정식을 풀자

일원 일차방정식이란

방정식 중에서도 $2x+1=5$나 $5x-4=11$처럼 **미지수가 하나고 미지수의 차수가 '1'인 것을** 일원 일차방정식이라고 합니다. 여기서 차수란 **곱해진 문자의 개수**를 말합니다. 아래는 모두 일원 일차방정식입니다.

$$3x-5=1$$

$$\frac{x}{4}+\frac{1}{2}=-3$$

$$2(x+7)=9$$

$$3-5y=3$$

$$4x+1=5x-1$$

참고로 $2x+3y=13$은 미지수가 2개, 미지수의 차수가 1이므로 '이원 일차방정식'이며, $x^2+5x+6=0$은 미지수가 1, 미지수의 차수가 2이므로 '일원 이차방정식'입니다.

$x^2+5x+6=0$에는 차수가 2인 '$x^2(=x\times x)$'와 차수가 1인 '$5x$'가 들어 있는데, **하나의 식 안에 다른 차수의 항이 포함되었을 때는 가장 높은 차수를 그 식의 차수로 한다**는 게 이미 정해져 있습니다.

이원 일차방정식이나 일원 이차방정식을 푸는 법은 나중에 다시 소개할 테니, 여기서는 일원 일차방정식의 해법을 자세히 살펴보겠습니다.

일원 일차방정식을 풀어 보자

그럼 이제 한번 풀어 볼까요?

예제로는 왼쪽 페이지의 $3x-5=1$과 $\frac{x}{4}+\frac{1}{2}=-3$을 쓰겠습니다.

이들 식을 결과적으로 **'x=~'라는 형태**가 되도록 변형하겠습니다. 단, **중간에는 앞 절에서 소개한 '등식의 성질'만 사용할 수 있습니다.** 중간에 어떤 등식의 성질을 이용했는지 잘 관찰해 보세요.

그림 2-11 일원 일차방정식의 기본적인 풀이

(i)

$$3x-5=1$$

$$\Rightarrow 3x-5+5=1+5 \qquad (A=B \Rightarrow A+C=B+C)$$

$$\Rightarrow 3x=6$$

$$\Rightarrow \frac{3x}{3}=\frac{6}{3} \qquad \left(A=B \Rightarrow \frac{A}{C}=\frac{B}{C}\right)$$

$$\Rightarrow x=2$$

(ii)

$$\frac{x}{4}+\frac{1}{2}=-3$$

$$\Rightarrow \left(\frac{x}{4}+\frac{1}{2}\right)\times 4=-3\times 4 \qquad (A=B \Rightarrow AC=BC)$$

$$\Rightarrow x+2=-12$$

$$\Rightarrow x+2-2=-12-2 \qquad (A=B \Rightarrow A-C=B-C)$$

$$\Rightarrow x=-14$$

이렇게 **등식의 성질을 활용하면 일원 일차방정식을 풀 수 있다**는 걸 알았습니다. 마지막에 나온 '$x=2$'나 '$x=-14$'를 처음 식의 x에 넣어 보면, 실제로 '='가 성립합니다(방정식을 만족합니다).

경사 났네, 경사 났어 …… 노래라고 부를 참이지만, 이제부터 일원 일차방정식을 풀 기회가 아주 많이 있으니 조금 더 간략화하는 방법을 생각해 보려고 합니다.

일원 일차방정식을 더 편하게 풀자

앞 페이지에서 [그림 2-11]의 해법은 '올바른 과정'을 밟긴 했지만, 살짝 번거롭습니다. 간략화할 수 있는 부분이 없을까요? 여기서 도움이 되는 것이 이항입니다. 이항이란 **한쪽 변에 있는 항을 부호를 바꾸어서 '='의 반대쪽으로 이동시키는 것**을 말합니다.

예를 들어, [그림 2-12]의 '$3x-5=1$'을 풀 때, (ⅰ)처럼 '$3x-5+5=1+5$'라고 하지 말고 (ⅱ)처럼 좌변의 '-5'를 우변으로 이항시켜서 '$3x=1+5$'로 바꾸는 것입니다.

그리고 '$3x=6$' ⇒ '$\frac{3x}{3}=\frac{6}{3}$' 부분에서도 '$\frac{3x}{3}$'를 약분하면 'x'가 나옵니다. 약분을 해서 좌변이 'x'가 되도록 양변을 3으로 나누었으니까 '$\frac{3x}{3}$'**로 쓰지 말고 처음부터 'x'라고 씁니다.**

그림 2-12 이항을 사용한 일원 일차방정식의 풀이

(ⅰ) 〈이항을 쓰지 않은 경우〉

$$3x-5=1$$
$$\Rightarrow\ 3x-5+5=1+5$$
$$\Rightarrow\ 3x=6$$
$$\Rightarrow\ \frac{3x}{3}=\frac{6}{3}$$
$$\Rightarrow\ x=2$$

(ⅱ) 〈이항을 쓴 경우〉

$$3x-5=1$$

이항

$$\Rightarrow\ 3x=1+5$$
$$\Rightarrow\ 3x=6$$
$$\Rightarrow\ x=\frac{6}{3}$$
$$\Rightarrow\ x=2$$

상당히 간략해졌지요.

그럼 여기서 일원 일차방정식의 풀이를, **문자를 사용해서** 일반화해 보겠습니다. 미지수를 x라고 했을 때, 일원 일차방정식은 반드시 '$ax+b=c$'의 형태로 오게 만들 수 있습니다. 여기서 a, b, c**는 정수**입니다. 왼쪽 페이지에서 예로 든 '$3x-5=1$'은 $a=3$, $b=-5$, $c=1$인 사례이지요.

그림 2-13 이항을 사용한 일원 일차방정식의 일반화

$$ax + b = c \quad \cdots ①$$

이항

$$\Rightarrow \quad ax = c - b \quad \cdots ②$$

$$\Rightarrow \quad ax = c - b \quad \cdots ③$$

$$\Rightarrow \quad x = \frac{c-b}{a} \quad \cdots ④$$

이항은 '대수학'의 대명사가 된 콰리즈미의 저서 제목이 되기도 했습니다. 그만큼 **방정식을 체계적으로 푸는 과정에서 이항은 중요한 방법**입니다. 이항을 이용하면 식을 변형할 때 번거로움이 크게 줄어들거든요.

또한 [그림 2-13]에서 ③의 좌변에 있는 'a'가 ④에서는 우변의 분모에 붙습니다. 특별히 명칭이 있는 것은 아니지만, **곱셈은 '='를 넘어가면 나눗셈(역수의 곱셈)이 됩니다.**

수학 중에도 특히 대수학이라는 분야는 방정식을 분류해서 각각 풀이를 일반화(추상화)하는 것이 목표입니다. 그렇게 하면 같은 모양으로 분류할 수 있는 방정식은 모두 틀에 정해진 대로 풀 수 있기 때문이지요.

올바른 과정을 밟는 해법을 얻었다면, 그것을 추상화해서 미지의 방정식으로 갖추는 것. 그것이 대수학의 본질입니다.

일원 일차방정식을 수역해 보자

수학은 언어다

예전에 이탈리아의 수학자이자 물리학자인 **갈릴레오 갈릴레이**(1564~1642)는 **'우주는 수학이라는 언어로 쓰여 있다'**라고 말했습니다. 갈릴레오는 왜 이런 식으로 말했을까요?

우리가 일상에서 쓰는 말은 어딘가 모호함이나 불명확한 부분이 남습니다. 같은 말을 썼는데도 받아들이는 사람에 따라 완전히 다르게 해석하던 경험은 누구든지 했을 테지요.

하지만 수학이나 수학에서 사용하는 기호에는 그게 없습니다. **수학에는 절대적인 정확성과 오해가 들어갈 여지가 없는 엄밀함이 있기 때문입니다.** 그렇기 때문에 갈릴레오는 완벽하게 아름다운(아마도) 우주를 기술할 수 있는 것은 수학뿐이라고 생각했을 겁니다.

단, 세상에는 '수식 알레르기'가 있는 사람이 적지 않습니다. 그런 사람은 문장이나 대화 속에 수식이 나오면 거부 반응을 일으켜 내용을 이해하려는 마음이 사그라지고 마는 모양입니다. 수식이 무미건조한 숫자와 기호의 나열로 보이기 때문이겠지요.

하지만 갈릴레오가 말했듯이 **원래 수식은 만 마디 말보다 정확합니다.** 단 한 줄의 수식이 우주의 진리를 나타내는 경우도 있거든요.

수식이 건네는 말에 귀를 기울이고, 그 의도를 이해하는 훈련으로는 문제의 문장을 수식으로 고치는 연습이 가장 적합합니다. 저는 이것을 수역(數譯, 수로 바꾸는 것)이라고 부릅니다. 수역을 통해 일상 언어를 수학으로 변환하는 경험을 차곡차곡 쌓아 보세요.

수역 연습

《문제》

아이들에게 초콜릿을 나누어 주고 있습니다. 한 명에게 5개씩 나누어 주면 1개가 남고, 한 명에게 6개씩 나누어 주면 9개가 부족합니다. 이때 초콜릿 개수는?

《수역과 해답》

처음에 **무엇을 x(미지수)로 두고 식을 세울까(수역을 할까)**를 먼저 생각해야 합니다.

질문은 '초콜릿의 개수'이므로 이것을 x로 두고 싶지만, '5개씩 나누어 주면 1개가 남는다'거나 '6개씩 나누어 주면 9개가 부족하다'는 부분을 보면 **나누어떨어지지 않는 나눗셈이니까 식을 세우기가 살짝 번거롭습니다**(불가능한 건 아닙니다). **따라서 아이들의 수를 x로 두겠습니다.**

x명의 아이들에게 '5개씩 나누어 주면 1개 남는 초콜릿'의 개수는 $5x+1$(개)로 나타냅니다. 그리고 '6개씩 나누어 주면 9개가 부족한 초콜릿'의 개수는 $6x-9$(개)이지요. 그런데 **방정식을 세운다는 것은 같은 수량의 관계를 찾아내는 것**입니다. **한 명에게 5개씩 나누어 주거나 6개씩 나누어 주어도 초콜릿의 개수는 변하지 않으니까** '$5x+1=6x-9$'라는 일원 일차방정식이 세워졌습니다.

$$5x+1=6x-9 \Rightarrow 5x-6x=-9-1$$
$$\Rightarrow -x=-10$$
$$\Rightarrow x=10$$

초콜릿의 개수는 '$5x+1$'(개)이므로 $5\times10+1=$ **51(개)**로 답이 나왔습니다($6x-9$를 풀어서 $6\times10-9=51$로 해도 상관없습니다).

미지수가 2개 있는 방정식을 풀려면

연립방정식

예를 들어, '학과 거북의 다리가 총 18개라고 했을 때 학과 거북은 각각 몇 마리일까?'라는 문제는 해답을 하나로 정할 수 없습니다. 학이 x마리고 거북이 y마리라고 하면 학의 다리는 2개, 거북의 다리는 4개이므로 다음 방정식을 세울 수 있습니다.

$$2x + 4y = 18 \cdots ①$$

하지만 다음 4개는 모두 ①의 방정식을 만족하는 해입니다(=가 성립합니다).

$$(x, y) = (1,4)、(3,3)、(5,2)、(7,1)$$

지금은 x와 y가 학과 거북의 수이므로 자연수(양의 정수)로 한정할 수 있어 해의 후보를 4개로 추릴 수 있지만, 만약 ①의 x와 y가 분수나 음수일 가능성이 있다면 아래의 조합까지 모두 해가 되기 때문에 ①의 해는 무수히 많게 됩니다.

$$(x, y) = \left(\frac{1}{2}, \frac{17}{4}\right)、\left(\frac{1}{11}, \frac{49}{11}\right)、(-1,5)、(-9,9)、\cdots\cdots$$

사실 ①번 방정식은 xy 평면에서 직선을 나타내기 때문에 직선상의 모든 점이 해가 되는 것이지요. **미지수가 2개 있는 방정식의 해를 1개로 정하려면 방정식이 2개 필요합니다.**

앞에 나온 문제에 '학과 거북은 합쳐서 8마리입니다'라는 정보를 하나 더 추가하면 다음 방정식이 나옵니다.

$$x + y = 8 \cdots ②$$

그리고 ①과 ②를 동시에 만족하는 해는 딱 하나만 남습니다.

$$(x, y) = (7, 1)$$

그래프로 보면 **①이 나타내는 직선과 ②가 나타내는 직선이 만날 때 비로소 ①과 ②를 동시에 만족하는 해가 하나로 정해지는 것**이지요(이것도 제4장에서 자세히 이야기하겠습니다).

$$\begin{cases} 2x + 4y = 18 \cdots ① \\ x + y = 8 \cdots ② \end{cases}$$

이처럼 **복수의 방정식을 한 조로 만든 것**을 **연립방정식**이라고 합니다. 조로 만든 방정식을 모두 만족하는 **미지수 값의 조**를 연립방정식의 **해**라고 하고, 그 해를 구하는 것을 연립방정식을 **푼다**고 합니다.

$(x, y) = (7, 1)$은 ①과 ②로 이루어진 연립방정식의 해입니다.

일반적으로 미지수 n개의 값을 구하(정하)려면 방정식 n개가 필요하다는 것을 머리 한 구석에 넣어 두세요.

연립방정식을 풀려면 독특한 테크닉이 필요합니다. 자세히 소개하겠습니다.

이원 연립일차방정식

$$\begin{cases} x+2y=4 \cdots ① \\ 3x-y=5 \cdots ② \end{cases}$$

예를 들어, 이런 식으로 미지수가 2개이고 미지수에 대해 1차식인 연립방정식을 **이원 연립 일차방정식**이라고 합니다.

이원 연립일차방정식을 푸는 법은 2가지가 있습니다. 하나는 **대입법**, 또 하나는 **가감법**입니다. 구체 예시는 [그림 2-14]를 보세요.

《대입법 순서》

(1) 소거하고 싶은 문자를 정한다

(2) (1)에서 정한 문자에 대해서 푼다

(3) 다른 식에 대입한다

※ '~에 대해서 푼다'란 '~='의 형태를 만드는 것을 뜻합니다.

※ '대입'이란 식에 들어 있는 문자를 다른 문자나 수로 바꾸는 것을 말합니다.

《가감법 순서》

(1) 소거하고 싶은 문자를 정한다

(2) (1)에서 정한 문자의 계수를 맞춘다

(3) 2개의 식을 더하거나 빼서 (1)의 문자를 지운다

미지수가 늘어났을 때는 대입법이 만능입니다. 아무리 미지수가 많아도 대입법을 반복하면 미지수를 하나씩 줄여갈 수 있답니다.

그림 2-14 이원 연립일차방정식

$$\begin{cases} x + 2y = 4 & \cdots ① \\ 3x - y = 5 & \cdots ② \end{cases}$$

[대입법]

(1) 소거하고 싶은 문자를 정한다

여기서는 x를 소거하기로 합니다.

(2) (1)에서 정한 문자에 대해서 푼다

①번 식을 x에 대해서 풉니다.

$x + 2y = 4 \Rightarrow x = 4 - 2y \quad \cdots ③$

(3) 다른 식에 대입한다

③을 ②에 대입

$3x - y = 5 \Rightarrow 3(4 - 2y) - y = 5$

$\Rightarrow 12 - 6y - y = 5$

$\Rightarrow 12 - 7y = 5$

$\Rightarrow -7y = 5 - 12$

$\Rightarrow -7y = -7$

$\Rightarrow y = 1 \cdots ④$

④를 ③에 대입

$x = 4 - 2y$

$= 4 - 2 \times 1$

$= 2$

이상으로

$(x, y) = (2, 1)$

[가감법]

(1) 소거하고 싶은 문자를 정한다

여기서는 y를 소거하기로 합니다.

(2) (1)에서 정한 문자의 계수를 맞춘다

②를 2배해서 y의 계수를 맞춥니다.

$② \times 2 : \quad (3x - y) \times 2 = 5 \times 2$

$\Rightarrow \quad 6x - 2y = 10$

(3) 2개의 식을 더하거나 빼서 (1)의 문자를 지운다

$$\begin{array}{rr} & x + 2y = 4 \\ +) & 6x - 2y = 10 \\ \hline & 7x \quad\quad = 14 \end{array}$$

$\Rightarrow \quad x = 2 \cdots ③$

③을 ①에 대입하면

$x + 2y = 4 \Rightarrow 2 + 2y = 4$

$\Rightarrow 2y = 4 - 2$

$\Rightarrow 2y = 2$

$\Rightarrow y = 1$

이상으로

$(x, y) = (2, 1)$

이원 연립일차방정식을 수역해 보자

수역의 비결

일원 일차방정식 부분에서 수식을 언어로 인식하는 연습을 할 때는 문제의 문장을 수식으로 고치는 '수역'을 추천한다고 말했습니다.

이원 연립일차방정식의 문제를 사용해서 다시 '수역' 연습을 해 보겠습니다.

수역을 하려면 문제 지문 전체를 '의역'하는 것이 아니라, 지문 하나하나를 차례대로 바꾼다는 이미지를 그리며 도전하는 것이 비결입니다. 긴 문제를 쭉 훑어 읽고 '어렵다 ……'라고 느꼈더라도 지레 겁먹지 말고 지문 하나하나를 '수역'하다 보면 분명 식이 세워집니다.

'='로 연결할 수 있을 것 같은 기술을 꼼꼼하게 잡아내서 변환하는 것이 중요합니다. 특히 아래와 같은 기술은 조심해야 합니다.

(i) 합계에 관한 기술

⇒ '합계하면~', '~를 합치면 …가 된다' 등

(ii) 비교에 관한 기술

⇒ 'A와 B는 같다', 'A는 B의 ~배', 'A는 B의 ~%' 등

(iii) 가정에 관한 기술

⇒ '만약~', '혹시~' 등

(명시적이지 않을 때는 문맥에서 읽어 냅니다)

'='로 연결할 수 있는 관계를 찾았다면, 구체적인 숫자가 주어지지 않은 값에 x 등의 문자를 설정해서 방정식을 세웁니다.

그림 2-15 수역의 이미지

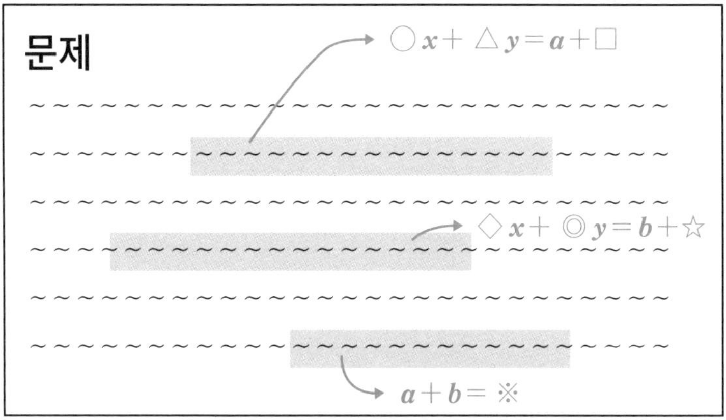

'수역' 연습

《문제》

작년에 개최했던 어떤 자격증 세미나에 남성과 여성을 합쳐 350명이 참가했습니다. **올해도 똑같은 세미나를 개최했는데 참가자 인원수는 총 375명**이었습니다. **남성 참가자는 작년과 비교해서 20% 증가했고, 여성 참가자는 작년과 비교해서 10% 감소**했습니다. 올해의 남성 참가자 수를 구하세요.

《해설》

문제에서 묻는 것은 올해의 남성 참가자 수이므로 그것을 x(명)로 두고 싶어질 텐데, 지문 안에 '작년과 비교해서~'라는 말이 나오니까 **작년의 남성 참가자 수를 x(명)로 두어야 식이 잘 세워질 것 같습니다.** 그리고 문제에서 묻지는 않았지만, 방정식을 만들 때 여성의 수도 필요하기 때문에 **작년의 여성 참가자 수를 y(명)로 두겠습니다.**

《수역1》

'작년에 개최했을 때 남성 참가자와 여성 참가자 수는 총 350명'이라고 하니 아래와 같이 식을 세웠습니다.

$$x+y=350 \cdots ①$$

《수역2》

'남성 참가자 수는 작년과 비교해서 20% 증가'했다고 하니 올해의 남성 참가자에 대해서는 다음과 같이 쓸 수 있습니다.

$$x+x\times\frac{20}{100}=x\times(1+\frac{20}{100})=x\times\frac{120}{100}=x\times\frac{6}{5}=\frac{6}{5}x$$

《수역3》

'여성 참가자 수는 작년과 비교해서 10% 감소'라고 했으니 올해의 여성 참가자 수에 대해서는 다음과 같이 쓸 수 있습니다.

$$y-y\times\frac{10}{100}=y\times(1-\frac{10}{100})=y\times\frac{90}{100}=y\times\frac{9}{10}=\frac{9}{10}y$$

《수역4》

《수역2》와 《수역3》을 사용해서 **'올해도 똑같은 세미나를 개최했더니, 참가자 수는 총 375 명'**을 다음과 같이 씁니다.

$$\frac{6}{5}x + \frac{9}{10}y = 375 \cdots ②$$

x와 y의 방정식이 2개 세워졌으니 수역은 이걸로 끝입니다.

②번 식은 조금 더 풀기 쉬운 형태로 고쳐 놓겠습니다.

$$\begin{aligned}\frac{6}{5}x + \frac{9}{10}y = 375 \ &\Rightarrow \ \left(\frac{6}{5}x + \frac{9}{10}y\right) \times 10 = 375 \times 10 \\ &\Rightarrow \ 12x + 9y = 3750 \\ &\Rightarrow \ (12x + 9y) \times \frac{1}{3} = 3750 \times \frac{1}{3} \\ &\Rightarrow \ 4x + 3y = 1250 \cdots ③\end{aligned}$$

①과 ③을 연립합니다. 여기서는 대입법으로 풀어 보겠습니다(물론 가감법으로도 풀 수 있습니다). y를 소거합니다. ①에서

$$x + y = 350 \ \Rightarrow \ y = 350 - x \cdots ④$$

④를 ③에 대입

$$
\begin{aligned}
4x+3y=1250 \;\Rightarrow\; & 4x+3(350-x)=1250 \\
\Rightarrow\; & 4x+1050-3x=1250 \\
\Rightarrow\; & 4x-3x=1250-1050 \\
\Rightarrow\; & x=200
\end{aligned}
$$

이것을 ①에 대입하면 $y=150$이 나오지만, 이번에는 남성의 수를 물었으니 y의 값은 구하지 않아도 됩니다. 단, **x는 작년의 남성 참가자 수입니다. 문제에서는 올해의 남성 참가자 수를 물었으니 주의**하세요. 《수역2》를 사용하면 문제의 답은 아래와 같이 240명입니다.

$$\frac{6}{5}x=\frac{6}{5}\times 200=240(\text{명}) \cdots (\text{답})$$

다항식의 곱은 넓이로 생각하자!

단항식과 다항식

이 절에서는 다항식의 곱셈을 살펴볼 텐데, (늘 그렇듯이) 먼저 단항식과 다항식의 정의부터 확인하겠습니다.

단항식 …… **수, 문자, 그들의 곱으로 나타내는 것**

예) $4, a, 2x, x^2, -\frac{1}{2}xy$

다항식 …… **단항식의 합의 형태로 나타내는 식**

예) $4+a, x^2+2x-\frac{1}{2}xy$

※ $x^2+2x-\frac{1}{2}xy$는 $x^2+2x+(-\frac{1}{2}xy)$ 이렇게 단항식의 합으로 나타낼 수 있습니다.

※ 참고로 $2\sqrt{x}$나 $\frac{3}{x^2+1}$처럼 $\sqrt{\ }$ (루트: 183페이지 참조)나 분모 안에 문자가 들어간 식은 단항식이나 다항식이 아닙니다.

그리고 고등학교 수학에서는 단항식과 다항식을 합쳐서 '정식'이라고 부르기도 하는데, 대학 이후에는 '정식'이라는 용어를 별로 쓰지 않습니다.

'정식'은 식의 모습이나 다루기 쉽다는 점이 정수를 연상시킨다고 해서 쓰이게 된 것 같은데, '정식'에 대응하는 영어 명칭도 없거니와(다항식은 'polynomial') '다항식'으로 통일해야 혼란스럽지 않아 더 좋습니다.

다항식의 곱은 이렇게 생각하자

다항식의 곱은 이른바 분배 법칙을 반복하면 계산할 수 있지만, 식만 보면 번잡하게 느껴지기 때문에 그림으로 풀어서 생각해 보겠습니다. **가로 × 세로 = 넓이니까 (다항식뿐만 아니라) 곱셈은 넓이로 변환해서 그려 보는 것을 추천합니다.**

그림 2-16 다항식과 다항식의 곱셈

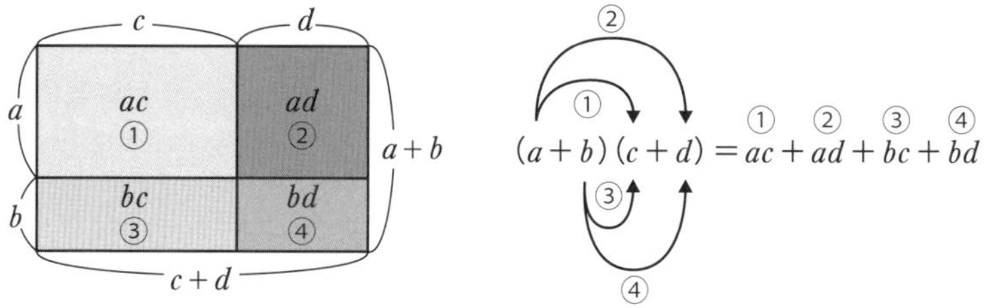

세로 길이가 $a+b$, 가로 길이가 $c+d$인 직사각형의 넓이는 $(a+b)(c+d)$인데, 위의 그림을 보면 안에 있는 직사각형 4개의 넓이 ac, ad, bc, bd의 합과 같다는 사실이 한눈에 보입니다.

그러니까 이를테면 다음과 같이 계산할 수 있다는 걸 알 수 있겠지요.

$$(x+2)(y+3) = xy + 3x + 2y + 6$$

$$\begin{aligned}(2a+5)(4b-3) &= (2a+5)\{4b+(-3)\}\\ &= 2a \cdot 4b + 2a \cdot (-3) + 5 \cdot 4b + 5 \cdot (-3)\\ &= 8ab - 6a + 20b - 15\end{aligned}$$

※ '·'은 '×'의 생략 기호입니다. '×'를 없애면 왠지 어색하거나 오해를 받을 우려가 있을 때 사용합니다.

매우 편리한 전개 공식들

식의 전개

앞 페이지에서 다항식의 곱셈 이미지를 그려 봤는데, 그런 식으로 일일이 계산하기란 역시 살짝 번거롭긴 합니다.

그래서 자주 등장하는 계산은 추상화해서 공식으로 만들려고 하는 것이지요. 단, 공식을 단순한 암기 대상으로 생각하지 않도록 그림으로 풀어 볼 테니, [그림 2-17]도 꼭 확인하세요.

단항식이나 다항식의 곱셈을 계산해서 단항식의 합으로 나타내는 것은 원래 식을 **전개**한다고 말하기 때문에 아래의 공식은 **전개 공식**이라고 부릅니다.

《전개 공식》

(1) $(x+a)(x+b)=x^2+(a+b)x+ab$

(2) $(x+a)^2=x^2+2ax+a^2$

(3) $(x+a)(x-a)=x^2-a^2$

(3)번 공식은 **'합과 차의 곱은 제곱의 차'**라고 표현되기도 하는 공식입니다. 중고등학교 수학 문제에는 (3)을 사용하는 문제가 눈에 띕니다. 이 식이 가지는 간결함이나 의외성이 수학 교사들의 마음을 사로잡기 때문이겠지요.

그림 2-17 전개 공식의 그림풀이

(1)

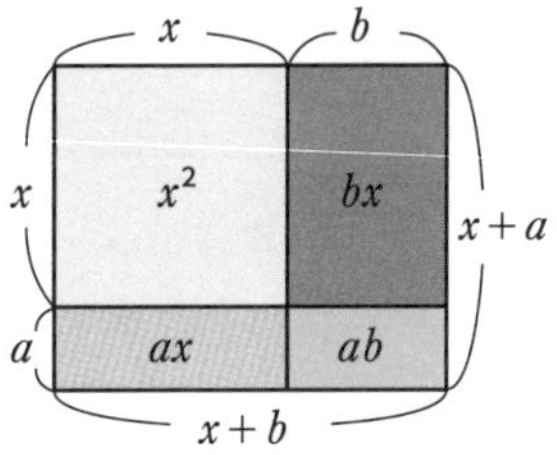

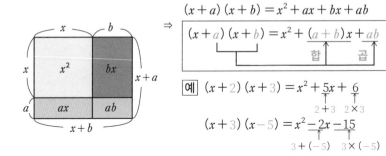

$(x+a)(x+b)=x^2+ax+bx+ab$

⇒ $(x+a)(x+b)=x^2+(a+b)x+ab$

합　곱

예 $(x+2)(x+3)=x^2+5x+6$

5 ← $2+3$, 6 ← 2×3

$(x+3)(x-5)=x^2-2x-15$

-2 ← $3+(-5)$, -15 ← $3\times(-5)$

(2)

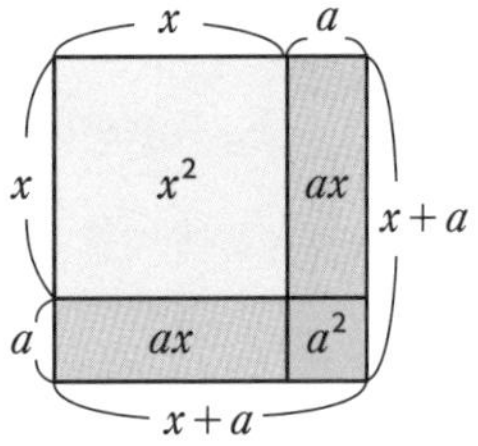

$(x+a)^2=x^2+ax+ax+a^2$

⇒ $(x+a)^2=x^2+2ax+a^2$

2배　2제곱

예 $(x+3)^2=x^2+6x+9$

6 ← 2×3, 9 ← 3^2

(3)

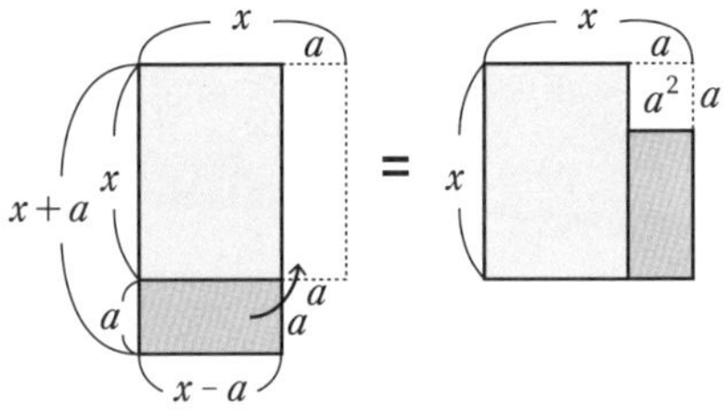

세로가 $x+a$, 가로가 $x-a$인
직사각형의 회색 부분을 이동하면
한 변이 x인 정사각형에서
한 변이 a인 정사각형이 빠진
모양이 된다.
양쪽 넓이는 같으니까

$(x+a)(x-a)=x^2-a^2$

예 $(x+3)(x-3)=x^2-9$

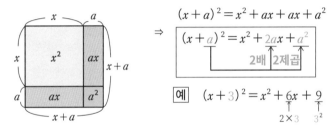

9 ← 3^2

전개 공식을 암산에 이용하기 ①(19×19까지의 곱셈)

전개 공식은 우리 생활 속에서 암산에도 도움이 됩니다. 공식의 문자 부분에 구체적인 숫자를 넣어 보면 계산이 편해질 때가 있거든요.

예를 들어, 19 × 19까지의 곱셈은 **전개 공식 (1)번**을 사용합니다.

$$(x+a)(x+b)=x^2+(a+b)x+ab$$

그래서 $x=10$, $a=3$, $b=6$으로 넣어 보면 (아래의 '•'는 '×'의 생략 기호입니다) 다음과 같이 계산할 수 있습니다. 여기서 $10^2+(3+6)\cdot 10$을 10으로 묶어서 다음과 같이 생각해 보세요. 그러면 13 × 16은 결국 아래처럼 계산하게 됩니다.

$$\begin{aligned}13\times 16&=(10+3)(10+6)\\&=10^2+(3+6)\cdot 10+3\cdot 6\end{aligned}$$

$$\begin{aligned}10^2+(3+6)\cdot 10+3\cdot 6&=(10+3+6)\cdot 10+3\cdot 6\\&=(13+6)\cdot 10+3\cdot 6\end{aligned}$$

$$\begin{aligned}13\times 16&=(13+6)\cdot 10+3\cdot 6\\&=190+18\\&=208\end{aligned}$$

같은 이치로 생각하면, 19 × 19까지의 곱셈은 다음 3단계로 계산할 수 있습니다.

순서 ① 한쪽 수의 일의 자리를 다른 쪽에 더한다

순서 ② ①을 10배

순서 ③ ②에 일의 자리끼리 곱한 몫을 더한다

조금만 연습하면 암산도 뚝딱 할 수 있게 될 테니 꼭 도전해 보세요.

전개 공식을 암산에 이용하기 ②(차가 짝수인 곱셈)

전개 공식을 이용할 수 있는 암산 테크닉을 또 하나 소개하겠습니다.

예를 들어, '32 × 28'처럼 **두 수의 차가 짝수인 곱셈**에는 **전개 공식(3)**을 응용합니다.

$$(x+a)(x-a)=x^2-a^2$$

여기서 $x=30$, $a=2$로 넣습니다.

$$\begin{aligned}32\times28&=(30+2)(30-2)\\&=30^2-2^2\\&=900-4\\&=896\end{aligned}$$

30은 32와 28을 더한 값의 절반(평균)이고, 2는 32와 28의 차의 절반입니다. 따라서 이 암산 테크닉은 다음과 같이 3단계로 정리할 수 있습니다.

순서 ① 두 수의 합의 절반(평균)을 낸다

순서 ② 두 수의 차의 절반을 낸다

순서 ③ ①의 수^2 − ②의 수^2

특히 순서①에서 '합의 절반'이 30처럼 딱 떨어지고, 거기에 순서②에서 '차의 절반'이 2처럼 작은 수가 되는 두 수를 곱할 때는 위력을 발휘하는 암산 테크닉이랍니다.

인수분해와 그 의미

인수분해란

하나의 식을 단항식 몇 개나 다항식의 곱으로 나타내는 것을 인수분해라고 합니다. 또한 어떤 식의 **인수분해를 만드는 단항식**이나 다항식을 원래 식의 인수라고 합니다.

예를 들어, x^2+5x+6의 인수분해는 다음과 같습니다.

$$x^2+5x+6=(x+2)(x+3)$$

$x+2$와 $x+3$은 x^2+5x+6의 인수입니다.

이미 눈치챘을지도 모르지만, **인수분해와 전개는 정확히 반대 관계에 있습니다.**

일반적으로 **인수분해 방법이 전개보다 어렵습니다.** 왜냐하면 뿔뿔이 흩어진 것을 모으는 것이 모여 있는 것을 떼어내는 것보다 어렵기 때문이지요.

그림 2-18 전개와 인수분해

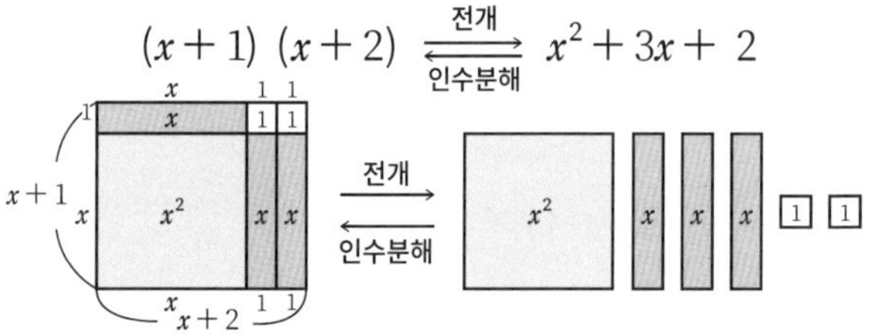

인수분해가 중요한 이유

학생 시절을 떠올려 보면, 인수분해를 엄청 많이 풀었던 기억이 꽤 있지 않은가요? 인수분해는 왜 중요할까요?

인수분해에 성공하면 정보가 늘어나기 때문입니다. **인수분해는 분해를 해서 유익한 정보를 끌어내기 위한 식의 변형**이라고 할 수 있답니다.

아래의 두 식을 보세요.

$$(1)\ A + B = 0$$

$$(2)\ AB = 0$$

합의 형태로 나타낸 (1)번 식에서는 A와 B를 더하면 0이라는 사실을 알 수 있는데, 이것만으로는 두 값 중 아무것도 정하지 못합니다. $A = 1$이면 $B = -1$, $A = 10$이면 $B = -10$이라는 식으로 A와 B는 절댓값이 같아서 부호가 반대 관계에 있다는 사실만 알 수 있지요.

그런데 곱의 형태로 나타낸 (2)번 식은 어떤가요? A와 B를 곱하면 0이 된다는 이 식에서는 '적어도 둘 중 하나는 0이다'라는 정보를 이끌어 낼 수 있습니다. 그러니까 **$A = 0$ 또는 $B = 0$**이라는 사실을 알 수 있는 것이지요.

또한 만약 A와 B가 정수라는 추가 정보가 있다면, '$=0$'이 아니어도 상관없습니다. 예를 들어, $AB = 3$이라는 식에서는 (A,B)의 후보를 (1, 3), (3, 1), (−1, −3), (−3, −1) 중 하나로 추릴 수 있습니다.

이제부터는 **합보다 곱에 정보량이 더 많다**는 사실을 의식해 보세요. 그러면 인수분해를 비롯해 다양하게 식의 변형을 하는 이유가 보일 겁니다.

피타고라스를 괴롭힌 무리수

말년의 피타고라스는 절망했다?

고대 그리스 시대에 피타고라스 교단은 영화를 누렸지만, 어쩌면 말년의 피타고라스는 실의에 빠져 있었을지도 모릅니다. 왜냐하면 **'만물의 근원은 수'**라는 그의 신념을 뒤흔든 사실을 알아버렸을 가능성이 크기 때문이지요.

피타고라스가 만물의 근원이라고 생각했던 '수'는 **정수**였습니다. 피타고라스는 **모든 것이 정수로 구성되어 있다**고 믿었기 때문입니다.

확실히 0.25처럼 소수점 아래 몇 번째 자리 만에 끝나는 소수(**유한소수**라고 합니다)도 0.3333 …… 나 0.1818 …… 처럼 소수점 아래에 규칙적인 수가 영원히 이어지는 소수(**순환소수**라고 합니다)도 **분모와 분자가 정수인 분수**로 나타낼 수 있습니다.

$$0.25=\frac{1}{4} \qquad 0.3333\cdots\cdots=\frac{1}{3} \qquad 0.1818\cdots\cdots=\frac{2}{11}$$

그런데 π(=3.14159265 ……)처럼 소수점 아래에 불규칙한 수가 영원히 이어지는 수는 정수로 구성된 분수로는 나타낼 수가 없습니다. 이러한 수를 **무리수**라고 합니다. 정수로 구성된 분수로 나타낼 수 있는 수는 **유리수**라고 하며, 정수, 유한소수, 순환소수는 유리수입니다.

아이러니하게도 '무리수'는 피타고라스가 교단의 상징으로 내세웠던 **오각성(펜타그램)**[그림 2-19]에서도 얼굴을 드러냅니다.

황금비는 무리수

오각성은 정오각형의 대각선을 이어서 만듭니다. 정오각형의 한 변과 그 대각선의 비는 1∶1.6180339 ……라서 무리수입니다.

바로 **황금비**라고 불리는 비율인데, 인간이 자연스럽게 느끼는 아름다운 균형으로 알려졌지요. 황금비는 밀로의 비너스나 모나리자 등 여러 예술 작품에 이용된 것으로 유명해졌습니다.

피타고라스가 황금비를 알았다는 확실한 기록은 남아 있지 않습니다. 하지만 피타고라스의 죽음으로부터 고작 십몇 년 후인 기원전 480년경, 판테온 궁전의 건설을 지휘한 고대 그리스의 조각가 페이디아스는 이 궁전 구석구석에 황금비를 짜 넣었습니다. 같은 시대에 살았던 조각가도 알았던 황금비를 **수학의 모든 지식을 총망라해 '수학의 화신'으로서 군림했던 피타고라스가 몰랐다는 것은 상상하기 힘들지요.**

그림 2-19 황금비는 무리수

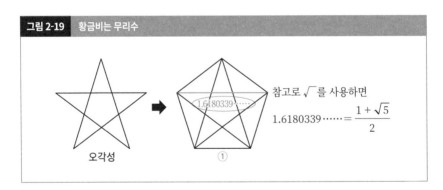

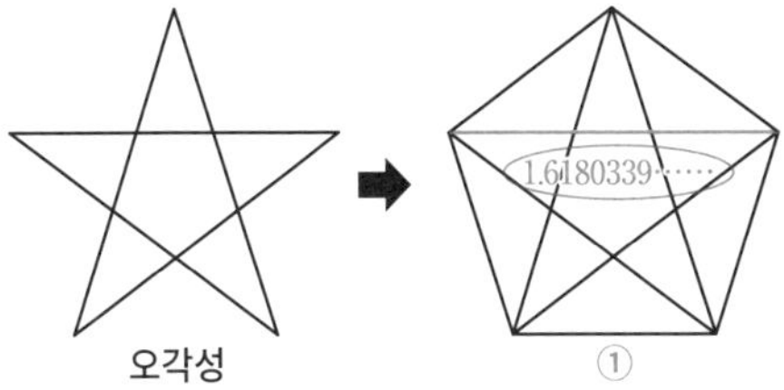

$$1.6180339\cdots\cdots = \frac{1+\sqrt{5}}{2}$$

무리수 때문에 목숨을 잃은 히파소스

언젠가 교단의 멤버가 배를 타고 가던 중에 히파소스라는 제자 중 한 명이 무리수의 존재를 알아차리고 피타고라스에게 진언했습니다. 그러자 피타고라스는 입막음을 하기 위해 히파소스를 바다로 밀어 '처형'했다는 전설이 남아 있습니다. 이게 사실이라면 정말이지 잔인한 이야기인데, 그만큼 무리수의 존재는 피타고라스를 괴롭혔던 것인지도 모르겠네요.

확실히 존재하지만 수치로 나타낼 수 없는 '수'

절반 크기의 정사각형을 만들려면?

정사각형 모양의 색종이가 있습니다. 이 정사각형의 절반 크기로 작은 정사각형을 만들려면 어떻게 해야 할까요? 물론 단순히 반으로 접기만 하면 안 됩니다(정사각형이 되지 않지요). [그림 2-20]처럼 각 꼭짓점이 정사각형의 중앙으로 모이도록 접으면, 완성된 정사각형의 넓이는 원래 정사각형의 딱 절반입니다.

그림 2-20 정사각형의 절반 크기인 정사각형

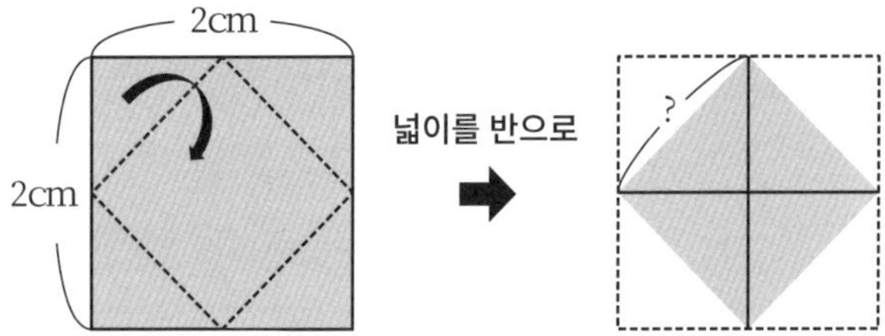

제곱해서 2가 되는 수

처음 정사각형의 넓이가 4cm^{2}일 때 절반(2cm^2) 크기인 정사각형의 한 변은 몇cm가 될지, 시험 삼아 몇 개 계산해 보겠습니다.

$$1.4^2=1.96,\ 1.41^2=1.9881,\ 1.42^2=2.0164,$$

$$1.414^2=1.999396,\ 1.415^2=2.002225$$

정확히 '2'가 딱 나오지는 않네요. 사실 **제곱해서 정확히 2가 되는 수는 무리수**라는 사실이 밝혀져 있습니다. 제곱해서 2가 되는 수는 유한소수나 순환소수로는 나타낼 수 없지요.

하지만 그런 수는 색종이로 만든 정사각형의 한 변으로서 (1.414와 1.415 사이에) 확실히 존재합니다. 그래서 구체적인 수치를 말할 수는 없지만, '제곱해서 2가 되는 수'를 새로운 기호로 나타내기로 했습니다. 그런데 예를 들어 $3^2=9$, $(-3)^2=9$에서도 알 수 있듯이, '제곱해서 9가 되는 수'는 양수 3과 음수 -3으로 2가지가 있습니다.

일반적으로 a가 양수일 때 '제곱해서 a가 되는 수'에는 양수와 음수 2가지 종류가 있다는 사실에 주의하세요. 특별히 '제곱해서 0이 되는 수'는 0뿐입니다.

또한 어떤 수든지 제곱을 하면 반드시 0 또는 양수가 되기 때문에 a가 음수일 때는 '제곱해서 a가 되는 수'가 존재하지 않습니다(고등학교에 올라가면 제곱해서 음수가 되는 '허수'를 배웁니다).

제곱근과 근호

새로운 용어와 기호를 정의하겠습니다(이하 a는 양수로 봅니다).

a의 제곱근 …… **제곱해서 a가 되는 수**

$\sqrt{a}$ …… **제곱해서 a가 되는 수(a의 제곱근) 중에서 양의 수**

예) 2의 제곱근은 $\sqrt{2}$와 $-\sqrt{2}$(합쳐서 $\pm\sqrt{2}$라고 써도 좋다)

※ 기호 $\sqrt{\ }$는 근호라고 하며, $\sqrt{a}$는 '루트a'라고 읽습니다.

$\sqrt{\ }$ 기호는 16세기 독일의 수학자 **크리스토프 루돌프**(1500~1545)가 '근'이나 '근원'을 뜻하는 라틴어 'radix'의 머리글자를 따 'r2'라고 표기한 것에서 유래했습니다. 그 후 프랑스의 **르네 데카르트**(1596~1650)가 지금의 형태로 다듬었습니다.

$\sqrt{\ }$가 들어간 계산을 해 보자

$\sqrt{\ }$의 곱과 몫

예를 들어, $\sqrt{2}\times\sqrt{3}$과 $\sqrt{2\times 3}$ 중에 뭐가 더 클까요?

일반적으로 a와 b가 양수일 때, $a^2=b^2 \Leftrightarrow a=b$이므로 각각 제곱해서 비교해 보겠습니다.

$\sqrt{a}$는 a의 제곱근(중에서 양수 쪽), 다시 말해 '제곱해서 a가 되는 수'(중에서 양수 쪽)이므로 $(\sqrt{a})^2=a$라는 사실에 주의하세요.

$$(\sqrt{2}\times\sqrt{3})^2=(\sqrt{2})^2\times(\sqrt{3})^2$$
$$=2\times3=6$$
$$(\sqrt{2\times3})^2=2\times3=6$$

$(ab)^2=a^2b^2$

제곱한 값이 둘 다 6으로 같기 때문에 $\sqrt{2}\times\sqrt{3}=\sqrt{2\times3}$입니다.

몫에 대해서도

$$\left(\frac{\sqrt{2}}{\sqrt{3}}\right)^2=\frac{\sqrt{2}^2}{\sqrt{3}^2}=\frac{2}{3},\ \left(\sqrt{\frac{2}{3}}\right)^2=\frac{2}{3}\ \Rightarrow\ \frac{\sqrt{2}}{\sqrt{3}}=\sqrt{\frac{2}{3}}$$

이렇게 되니까 일반적으로 $\sqrt{\ }$의 곱과 몫에 대해서는 다음 식이 성립합니다.

$$\sqrt{a} \times \sqrt{b} = \sqrt{a \times b} \qquad (\sqrt{a}\sqrt{b} = \sqrt{ab})$$

$$\frac{\sqrt{a}}{\sqrt{b}} = \sqrt{\frac{a}{b}} \qquad (\text{단}, a>0, b>0)$$

이 성질과 $\sqrt{a}^{\,2} = a$라는 사실을 사용하면, 복잡한 $\sqrt{\ }$ 안을 간단하게 만들 수 있을 때가 있습니다.

※ a가 양수일 때, $\sqrt{a^2}$는 '제곱해서 a^2가 되는 수'(중에서 양수 쪽)이므로 $\sqrt{a^2} = a$입니다.

$$\sqrt{12} = \sqrt{2^2 \times 3} = \sqrt{2^2} \times \sqrt{3} = 2 \times \sqrt{3} = 2\sqrt{3}$$

$$\sqrt{0.05} = \sqrt{\frac{5}{100}} = \frac{\sqrt{5}}{\sqrt{10^2}} = \frac{\sqrt{5}}{10}$$

$\sqrt{\ }$의 합과 차

예를 들어, **$\sqrt{4} + \sqrt{9}$와 $\sqrt{4+9}$는 같지 않습니다.** 이 사실은 다음 계산에서도 명백히 알 수 있습니다.

$$\sqrt{4} + \sqrt{9} = \sqrt{2^2} + \sqrt{3^2} = 2 + 3 = 5$$

$$\sqrt{4+9} = \sqrt{13} = 3.60555 \cdots\cdots$$

$5^2 \neq (\sqrt{13})^2$에서 $5 \neq \sqrt{13} \Rightarrow \sqrt{4} + \sqrt{9} \neq \sqrt{4+9}$라고 생각해도 좋습니다. **$\sqrt{\ }$의 합과 차에 대해서는 문자식처럼 계산할 필요가 있습니다.**

$$2\sqrt{2} + \sqrt{3} + 5\sqrt{2} - 4\sqrt{3} = (2+5)\sqrt{2} + (1-4)\sqrt{3} = 7\sqrt{2} - 3\sqrt{3}$$

$$[2a + b + 5a - 4b = (2+5)a + (1-4)b = 7a - 3b]$$

이차방정식을 인수분해로 풀기

이차방정식이 나오는 문제

예를 들어, **'차가 11이고 곱이 26이 되는 두 수를 구하시오'**라는 문제가 있습니다. 암산으로 정답을 알아내는 사람도 있겠지만, 방정식을 세워서 풀려고 하면 의외로 성가십니다.

두 수 중에서 작은 쪽을 x, 큰 쪽을 y로 두겠습니다. 그다음 문제의 조건을 확인하고 다음 연립방정식을 세웁니다.

$$\begin{cases} y - x = 11 \cdots ① \\ xy = 26 \cdots ② \end{cases}$$

①에서 $y = x + 11$이므로 이것을 **②에 대입**합니다.

$$xy = 26 \;\Rightarrow\; x(x+11) = 26 \;\Rightarrow\; x^2 + 11x - 26 = 0$$

미지수 x에 대해 이차식이 나오고 말았습니다.

이렇게 소위 말하는 '이차방정식'을 풀어야 하는 문제는 아주 간단하게 만들 수 있기 때문에 그 연구가 상당히 오래전부터 이루어졌습니다. **기원전 1800년경에는 바빌로니아나 이집트에서 오늘날 이차방정식 문제라 부르는 문제를 이미 풀었던 흔적이 남아 있습니다.**

그러나 문자를 써서 방정식을 푼다는 대수적인 의미로 이차방정식을 처음 연구한 사람은 '0을 숫자로 인식했다는 내용'을 최초로 책에 정리했던 인도의 브라마굽타(598~665경)입니다.

이차방정식이란

일반적으로 미지수에 대해 이차식이 나오는 방정식, 그러니까 x가 미지수고 a, b, c가 정수라고 했을 때 다음 식을 x에 대한 이차방정식이라고 합니다.

$$ax^2+bx+c=0 \quad (\text{단}, a\neq 0)$$

여기서는 $a\neq 0$으로 제한했는데, 만약 $a=0$이라면 x에 대한 이차식이 아니게 되기 때문입니다.

이차방정식에는 대부분 해가 2개 있습니다. 그러나 해가 1개일 때도 있고 해가 없을(허수의 해가 있을) 때도 있습니다. 이차방정식의 해의 개수가 다양한 이유는 이차함수 그래프를 배울 때 확실해지니까 그때를 기대하세요.

※ 허수 … 제곱하면 음수가 되는 수를 포함한 수

이차방정식의 모든 해를 구하는 것을 이차방정식을 푼다고 말합니다.

인수분해로 푸는 법

앞에서도 썼지만, 이차방정식을 인수분해하면 식이 곱의 형태로 바뀌기 때문에 정보가 늘어납니다. **AB = 0이라면 A = 0 또는 B = 0**이므로 다음 이차방정식을 풀 수 있습니다(이차방정식을 만족하는 x의 값이 모두 구해집니다).

$$x^2 + 11x - 26 = 0$$

$$\Rightarrow \ (x + 13)(x - 2) = 0$$

$$\Rightarrow \ x + 13 = 0 \text{ 또는 } x - 2 = 0$$

$$\Rightarrow \ x = -13 \text{ 또는 } 2$$

$\mathrm{AB} = 0$

$\Rightarrow \mathrm{A} = 0$ 또는 $\mathrm{B} = 0$

처음에 냈던 문제의 답은 $(-13, -2)$ 또는 $(2, 13)$입니다.

완전제곱식과 이차방정식의 근의 공식

중학 수학에서 가장 어려운 식의 변형

이차방정식 중에는 인수분해를 할 수 없는(찾을 수 없는) 것도 있습니다. 그럴 때는 이차방정식의 근의 공식이 활약할 차례지요. **근의 공식에 적용하면, 모든 이차방정식이 풀립니다.**

'그렇게 편리한 공식이 있다니? 당장 알려 주세요!' 이렇게 생각할 수도 있지만, 이차방정식의 근의 공식은 형태가 복잡해서 단순히 알려 주기만 해서는 분명 바로 잊어 버립니다.

이 책에서는 '한 번 읽으면 절대 잊을 수 없다'라는 콘셉트를 따라서 근의 공식을 확실하게 이끌어 내려고 합니다. 혼자서도 이끌어 낼 수 있도록 해 놓으면 훨씬 머리에 남기도 하고 애초에 안심이 되지요. 단, 그러려면 완전제곱식으로 변형을 해서 이차방정식을 더 풀기 쉬운 형태로 만들 필요가 있습니다.

완전제곱식이란 **이차식** ax^2+bx+c를 다음과 같이 다시 변형한 식을 말합니다.

$$ax^2+bx+c=a(x+m)^2+n$$

겁을 줄 생각은 없지만, **완전제곱식은 매우 어렵습니다.** 중학 수학 중에서는 단연코 가장 높은 난도를 자랑하지요. 그래도 안심하세요.

다음에 소개하는 '완전제곱식의 소'를 머리에 넣어 놓으면, 어렵게 식을 변형하는 중간에 '계단 층계참' 같은 것이 나와서 하기가 수월해질 것입니다.

완전제곱식의 소

173페이지의 전개 공식(2)에서 다음 전개 공식을 소개했습니다(173페이지의 공식에서 a를 k로 바꾸었습니다).

$$(x+k)^2 = x^2 + 2kx + k^2$$

이 식을 살짝 변형해서 다음과 같이 만듭니다.

$$x^2 + 2kx = (x+k)^2 - k^2$$

이것이 '완전제곱식의 소'입니다. 참고로 이 이름은 제가 마음대로 갖다 붙인 거라 다른 책에서는 볼 수 없습니다. **식의 구조를 파악합시다.**

그림 2-21 완전제곱식의 소

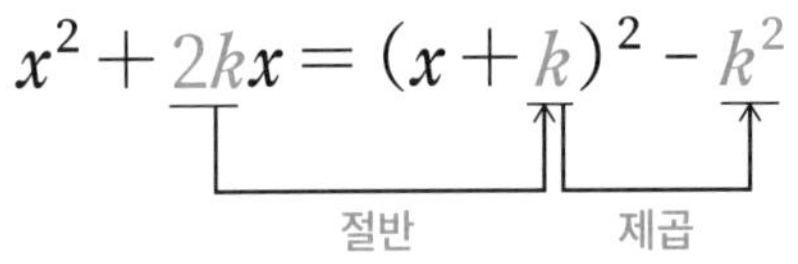

예1) $x^2 + 6x = (x+3)^2 - 3^2 = (x+3)^2 - 9$

예2) $x^2 + 5x = \left(x + \frac{5}{2}\right)^2 - \left(\frac{5}{2}\right)^2 = \left(x + \frac{5}{2}\right)^2 - \frac{25}{4}$

예3) $x^2 - 7x = \left(x + \frac{-7}{2}\right)^2 - \left(\frac{-7}{2}\right)^2 = \left(x - \frac{7}{2}\right)^2 - \frac{49}{4}$

완전제곱식

드디어 **완전제곱식**입니다.

아래에 소개한 일련의 변형을 눈으로 보기만 하지 말고 **실제로 손을 움직여서 연습해 보세요.** 완전제곱식은 이차함수 그래프를 그리거나 최댓값·최솟값 문제를 풀 때도 반드시 필요합니다.

[완전제곱식]

$$
\begin{aligned}
&ax^2+bx+c\\
&=a\left(x^2+\frac{b}{a}x\right)+c\\
&=a\left\{\left(x+\frac{b}{2a}\right)^2-\left(\frac{b}{2a}\right)^2\right\}+c\\
&=a\left\{\left(x+\frac{b}{2a}\right)^2-\frac{b^2}{4a^2}\right\}+c\\
&=a\left(x+\frac{b}{2a}\right)^2-\frac{b^2}{4a}+c\\
&=a\left(x+\frac{b}{2a}\right)^2-\frac{b^2-4ac}{4a}
\end{aligned}
$$

x^2의 계수로 첫 2항을 묶는다

완전제곱식의 소 $\frac{b}{a}\times\frac{1}{2}=\frac{b}{2a}$

{ } 밖에 있는 a를 곱한다(분배 법칙)

통분

예) $2x^2+x+1=2\left(x^2+\frac{1}{2}x\right)+1$

$$
\begin{aligned}
&=2\left\{\left(x+\frac{1}{4}\right)^2-\left(\frac{1}{4}\right)^2\right\}+1\\
&=2\left\{\left(x+\frac{1}{4}\right)^2-\frac{1}{16}\right\}+1\\
&=2\left(x+\frac{1}{4}\right)^2-\frac{1}{8}+1\\
&=2\left(x+\frac{1}{4}\right)^2+\frac{7}{8}
\end{aligned}
$$

이차방정식의 근의 공식 도출

이제 그럼 **이차방정식의 근의 공식**을 이끌어 내 보겠습니다.

$$ax^2+bx+c=0$$

$$\Leftrightarrow \quad a\left(x+\frac{b}{2a}\right)^2-\frac{b^2-4ac}{4a}=0$$

$$\Leftrightarrow \quad a\left(x+\frac{b}{2a}\right)^2=\frac{b^2-4ac}{4a}$$

$$\Leftrightarrow \quad \left(x+\frac{b}{2a}\right)^2=\frac{b^2-4ac}{4a^2}$$

$$\Leftrightarrow \quad x+\frac{b}{2a}=\pm\sqrt{\frac{b^2-4ac}{4a^2}}$$

$$\Leftrightarrow \quad x=-\frac{b}{2a}\pm\frac{\sqrt{b^2-4ac}}{\sqrt{4a^2}}$$

$$\Leftrightarrow \quad =-\frac{b}{2a}\pm\frac{\sqrt{b^2-4ac}}{\pm 2a}$$

$$\Leftrightarrow \quad =\frac{-b\pm\sqrt{b^2-4ac}}{2a}$$

왼쪽 완전제곱식의 결과에서

$$ax^2+bx+c=a\left(x+\frac{b}{2a}\right)^2-\frac{b^2-4ac}{4a}$$

$$x^2=p \quad \Rightarrow \quad x=\pm\sqrt{p}$$

$\sqrt{\ }$의 정의(183페이지)에서, $\sqrt{a^2}$는 '제곱해서 a^2가 되는 수 중 양수 쪽'

$$\Rightarrow \quad \sqrt{a^2}=a \ (a>0) \text{ 또는 } -a \ (a<0)$$

$$\Rightarrow \quad \sqrt{4a^2}=\pm 2a$$

'±'는 복부호라고 하며 '+ 또는 −'라는 뜻이므로

$\pm\frac{m}{\pm n}=+\frac{m}{+n}$ 또는 $+\frac{m}{-n}$ 또는 $-\frac{m}{+n}$ 또는 $-\frac{m}{-n}=+\frac{m}{n}$

또는 $-\frac{m}{n}=\pm\frac{m}{n}$

이렇게 됩니다.

이 페이지는 문자식이 많아서 눈살이 찌푸려질 수도 있는데, **이차방정식의 근의 공식을 스스로 이끌어 낼 수 있게 되면 수식 변형에 대해서는 다 전수받은 겁니다!**

일원 이차방정식을 수역해 보자

수역 연습(1)

일원 일차방정식, 이원 연립방정식에 이어 일원 이차방정식의 문제도 '수역' 연습을 해 보겠습니다. 이번에는 '수역' 치고 간단한 문제입니다. '이차방정식의 근의 공식'을 사용하거나 $\sqrt{}$가 들어간 계산 연습도 같이할 수 있습니다.

《문제》

합과 곱이 모두 8인 두 수를 구하시오.

《수역과 해답》

'두 수'라고 했으니 각각 x와 y로 둡니다.

'합이 8이고 곱도 8'이라는 조건으로 다음 연립방정식을 세웁니다.

$$\begin{cases} x+y=8 \cdots ① \\ xy=8 \cdots ② \end{cases}$$

①에서 $y=-x+8$이므로 이것을 **②에 대입**하세요.

$$xy = 8$$
$$\Rightarrow x(-x+8) = 8$$
$$\Rightarrow -x^2+8x-8 = 0$$
$$\Rightarrow x^2-8x+8 = 0$$

인수분해는 못 할 것 같으니 근의 공식을 씁니다.

$x^2-8x+8=0$이므로

$$x = \frac{-(-8)\pm\sqrt{(-8)^2-4\cdot1\cdot8}}{2\cdot1}$$
$$= \frac{8\pm\sqrt{64-32}}{2}$$
$$= \frac{8\pm\sqrt{32}}{2}$$
$$= \frac{8\pm\sqrt{16\cdot2}}{2}$$
$$= \frac{8\pm4\sqrt{2}}{2}$$
$$= 4\pm2\sqrt{2}$$

$ax^2+bx+c=0$ 일 때

$$x = \frac{-b\pm\sqrt{b^2-4ac}}{2a}$$

$$\sqrt{16\cdot2} = \sqrt{16}\cdot\sqrt{2} = \sqrt{4^2}\cdot\sqrt{2} = 4\sqrt{2}$$

(ⅰ) $x = 4+2\sqrt{2}$ 일 때

$$y = -x+8$$
$$= -(4+2\sqrt{2})+8$$
$$= -4-2\sqrt{2}+8$$
$$= 4-2\sqrt{2}$$

(ii) $x=4-2\sqrt{2}$ 일 때

$$
\begin{aligned}
y&=-x+8\\
&=-(4-2\sqrt{2})+8\\
&=-4+2\sqrt{2}+8\\
&=4+2\sqrt{2}
\end{aligned}
$$

이상으로 구하는 두 수는 $4+2\sqrt{2}$ 와 $4-2\sqrt{2}$ … (답)

수역 연습(2)

이번에는 살짝 취향을 바꾸어서 인수분해도 근의 공식도 둘 다 쓰지 않고 **그림을 그려서 이차방정식 문제를 풀어 봅시다.**

앞에서 '이차방정식은 예로부터 연구해왔다'라고 썼는데, 지금처럼 문자를 사용해서 식을 나타내는 방법이 정비되기 전에는 이렇게 그림으로 풀이하는 것이 주류였습니다.

《문제》

가로 길이가 세로 길이보다 4m 긴 직사각형 모양 땅의 면적이 $10m^2$일 때, 직사각형의 세로 길이를 구하시오.

《수역과 해답》

직사각형 세로의 길이를 x(m)로 두면 가로 길이는 $x+4$(m)가 됩니다. [그림 2-22]를 참조하세요.

그림 2-22 그림을 그려서 이차방정식 풀기

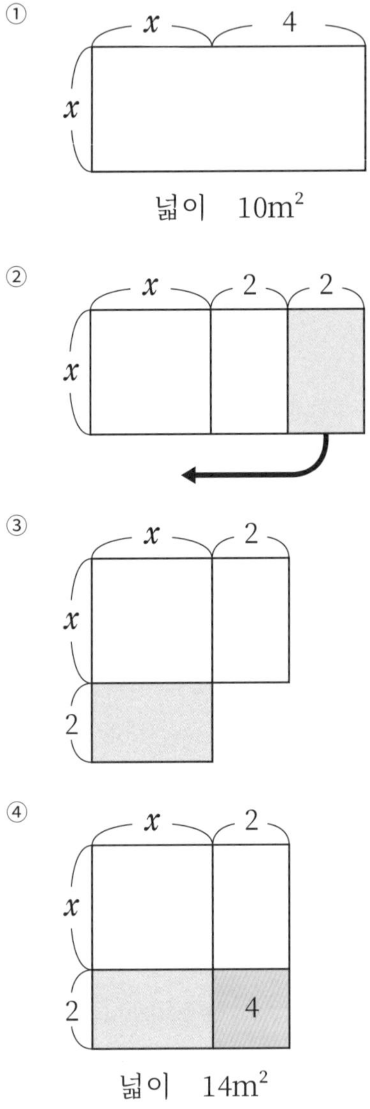

① 직사각형의 넓이가 10m^2

② 정사각형을 만들고 남은 오른쪽 직사각형을 2등분한다

③ ②에서 2등분한 직사각형 중에 하나를 이동한다

④ 전체를 정사각형으로 만들기 위해 부족한 부분에 2×2짜리 정사각형(넓이 4m^2)을 더 한다

이렇게 하면 한 변의 길이가 $x+2$(m), 넓이가 $10+4=14$(m^2)인 정사각형이 완성되므로 다음과 같이 계산해서 x를 구합니다.

$$(x+2)^2=14$$

x는 길이이므로, $x+2>0$에 따라

$$x+2=\sqrt{14} \Rightarrow x=-2+\sqrt{14}\text{(m)} \cdots \text{(답)}$$

이렇게 해서 제2장을 마칩니다.

이 장에서는 음수와 무리수(√)라는 2가지 새로운 '수'를 배웠습니다. 둘 다 실체를 직감적으로 파악하기란 어려운 수이며, 이른바 **어떠한 개념을 통해 보지 않으면 안 보이는 수**입니다.

눈앞에 있는 실체를 곧이곧대로 받아들이기만 해서는 좀처럼 그 속에 있는 진리가 보이지 않습니다. 하지만 그 대상을, 개념을 통해 볼 수 있다면, 손이 닿지 않는 심연의 세계에까지 생각이 미쳐 펼칠 수 있습니다. 저는 지력이란 '개념력'을 말한다고 생각합니다.

개념을 만들어내고 개념을 깊이 파고들면서 우리는 이 세계를 더 이해할 수 있는 것이지요.

실제로 (이 장에서 자세히 봐 왔듯이) 음수나 무리수를 활용하게 되어서야, 비로소 인류는 **방정식을 풀어서 미지의 수를 구하는 수법**을 확립했습니다.

수학의 역사는 개념의 역사라고 해도 과언이 아닙니다.

제3장

확률

확률—귀족 사회의 발전—

도박과 확률

도박의 기원은 문자가 쓰이기 전인 구석기 시대까지 거슬러 올라갑니다. 던진 물건이 떨어지는 모양을 보고 미래를 점쳤던 것을 토스 게임으로 바꾸어 즐길 수 있게 된 것이 도박의 기원이라고 합니다. **주사위**도 옛날부터 존재했는데, 중심이나 모양이 균질한 주사위는 중세 시대 이후부터 만들어졌다고 하네요.

중세 시대부터 르네상스에 걸쳐 유럽에서는 **귀족 사회**가 발전했습니다. 원래 귀족은 드넓은 토지를 소유해서 부를 쌓았는데, 교역이 발전함에 따라 특정 지역이나 그룹에게 부가 집중되면서 신흥 귀족 계급이나 지배 계급이 형성되기 쉬운 환경이 생겨났습니다.

게다가 귀족은 교육받을 기회도 있어서 일반 대중에게는 없는 문화적 사치를 즐길 수 있게 되었습니다. 주사위를 사용한 도박도 시간과 자금이 있는 귀족들 사이에서 크게 유행했지요.

그렇게 되니 **운에 맡기는 것에서 그치지 않고 우연을 수치화하려는** 사람들이 나타났습니다. 그렇게 해서 시작된 것이 **확률**입니다. 이제 확률은 일상생활에서도 빠질 수 없는 것으로 자리 잡았으며, 나중에 배울 **통계**의 기초가 됩니다.

중학 수학에서 다루는 확률 내용은 기초 중의 기초 수준이라 그 재미가 전달되기 어렵지만, 이 책에서는 **확률의 역사**, **3가지 확률**, **오해가 많은 확률** 등 더 배우고 싶다는 생각이 들 수 있는 주제로 소개하려고 하니 기대하세요. 그리고 고등 수학보다 한발 앞서, 어떤 일이 일어날 수 있는 총수를 생각하는 **경우의 수**의 기초도 정리하려고 합니다.

그림 3-0 제3장 [확률] 약식도

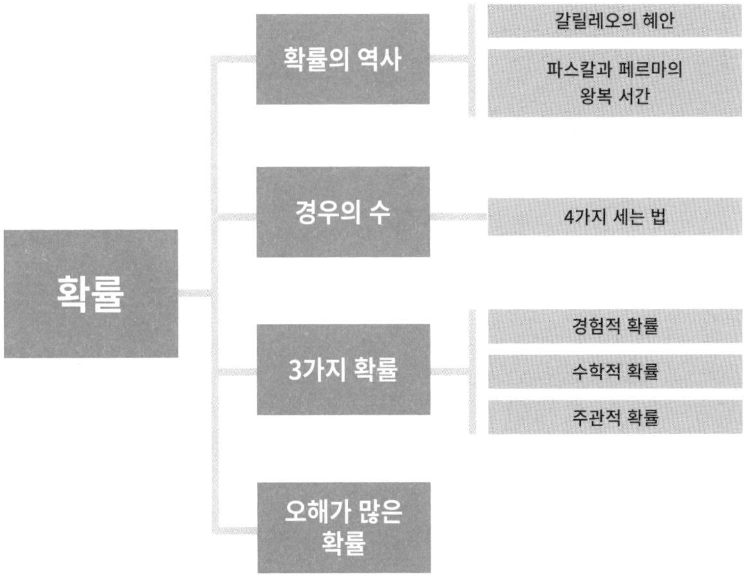

갈릴레오의 혜안

확률이 동트기 전

최초로 우연을 다루는 수학(확률이라는 개념은 아직 없습니다)에 관한 책을 엮은 지롤라모 카르다노(1501~1576)는 수학자이면서 동시에 도박사이기도 했습니다. 이 카르다노를 '확률론'의 아버지라고 부르는 사람도 있습니다. 하지만 카르다노가 남긴 계산은 확률론적으로 틀린 것도 많아서 그가 살았던 16세기 후반은 아직 확률론이 동트기 전이었다고 말하는 게 좋을지도 모르겠습니다.

그러던 중에 (현대에서 말하는) 확률 문제를 훌륭하게 해결한 인물이 있습니다. 그 유명한 갈릴레오 갈릴레이(1564~1642)입니다.

귀족이 낸 문제

도박을 좋아하는 귀족이 갈릴레오에게 이런 문제를 냈습니다.

[문제]

주사위 3개를 던졌을 때, 그 눈의 합이 9가 되는 조합도 10이 되는 조합도 똑같이 6가지 있다. 하지만 경험적으로 봤을 때 합계가 10이 되는 일이 더 많다. 왜 그럴까?

주사위 3개의 **눈의 합계가 9**가 되는 조합은 다음과 같습니다.

$$\{1,2,6\}, \{1,3,5\}, \{1,4,4\}, \{2,2,5\}, \{2,3,4\}, \{3,3,3\}$$

한편, **눈의 합계가 10**이 되는 조합은 다음과 같습니다.

$$\{1,3,6\}, \{1,4,5\}, \{2,2,6\}, \{2,3,5\}, \{2,4,4\}, \{3,3,4\}$$

확실히 둘 다 6가지씩 있습니다. 그런데 각 조합은 똑같이 잘 나올까요? 갈릴레오는 다음과 같이 생각했습니다.

《갈릴레오의 해답》

먼저 $\{a,b,c\}$ 타입의 조합(3개의 눈이 모두 다른 조합)을 나오는 순서를 고려해 나열해 본다.

$$(a,b,c), (a,c,b), (b,a,c), (b,c,a), (c,a,b), (c,b,a)$$

주) 수학에서는 나열하는 순서를 고려하지 않을 때는 { }를, 나열하는 순서를 고려할 때는 ( )를 쓰는 경우가 많습니다.

즉, **$\{a,b,c\}$ 타입**은 순서를 고려하면 **6가지** 패턴을 포함한다. 다음으로 $\{a,a,b\}$ 타입의 조합(3개의 눈 가운데 2개가 같은 조합)도 나오는 순서를 고려해서 나열해 본다.

$$(a,a,b), (a,b,a), (b,a,a)$$

$\{a,a,b\}$ 타입은 순서를 고려하면 **3가지** 패턴을 포함한다.

마지막으로 **$\{a,a,a\}$ 타입**의 조합(3개의 눈이 모두 같은 조합)은 나오는 순서를 고려해도 (a,a,a) 딱 **1가지**.

바꾸어 말하면 $\{a,b,c\}$ 타입의 눈은 $\{a,a,a\}$ 타입보다 6배 더 나오기 쉽고, $\{a,a,b\}$ 타입의 눈은 $\{a,a,a\}$ 타입보다 3배 더 나오기 쉽다.

각 눈의 조합 중에서 같은 눈을 포함하는 조합은 나오기가 어려운 것이다.

'눈의 합계가 9'인 조합은 $\{a,b,c\} \times 3$, $\{a,a,b\} \times 2$, $\{a,a,a\} \times 1$

'눈의 합계가 10'인 조합은 $\{a,b,c\} \times 3$, $\{a,a,b\} \times 3$

그러므로 순서를 고려하면 눈의 합계가 9가 되는 경우는 다 해서 **25가지**고 눈의 합계가 10이 되는 경우는 **27가지**.

따라서 합계가 10이 되는 경우가 더 '잘 나온다'.

파스칼과 페르마의 왕복 서간

두 천재가 나눈 왕복 서간

카르다노나 갈릴레오가 살았던 시대를 확률이 동트기 전이었다고 한다면, 확률론이 탄생한 시대는 언제일까요? 바로 1654년입니다.

이 해에 도박을 좋아하던 귀족 **슈발리에 드 메레**(1607~1684)가 낸 어떤 문제에 대해 **블레즈 파스칼**(1623~1662)과 **피에르 드 페르마**(1601~1665)는 적어도 6통의 편지를 주고받았습니다. 인류가 자랑하는 대수학자 두 사람이 나눈 이 서간 안에서 **확률**이라는 개념이 탄생한 것이지요.

드 메레가 낸 문제는 이러했습니다.

[문제]

A, B라는 두 사람이 각각 32피스톨씩 걸고 3번 먼저 이긴 쪽이 우승하는 승부에 나섰다. A가 2번 이기고 B가 1번 이겼을 때 승부가 중단되었다면, A와 B는 각각 얼마씩 나누어 가져야 할까? (주: '피스톨'은 프랑스의 옛 금화)

이런 문제를 **분배 문제**라고 하는데, 15세기 초반부터 활발하게 논쟁이 이루어졌던 모양입니다. 하지만 그 당시 사람들은 일반적으로 이렇게 생각했습니다.

'이미 이루어진 승부 중에 A는 2승, B는 1승을 거두었으니 건 돈의 합계인 64피스톨을 2:1로 분배해야 한다(나누어떨어지지는 않지만 ……).'

파스칼은 드 메레의 분배 문제에 대해 **'마지막까지 게임을 했다면 어떤 결과가 나올지 명확히 계산해서 분배해야 한다'**라고 썼습니다.

요점은 과거의 결과뿐만 아니라 미래의 가능성까지 고려해야 한다는 점입니다. 지금이야 당연한 소리로 느껴지겠지만, 확률이라는 개념이 없었던 시대에 이는 획기적인 생각이었습니다. 파스칼은 드 메레의 문제를 다음과 같이 생각했습니다.

《파스칼의 해답》

A가 2번 이기고 B가 1번 이겼을 때 승부가 중단되었으니, 만약 A가 다음 시합(4번째 시합)에서 이기면 건 돈의 합계인 64피스톨을 모두 손에 넣을 수 있다. 하지만 만약 A가 진다면 2 대 2로 승부가 나지 않기 때문에 A는 아직 상금을 받지 못한다. 4번째 시합에서 A가 이길지 질지 가능성은 반반이므로 먼저 A는 64피스톨의 절반인 32피스톨을 받아야 한다.

4번째 시합에서 A가 졌을 경우, 5번째 시합에서 A가 이겨서 상금을 받을 가능성 역시 반반이므로 A가 나머지 32피스톨 중에 절반인 16피스톨을 받는 것은 타당하다. 결국 A에게는 총 48피스톨, B에게는 나머지 16피스톨을 분배하는 것이 옳다.

파스칼의 생각은 나중에 말하는 **기댓값** 그 자체입니다.

그림 3-1 파스칼의 해답

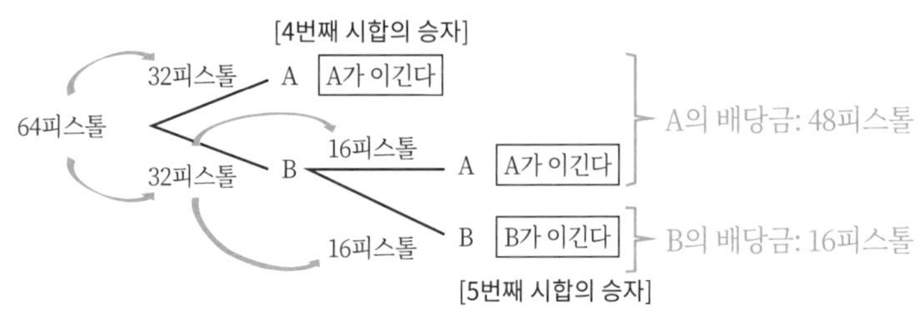

기댓값은 고등학교 범위에서 배우지만 간단히 소개하겠습니다.

기댓값

어떤 변수가 x_1~x_n이 될 확률을 다음과 같이 알고 있을 때, x의 기댓값은 이렇게 정의합니다.

x	x_1	x_2	……	x_n	합계
확률	p_1	p_2	……	p_n	1

$$E(x)=x_1p_1+x_2p_2+\cdots\cdots+x_np_n$$

이런 식으로 계산한 값을 왜 '기댓값'이라고 부르냐 하면, **위의 계산으로 구해지는 기댓값을 x의 평균으로 생각할 수 있기 때문**입니다.

예를 들어, 당첨되면 100원이 돌아오는 복권을 과거에 5번 샀고, 그중 2번 당첨되었다는 사실을 알고 있다고 생각해 봅시다. 상금이 0원이었던 적이 3번, 100원이었던 적이 2번이므로 과거에 5번 사서 받은 상금의 평균은 다음과 같습니다.

$$\frac{0\times3+100\times2}{5}=40$$

이 계산은 이렇게 쓸 수 있습니다.

$$0\times\frac{3}{5}+100\times\frac{2}{5}=40\cdots◎$$

그런데 당신에게 이 복권은 5번 중 2번 당첨된 복권이므로 상금 100원을 받을 수 있는 확률은 $\frac{2}{5}$, 상금이 0원일 확률은 $\frac{3}{5}$입니다.

이것을 표로 나타내면 다음과 같습니다.

상금	0	100	합계
확률	$\frac{3}{5}$	$\frac{2}{5}$	1

이렇게 모아 보면 왼쪽 페이지의 ◎ 식은 그야말로 기댓값을 계산했다는 사실을 알 수 있습니다.

그런데 ◎는 평균을 구하는 식을 다시 쓴 것뿐입니다. 기댓값이라는 것은 **'과거의 평균을 다음에 나올 값으로서 기대하는 것은 합리적이다'**라는 생각을 바탕으로 정의한 것이거든요.

현대적 사고법

앞에서 서술한 파스칼의 생각을 현대적으로 번역하면 이렇습니다. 이렇게 보면 파스칼이 확률의 **덧셈 정리**와 **곱셈 정리**(나중에 해설), 기댓값을 훌륭하게 구사했다는 사실을 잘 알 수 있습니다.

(i) 4번째 시합에서 A가 이길 확률은 $\frac{1}{2}$

(ii) 4번째 시합에서 A가 지고 5번째 시합에서 A가 이길 확률은

$$\frac{1}{2}\times\frac{1}{2}=\frac{1}{4}\quad\text{(곱셈 정리)}$$

(i), (ii)에서 A가 우승해 상금을 받을 확률은

$$\frac{1}{2}+\frac{1}{4}=\frac{3}{4}\quad\text{(덧셈 정리)}$$

반대로 A가 상금을 받지 못할 확률은 위의 값을 1에서 빼면 나옵니다.

$$1-\frac{3}{4}=\frac{1}{4}$$

이상으로 A가 받을 상금과 확률을 표에 정리하겠습니다.

상금	0	64	합계
확률	$\frac{1}{4}$	$\frac{3}{4}$	1

따라서 A가 받을 상금의 기댓값은 다음과 같습니다.

$$0 \times \frac{1}{4} + 64 \times \frac{3}{4} = 48 \quad \text{[피스톨]}$$

(ii)와 같이 2가지 일(4번째 시합에 지는 일과 5번째 시합에 이기는 일)이 독립하는(서로 영향을 주지 않음) 경우, **각각 일어날 확률을 곱해서 2가지 일이 동시에 일어날 확률을 구하는 것**을 **확률의 곱셈 정리**라고 합니다. 또한 마지막에 (i)와 (ii)를 더한 것은 **동시에 일어나지 않을 일의 확률을 더해서 어느 한쪽이 일어날 확률을 구하는** **확률의 덧셈 정리**를 사용한 것입니다. 한편, 페르마는 드 메레의 분배 문제를 다음과 같이 생각했습니다.

《페르마의 해답》

3선승제인 승부를 할 경우, 5번째 시합까지 하면 반드시 우승자가 결정된다. 그래서 3번째 시합까지 A가 2승, B가 1승을 한 경우에 4번째 시합과 5번째 시합에서 생각할 수 있는 승부의 행방과 각 경우의 우승자를 써 보기로 한다.

	4번째 시합의 승자	5번째 시합의 승자	우승자
①	A	A	A
②	A	B	A
③	B	A	A
④	B	B	B

이상으로 A가 우승하는 경우는 ①~③번까지 3가지, B가 우승하는 경우는 ④번 1가지뿐이다. 따라서 상금(건 돈) 64피스톨은 3:1로 분배해야 한다. 즉, A에게는 다음과 같이 분배하는 것이 옳다.

$$64 \times \frac{3}{4} = 48 \quad [\text{피스톨}]$$

결론은 파스칼과 같았습니다.

이 페르마의 생각에 대해 ①번과 ②번 사례는 4번째 시합에서 이미 승부가 결정 났으니(A의 3승이 확정) 5번째 시합의 행방까지 생각하는 것은 이상하다는 비판도 있었던 모양이지만, 페르마는 다음과 같이 반론했습니다.

만약 4번째 시합에서 승부가 결정 났다 하더라도 A는 (소화해야 할 시합인) 5번째 시합의 승부를 거절할 이유는 없으니까 이에 대해 생각하는 것은 불합리하지 않다

파스칼도 페르마도 이치는 다르지만 4번째 시합과 5번째 시합이라는 '미래'를 생각한다는 점에서 일치합니다.

말하자면 **확률론은 미래를 보는 시점을 가진 두 천재가 만들어낸 것이지요.**

《발전》 4가지 세는 법

왜 사회인에게 '경우의 수'를 물을까?

어떤 일이 일어날 수 있는 총수를 경우의 수라고 합니다. 왠지 이상하게 들리지만, 영어로는 'number of cases'입니다. 공무원 시험이나 취직 시험에는 경우의 수를 구하는 문제가 자주 등장합니다. 예를 들어, 이런 문제이지요.

'일의 자리, 십의 자리, 백의 자리가 모두 1부터 5인 세 자릿수 중에서 3의 배수인 수는 총 몇 개인가?'

적은 개수를 센다면 손가락으로 세도 크게 번거롭지 않습니다. 하지만 이 문제처럼 **어느 정도 이상의 개수를 효율적으로 세려면, 패턴을 파악하고 적절히 경우를 나누는 '지성'이 필요합니다.**

참고로 위의 문제는 '3의 배수는 각 자리의 합이 3의 배수'라는 지식을 사용해서 합이 3의 배수가 되는 3개 수의 조합을 적은 다음, 각 조합 중에 같은 수가 포함되는 경우와 그렇지 않은 경우로 나누어서 세는 것이 정석입니다(답은 41가지).

경우의 수 문제는 수학의 중요한 사고법 중 하나인 분류를 적절히 할 수 있는 능력이 필요합니다. 이러한 일이 가능한지 아닌지, 그러니까 수험자의 '지성'을 손쉽게 파악하려면 경우의 수 문제가 안성맞춤이지요.

서장 수학 복습
제1장 도형
제2장 수와 식
제3장 확률
제4장 함수
제5장 통계

4가지 세는 법

경우의 수를 생각할 때는 **'순서를 생각해야 하는가'**와 **'중복을 허용하는가'**를 확인하는 것이 기본입니다. 각각 2가지씩 있으니 **세는 법은 총 4가지(2 × 2종류)입니다.**

예를 들어, A, B, C라는 세 문자에서 두 문자를 고르는 경우를 생각해 보겠습니다.

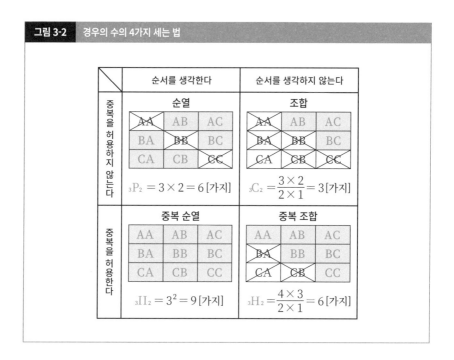

그림 3-2 경우의 수의 4가지 세는 법

	순서를 생각한다	순서를 생각하지 않는다
중복을 허용하지 않는다	**순열** ~~AA~~ AB AC BA ~~BB~~ BC CA CB ~~CC~~ $_3P_2 = 3\times2 = 6$[가지]	**조합** ~~AA~~ AB AC ~~BA~~ ~~BB~~ BC ~~CA~~ ~~CB~~ ~~CC~~ $_3C_2 = \frac{3\times2}{2\times1} = 3$[가지]
중복을 허용한다	**중복 순열** AA AB AC BA BB BC CA CB CC $_3\Pi_2 = 3^2 = 9$[가지]	**중복 조합** AA AB AC ~~BA~~ BB BC ~~CA~~ ~~CB~~ CC $_3H_2 = \frac{4\times3}{2\times1} = 6$[가지]

'세 종류에서 2개를 고른다'라는 점은 같더라도 순서와 중복을 어떻게 하느냐에 따라 이렇게 차이가 납니다.

사실은 4가지 세는 법을 모두 자세히 설명하고 싶지만, 중복을 허용하는 경우는 고등학교 범위인데다 특히 '중복 조합'은 어려우니까 다음 절에서는 중복을 허용하지 않는 (일반적인) 순열과 조합에 대해 자세히 해설하겠습니다.

계승의 '!'는 느낌표의 '!'

순열(순서를 생각한다 & 중복은 허용하지 않는다)

예를 들어, A, B, C라는 세 사람 중에 리더와 부리더를 한 명씩 뽑는 경우의 수를 생각해 보겠습니다. 단, 먼저 리더를 뽑고 그 후에 부리더를 뽑기로 합니다. 이 경우에는 순서를 생각할 필요가 있고(예를 들어, A→B로 뽑는 경우와 B→A로 뽑는 경우에 팀의 분위기는 달라집니다), 물론 중복은 허용되지 않습니다.

리더는 3명 중에 뽑기 때문에 3가지가 있고, 부리더는 리더를 제외한 2명 중에서 뽑기 때문에 2가지입니다. 따라서 구하는 경우의 수는 $3 \times 2 = 6$가지라는 사실을 알 수 있습니다.

무언가를 순서대로 일렬로 나열할 때, 그 열 하나하나를 **순열**(permutation)이라고 합니다. 기호도 소개하겠습니다.

위의 예처럼 서로 다른 3개(명)에서 중복을 허용하지 않고 2개(명)를 뽑는 순열의 총수는 순열을 나타내는 영어의 머리글자를 써서 ${}_3\mathbf{P}_2$로 나타냅니다.

즉, 다음과 같이 쓸 수 있지요.

$${}_3P_2 = 3 \times 2 = 6$$

일반적으로 서로 다른 n개에서 서로 다른 r개를 꺼내 일렬로 줄 세우는 순열을 **n개에서 r개를 뽑는 순열**이라고 하며, 그 총수는 ${}_n\mathbf{P}_r$로 나타냅니다.

예) 6개에서 서로 다른 3개를 뽑는 순열의 총수

A, B, C, D, E, F라는 6개의 문자에서 서로 다른 세 문자를 골라 일렬로 나열할 때 순열의 총수는 다음과 같이 계산할 수 있습니다.

$$_{6}P_{3} = 6 \times 5 \times 4 = 120$$

계승

예를 들어, A, B, C, D라는 4개의 문자에서 서로 다른 문자 4개를 골라 나열할 때(4개를 전부 다 일렬로 나열한다는 뜻) 순열의 총수는 아래와 같습니다.

$$_{4}P_{4} = 4 \times 3 \times 2 \times 1 = 24$$

계산식 '$4 \times 3 \times 2 \times 1$'은 4에서 1까지 카운트다운하듯이 1씩 줄어들면서 곱합니다. 수학에서는 1부터 n까지 모든 자연수의 곱을 **n의 계승**이라고 하며, 'n!'이라는 기호로 나타냅니다. 그러니까 $4 \times 3 \times 2 \times 1 = 4!$인 것이지요. 일반적으로 서로 다른 n개를 일렬로 나열할 때 순열의 총수는 다음과 같습니다.

$$_{n}P_{n} = n \times (n-1) \times (n-2) \times \cdots \times 3 \times 2 \times 1 = n!$$

계승은 계단을 한 칸씩 내려가듯이 곱하는 수가 하나씩 줄어든다고 해서 이 이름이 붙었다고 합니다.

계승의 기호로 '!'를 쓰게 된 이유는 정확하지 않지만, n이 늘어나면 '$n!$'의 값은 놀랄 만큼 빠른 속도로 커지기 때문이라는 설이 있습니다. 실제로 트럼프 52장을 일렬로 나열했을 때의 순열 총수 $_{52}P_{52} = 52!$는 약 8×10^{67}으로 지구를 구성하는 원자의 총수(10^{50}개 정도)를 가뿐히 넘습니다.

조합(순서를 생각하지 않는다 & 중복은 허용하지 않는다)

다음으로 A, B, C 세 사람 중에서 장을 보러 갈 두 사람을 정하는 경우를 생각해 보겠습니다. 이 경우 'A→B'로 고르든 'B→A'로 고르든 장을 보러 가는 두 사람이 {A, B}라는 사실에는 변함이 없으니 순서를 생각할 필요는 없습니다. 그러니까 이번 경우의 수는 {A, B}, {B, C}, {C, A}로 3가지입니다.

물건을 꺼내는(고르는) 순서를 생각하지 않고 조를 만들 때, 이들 조 하나하나를 조합(combination)이라고 합니다.

이번 예처럼 **서로 다른 3개(명)에서 중복을 허용하지 않고 2개(명)를 꺼내서 만드는 조합의 총수**는 역시 영어 머리글자를 써서 $_3\mathbf{C}_2$로 나타냅니다. 그러니까 '$_3C_2 = 3$'입니다.

일반적으로 **서로 다른 n개에서 서로 다른 r개를 꺼내서 만드는 조합**을 n개에서 r개를 꺼내는 조합이라고 하고, 그 총수는 $_nC_r$로 나타냅니다.

순열과 조합의 관계

여기서 $_3C_2$와 $_3P_2$의 관계를 생각해 보겠습니다.

그림 3-3 순열과 조합의 관계

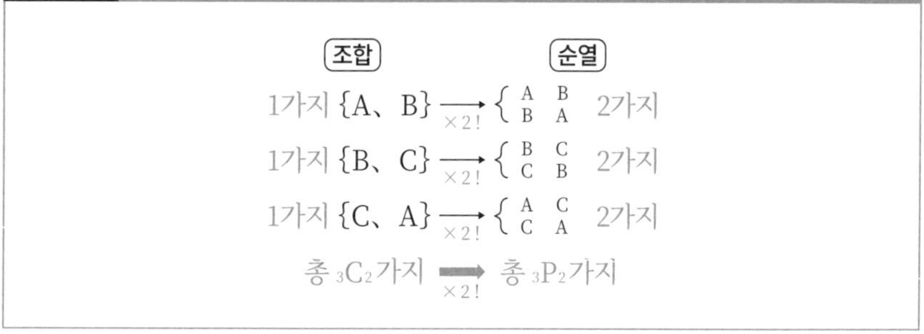

예를 들어, 3개에서 2개를 꺼내는 조합 중 하나인 {A, B}에 대해, 이들을 모두 나열하는 순열은 A→B와 B→A로 ${}_2P_2 = 2!$가지입니다.

{B, C}와 {C, A}에 대해서도 마찬가지로 ${}_3C_2$가지의 조합에서는 총 ${}_3C_2 \times 2!$가지 순열을 얻을 수 있습니다. 이렇게 해서 얻은 순열의 총수는 ${}_3P_2$가지입니다. 따라서 다음 식이 성립합니다.

$${}_3C_2 \times 2! = {}_3P_2 \quad \Rightarrow \quad {}_3C_2 = \frac{{}_3P_2}{2!}$$

마찬가지로 생각해서 순열과 조합의 관계를 일반화해 보겠습니다.

$${}_nC_r \times r! = {}_nP_r \quad \Rightarrow \quad {}_nC_r = \frac{{}_nP_r}{r!}$$

${}_nC_r$ 계산에 익숙해지자!

그림 3-4 ${}_nC_r$ 계산

5로 시작하는 수 3개의 곱

$$ {}_5C_3 = \frac{{}_5P_3}{3!} = \frac{\overbrace{5\times4\times3}}{\underbrace{3\times2\times1}} = \frac{60}{6} = 10 $$

3으로 시작하는 수 3개의 곱

또한 예를 들어, '5개에서 3개를 고르는 것'과 '5개에서 2개를 남기는 것'은 같은 말이니까 ${}_5C_3 = {}_5C_2$이어야 합니다. 계산해 보면 이게 옳다는 것을 바로 알 수 있습니다.

$$ {}_5C_2 = \frac{5\times4}{2\times1} = \frac{5\times4\times3}{3\times2\times1} = {}_5C_3 $$

일반적으로 ${}_nC_r = {}_nC_{n-r}$이 성립합니다.

경험적 확률과 수학적 확률과 주관적 확률

확률(probability)의 어원

먼저 확률의 정의부터 확인하겠습니다.

확률 …… **어떤 일이 일어나기 쉬운 정도를 나타내는 수치**

확률은 보통 0 이상 1 이하의 수치로 나타냅니다.

반드시 일어날 확률은 1(100%)이고, 절대 일어나지 않을 확률은 0(0%)입니다.

205페이지에서 소개했듯이 파스칼과 페르마의 왕복 서간에서 확률의 개념이 생겼지만, 확률(probability)이라는 말은 아직 사용되지 않았지요.

probability의 어원인 라틴어 probabilis는 '그럴듯하다'라는 의미이며 고대 로마 공화국의 **키케로**(기원전 106~43)가 증거나 주장의 신빙성 정도를 나타내기 위해 사용하기 시작했다고 합니다. 이것이 수학적 의미를 가진 것은 18세기에 들어선 후입니다.

확률론은 **야코프 베르누이**(1654~1705)나 **아브라함 드 무아브르**(1667~1754) 등이 발전시켰고, 19세기 초반에 **피에르 시몽 라플라스**(1749~1827)가 쓴 『Theorie analytique des probailites(확률의 해석적 이론)』(1812)와 일반을 대상으로 하는 해설서 『Essai philosophique sur les probabilités(확률에 대한 철학적 에세이)』(1814)에서 총정리했습니다. 라플라스야말로 고전적 확률(우리가 '확률'이라는 말을 듣고 떠올리는 것)을 완성한 사람이지요.

참고로 '확률'이라는 용어는 'probability'를 번역한 말로 태평양 전쟁 후에 정착했습니다.

경험적 확률과 수학적 확률

2023년에 네덜란드의 암스테르담 대학을 비롯한 연구자들은 '동전 던지기에서 앞이 나올 확률은 50%가 아니다'라는 논문을 발표했습니다. 논문은 총 35만 757번 동전을 던져서 집계했는데, 처음에 위로 둔 면이 던진 후에도 위가 되는 경향이 있었으며 그 확률은 50.8%였다고 보고했습니다.

정확히 50%가 되지 않는 원인으로는 동전을 튕길 때 엄지손가락의 움직임이 동전에 주는 흔들림이나 던지는 사람의 버릇 등을 생각할 수 있다는 것입니다.

이처럼 실제 실험한 데이터로 구한 비율을 **경험적 확률**(혹은 **통계적 확률**)이라고 합니다.

한편, 일어날 수 있는 모든 경우의 수에 대해 특정 사건이 일어나는 경우의 수의 비율로 정의하는 확률을 **수학적 확률**(혹은 **선험적 확률**)이라고 합니다. 단, 이 계산에 사용하는 '경우의 수'는 하나하나가 전부 **똑같이 확실해야 하는 것**(비슷한 확률로 일어날 것이 기대된다)이 전제입니다.

$$\text{확률} = \frac{\text{특정 경우의 수}}{\text{모든 경우의 수}}$$

주관적 확률

확률에는 하나 더, **'주관적 확률'**이라 불리는 것이 있습니다. 이것은 '이번 계약을 따낼 확률은 80%라고 생각한다'라는 식으로 특정 사건이 일어나는 불확실성의 정도를 개인적인 신념이나 견해를 섞어서 평가한 확률입니다. 주관적 확률은 의사 결정이나 리스크 평가에 종종 이용되는데, 중학교나 고등학교에서는 배우지 않습니다.

오해받기 쉬운 확률 여러 가지

오해받는 일이 많은 확률 ①《초급편》

확률만큼 일상어에 스며들어 있는 수학 용어는 없을 겁니다. 그렇기 때문에 확률에 대해 오해하는 경우가 많습니다. 그래서 이 절에서는 오해받는 일이 많은 확률 문제를 몇 가지 소개하려고 합니다.

먼저 라플라스가 스승인 **장 르 롱 달랑베르**(1717~1783)와 활발하게 의견을 나눈 것으로 유명한 문제를 소개하겠습니다. 포인트는 **비슷하게 확실한가 아닌가**입니다.

《문제》

동전을 2개 던져서 2개 모두 앞이 나올 확률을 구하시오.

《흔한 오해》

동전의 앞면과 뒷면은 {앞, 앞}, {앞, 뒤}, {뒤, 뒤}, 이렇게 3가지로 나올 수 있습니다. 따라서 {앞, 앞}이 나올 확률은 $\frac{1}{3}$입니다.

달랑베르도 이렇게 생각했지만, 사실 틀렸습니다.

왜냐하면 {앞, 앞}과 {뒤, 뒤}는 순열로 생각해도 각각 (앞, 앞), (뒤, 뒤)로 1가지이지만, {앞, 뒤}를 순열로 생각하면 (앞, 뒤)와 (뒤, 앞)으로 2가지가 있어서 {앞, 뒤}는 {앞, 앞}이나 {뒤, 뒤}보다 2배 더 잘 나오기 때문이지요. 따라서 **{앞, 앞}, {앞, 뒤}, {뒤, 뒤} 이렇게 3가지는 확률이**

비슷하지 않습니다.

그런데 라플라스는 다음과 같이 올바르게 생각했습니다.

《옳은 해답》

동전 2개의 눈은 (앞, 앞), (앞, 뒤), (뒤, 앞), (뒤, 뒤)로 4가지가 있다고 생각해야 한다. 따라서 (앞, 앞)이 나올 확률은 $\frac{1}{4}$이다.

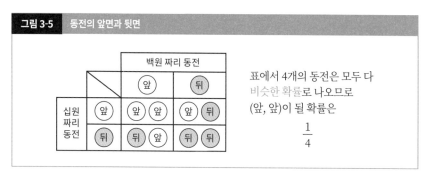

그림 3-5 동전의 앞면과 뒷면

		백원 짜리 동전	
		앞	뒤
십원 짜리 동전	앞	앞 앞	앞 뒤
	뒤	뒤 앞	뒤 뒤

표에서 4개의 동전은 모두 다 비슷한 확률로 나오므로 (앞, 앞)이 될 확률은

$$\frac{1}{4}$$

라플라스의 생각은 203페이지에서 소개한 갈릴레오의 생각과도 통합니다.

확률에서 비슷한 확률인지 아닌지 생각하는 것은 복수의 대상을 동등하게 다루어도 좋을지 생각하는 것입니다. 그러려면 대상을 정확히 관찰해야겠지요.

오해받는 일이 많은 확률 ② 《중급편》

복권은 빨리 사야 당첨 확률이 올라가지 않을까 생각할 수도 있는데, 다음 문제를 알면 언제 사더라도 당첨될 확률은 같다는 걸 알 수 있습니다.

《문제》

10개 중 3개가 당첨인 복권을 A, B가 이 순서대로 뽑고, 뽑은 복권은 다시 돌려놓지 않는다고 하자. 이때 A와 B가 당첨될 확률을 각각 구하시오.

《해답》

A가 당첨될 확률은 간단합니다. A가 당첨될 확률 $= \frac{3}{10}$

한편, B가 당첨되는 경우는 'A가 당첨되고 B가 당첨되는 경우'와 'A가 꽝이고 B가 당첨되는 경우'가 있으므로 각 경우를 더해서 생각합니다. 즉, B가 당첨될 확률은 다음과 같습니다.

$$\text{B가 당첨될 확률} = \frac{3}{10} \times \frac{2}{9} + \frac{7}{10} \times \frac{3}{9} = \frac{6+21}{90} = \frac{27}{90} = \frac{3}{10}$$

먼저 뽑는 A도 나중에 뽑는 B도 당첨될 확률은 같습니다.

오해받는 일이 많은 확률 ③《상급편》

《문제》

99% 확실한 검사에서 1만 명에 1명꼴로 불치병을 진단받은(양성) 경우, 정말로 '불치병'에 걸렸을 확률을 구하시오.

《해답》

간단히 하기 위해 전국에서 100만 명이 이 검사를 받았다고 하겠습니다.

'불치병'의 비율은 1만 명에 1명이므로 100만 명 중 100명은 이 병에 걸렸습니다. 반대로 말하면 99만 9900명은 건강합니다. '99% 확실한 검사'니까 **병에 걸린 100명 중 99명은 양성**입니다. 한편, 1%는 오진을 받게 될 테니 **건강한 99만 9900명 중 9999명이나 양성**이 나옵니다. 그러니까 이 검사에서 양성이 나오는 총 99+9999명 가운데 정말로 불치병에 걸린 사람은 99명입니다. 따라서 검사에서 양성인 사람이 정말로 불치병일 확률은 다음과 같습니다.

$$\text{검사에서 양성이 나온 사람이 정말로 불치병일 확률} = \frac{99}{99+9999} = 0.0098\cdots$$

고작 1%도 되지 않는다니 놀랍지 않나요?

이 해답은 고등학교에서 배우는 조건부 확률을 사용했습니다. **조건부 확률은 의외의 진실을 알려 주는 경우가 많지요.**

제4장

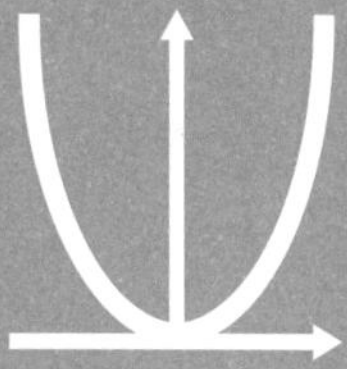

함수

함수 ―과학 혁명이 일어나다―

데카르트가 일으킨 혁명―'좌표'와 '변수'―

16~17세기 유럽에서는 이른바 과학 혁명이 일어났습니다.

사람들의 세계관이 '세계의 중심은 신이며 신이 정한 것이 진리다'를 믿는 스콜라 철학에 기인한 생각에서 **경험과 관찰을 바탕으로 하는 과학적 방법으로 크게 변해 갔던 것**이지요.

수학의 혁명에 불을 붙인 사람은 데카르트(1596~1650)입니다.

데카르트는 2개의 수직선을 수직으로 교차시킨 좌표 평면을 발명했고, (2,3)과 같은 숫자 조합과 좌표 평면상의 점을 **1대 1로 대응**시켰습니다. 게다가 변수라고 해서 미지(알 수 없는 것)인데다가 불특정(하나로 정해지지 않은 것)하기까지 한 양을 도입해서 이른바 **'수치 그릇'**을 준비했습니다.

이 2개를 도입하면서 인류는 수식과 도형(그래프)을 연결 지을 수 있게 되었습니다. **수학사의 2대 흐름이었던 대수학(방정식)과 기하학(도형)이 하나가 된 것이지요.**

그리고 좌표와 변수가 없으면 함수는 생기지 않고, 함수가 없으면 미분과 적분도 존재할 수 없으니 데카르트의 아이디어가 새로운 시대의 문을 연 것은 명백한 사실입니다.

이 장에서는 그런 좌표와 변수, 함수를 기초부터 설명한 후에 함수의 예로 비례와 반비례, 일차함수, 이차함수와 각 그래프나 그래프와 방정식의 관계까지 소개하겠습니다. 또한 중학교 범위는 아니지만 미분 적분의 개념이나 보기 드문 여러 가지 함수에 대해서도 살짝 이야기하려고 합니다.

그림 4-0 제4장 [함수] 약식도

자동판매기와 함수는 닮았다

좌표

[그림 4-1]처럼 점O에서 수직으로 만나는 2개의 수직선을 생각하고, 아래와 같이 정의합니다.

x축(가로축) …… **가로 수직선**

y축(세로축) …… **세로 수직선**

좌표축 …… **x축과 y축을 합친 것**

원점 …… **좌표축 2개의 교점O**

좌표 …… **(2,3)과 같이 점의 위치를 나타내는 한 쌍의 수**

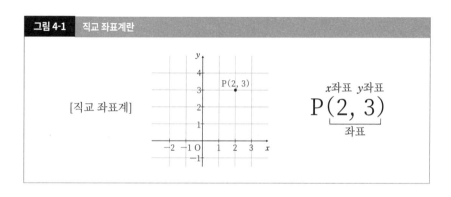

x좌표 …… **(●, ▲)에서 ●**

y좌표 …… **(●, ▲)에서 ▲**

그림 4-1 직교 좌표계란

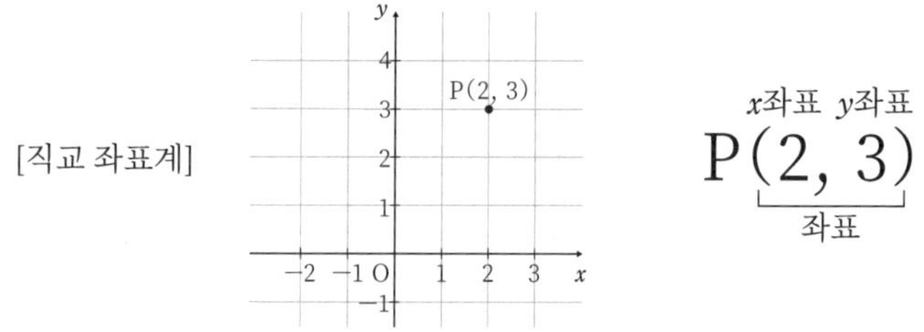

좌표계 …… **좌표축과 원점으로 위치(좌표)를 어떻게 정할지에 대한 법칙**

좌표 평면 …… **좌표계가 주어진 평면**

또한 좌표계에는 그밖에 기준이 되는 선(시초선)에서 만들어지는 각도나 원점에서 떨어진 거리에 따라 위치를 정하는 **극좌표계**나 좌표축이 비스듬히 교차하는 **교차 좌표계** 등도 있습니다. 이들과 구별하기 위해 x축과 y축을 직교시켜서 각 축에서 떨어진 거리로 위치를 정하는 (일반적인) 좌표계를 **직교 좌표계**라고 하거나, 발안자인 데카르트의 이름을 따서 **데카르트 좌표계**라고 하기도 합니다. 이 책에서 앞으로 등장할 좌표계는 모두 직교 좌표계입니다.

변수

다음으로 **변수**를 도입해 보겠습니다. [그림 4-2]를 보세요.

좌표 평면 위의 원점을 지나는 직선l 위에 두 점 P_1와 P_2가 있고, 각 점에서 x축으로 떨어뜨린 수직선과 x축의 교점을 Q_1과 Q_2로 두겠습니다.

그러면 $\triangle OP_1Q_1$와 $\triangle OP_2Q_2$는 닮음이 되고, 정수 a를 이용하면 $y_1 = ax_1$과 $y_2 = ax_2$가 성립한다는 사실을 알 수 있습니다.

이는 직선l 위에 임의의 점P를 찍고, 그 좌표를 (x,y)로 두면 $y = ax$라는 식이 항상 성립한다는 것을 시사합니다.

방금 은근슬쩍 **'임의의 점P'**라고 썼는데, 사실 이게 바로 매우 획기적입니다.

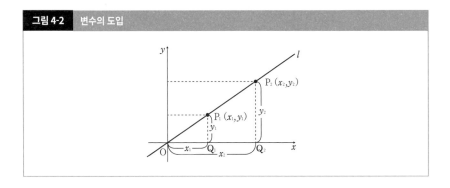

그림 4-2 변수의 도입

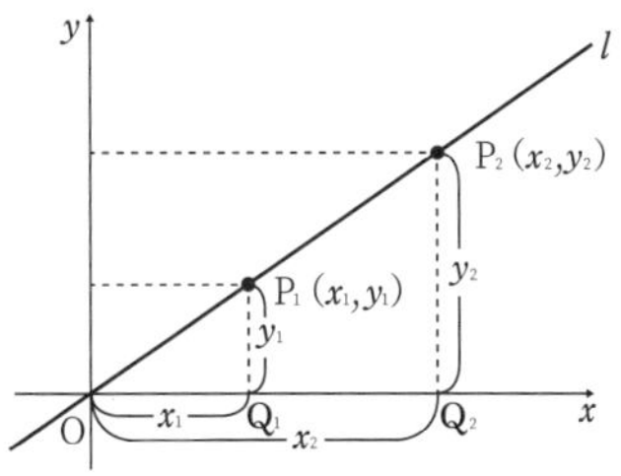

직선l 위에 있는 무수히 많은 점P의 좌표(x,y)에 대해 $y = ax$가 성립한다는 것은 이 식의 **(x,y)는 알 수 없으며 정해지지 않았다는 뜻**이기 때문입니다. 데카르트는 알 수 없을 뿐만 아니라 여러 가지 값을 취할 수 있는 이러한 수를 **변수**라고 이름 붙였습니다.

함수

이제 드디어 함수가 등장합니다. 늘 그렇듯 먼저 정의부터 짚고 넘어가겠습니다.

함수 …… **변수 x의 값에 대응해서 변수 y의 값이 딱 하나로 정해졌을 때, 'y는 x의 함수이다'라고 한다**

y가 x의 함수일 때, 입력값인 x가 어떤 법칙에 따라 y로 변환됩니다. 단, 어떤 변환이든 다 괜찮은 건 아닙니다. 함수의 정의에서 중요한 것은 y의 값이 x의 값에 따라 **딱 하나로 정해진다**는 점입니다.

이 점이 왜 중요한지 이해하려면 '믿을 만한 자동판매기 조건'을 떠올려 보면 좋겠습니다.

여기 있는 자동판매기에는 ①~④까지 4개의 버튼이 있고, ①번과 ②번 버튼 위에는 커피가, ③번 버튼 위에는 콜라가, ④번 버튼 위에는 오렌지주스가 전시되어 있습니다.

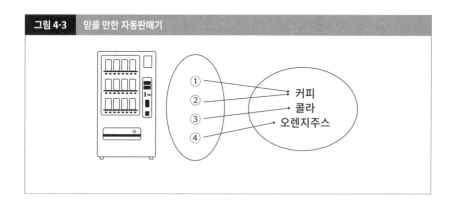

그림 4-3 믿을 만한 자동판매기

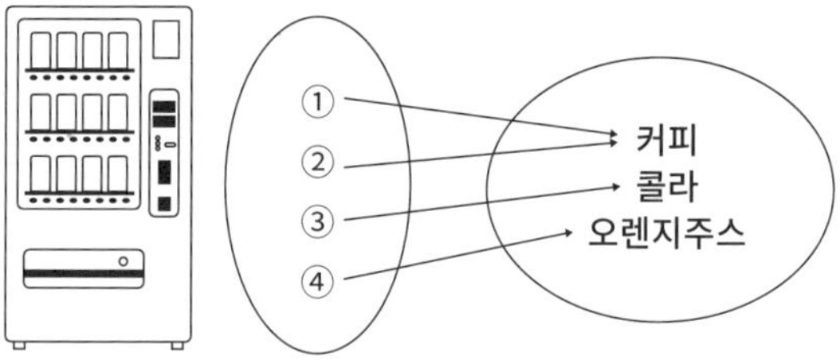

이 자동판매기로 음료수를 사는데 ①번 버튼을 누를 때마다 커피가 나왔다가 콜라가 나오기도 하고, ①번을 누르든 ③번을 누르든 커피가 나온다면 영 미덥지 못하겠지요?

x를 y로 변환할 때도 마찬가지입니다. **x로서 어떤 특정 값을 입력했는데, 반드시 특정 y의 값으로 변환되는, 그런 믿을 만한 변환 시스템을 수학에서는 '함수'라고 부릅니다.**

함수의 역사

영어로 '함수'를 뜻하는 'function'을 수학 용어로 처음 사용한 사람은 **고트프리트 라이프니츠**(1646~1716)입니다. 그러나 당시에는 현대와 다른 뜻으로 쓰였습니다. 그 후 '역사상 가장 논문을 많이 쓴 수학자'로 기네스에도 실린 **레온하르트 오일러**(1707~1783)가 '몇 가지 수식과 정수로 나타내는 모든 식'을 'function'이라고 불렀습니다.

여기에 '변수의 값에 따라 오로지 하나의 값이 정해지는 것'이라는 정의를 붙인 사람은 '프랑스의 가우스'라 불리며 수학의 엄밀성을 주장한 선구자이기도 한 **오귀스탱 루이 코시**(1789~1857)입니다.

함수는 '函數'

함수는 중국에서 수입한 말입니다. 'function'이 중국에서 '函數'로 번역되었던 이유는 '函數'의 발음(hánshù)이 영어 'function'과 비슷하고, '函'이라는 한자의 뜻이 함수의 본질을 잘 나타냈기 때문입니다. '函'에는 상자라는 뜻이 있습니다.

어떤 '상자'에 x라는 값을 입력했을 때, x의 값에 대응해서 얻은 y라는 출력에 대해 y는 x의 함수다. 이것은 함수의 개념을 잘 나타냅니다.

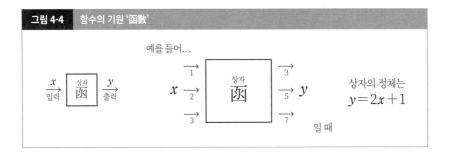

그림 4-4 함수의 기원 '函數'

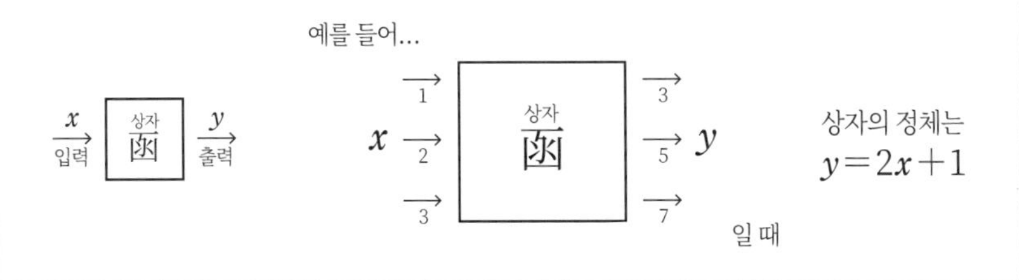

비례는 가장 쉬운 함수

비례의 기본

먼저 비례의 정의입니다.

비례 …… **변수 x의 값이 2배, 3배, 4배~가 됨에 따라 그에 대응하는 변수 y의 값도 2배, 3배, 4배~가 될 때, y는 x에 비례한다고 한다**

그림 4-5 비례의 예

x	1	2	3	4	5	6
y	2	4	6	8	10	12

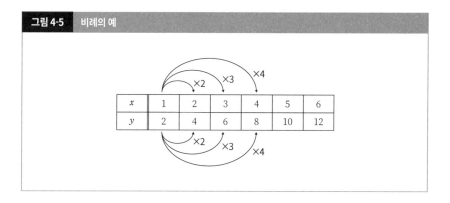

위의 표에서 y는 반드시 x의 2배가 됩니다. 그러니까 $y = 2x$인 것이지요. **사실 y가 x에 비례할 때, x와 y 사이에는 반드시 $y = ax$라는 관계식이 성립합니다.** 여기서 a는 0이 아닌 정수로 비례정수라고 합니다. 반대로 0이 아닌 정수 a를 이용해서 **x와 y의 관계가 $y = ax$로 나타날 때, y는 x에 비례합니다.**

y는 x에 비례한다 ⇔ $y=ax$ (a는 0이 아닌 정수)

비례의 이용

어떤 두 변수에 대해 한쪽이 다른 쪽에 비례한다는 사실을 알면, 곧장 $y=ax$라는 수식을 쓸 수 있습니다.

예를 들어, 동네 편의점에서 **6개월(1개월을 30일로 해서 180일) 만에 9000포인트**를 모았습니다. **20000 포인트가 쌓일 때까지 앞으로 며칠 정도 더 걸릴까요?**

만약 앞으로도 지금까지와 똑같은 페이스로 물건을 산다면, 날짜 수가 2배, 3배 ……로 늘어났을 때 포인트의 합계도 2배, 3배가 되는 건 분명합니다. 그러니까 **포인트의 합계는 날짜 수에 비례합니다.** 날짜 수를 x(일)로 두고 포인트의 합계를 y로 두면, **y는 x에 비례하니까 $y=ax$로 쓸 수 있습니다.**

지금, $x=180$일 때, $y=9000$이므로

$$y=ax \Rightarrow 9000=a\times180 \Rightarrow a=50 \Rightarrow y=50x$$

이렇게 됩니다. 따라서 $y=20000$이 모이는 날은

$$20000=50x \Rightarrow x=400$$

이렇게 되니까 (처음부터 세어서) 400일째 되는 날입니다. 이미 180일이 경과했으니 나머지 **220일(7개월 남짓) 만에 20000포인트를 달성**할 수 있다는 걸 알겠지요.

y는 x에 비례한다 ⇔ $y=ax$의 증명

y가 x에 비례하는 것과 $y=ax$라는 수식이 동치(수학적으로 같은 의미)라는 사실을 증명해 둡시다.

또한 A와 B가 동치(A ⇔ B)라는 사실을 증명하려면 A ⇒ B와 B ⇒ A를 양쪽 다 증명해야 하니까 주의하세요.

(ⅰ) 'y는 x에 비례한다 ⇒ $y=ax$' 증명하기

비례의 정의에서 y가 x에 비례한다면 'x가 2배, 3배 …가 됨에 따라 y도 2배, 3배 …가 된다'라고 했는데, 바꾸어 말하면 이것은 **x가 x_1(기준)의 k배일 때, y도 y_1(기준)의 k배**라는 뜻입니다. 또한 기준이 되는 x_1이나 y_1은 0이 아닌 것으로 합니다(기준이 0일 때는 몇 배를 해도 0이므로 x와 y는 변수가 아니게 되기 때문). 따라서

$$\begin{cases} x=kx_1 \cdots ① \\ y=ky_1 \cdots ② \end{cases}$$

여기서 $k \neq 0$(즉, $x \neq 0$)으로 해서 $\frac{②}{①}$을 만들고, $\frac{y_1}{x_1}=a$로 두면

$$\frac{y}{x}=\frac{ky_1}{kx_1}=\frac{y_1}{x_1}=a \quad \Rightarrow \quad y=ax \ (a\text{는 0이 아닌 정수}) \cdots ③$$

또한 $k=0$일 때 ①과 ②로 보아 $x=0$, $y=0$이 되는데,

$(x,y)=(0,0)$은 분명히 ③을 만족합니다.

(증명 끝)

(ii) '$y=ax$ ⇒ y는 x에 비례한다' 증명하기

x와 y 사이에 $y=ax$라는 관계가 항상 성립할 때, 기준이 되는 x_1나 y_1도 이 식을 만족하므로 $y_1=ax_1$로 쓸 수 있습니다.

여기서 $x_2=kx_1$가 되어 $(x,y)=(x_2,y_2)$도 $y=ax$를 만족한다면

$$y_2=ax_2=a(kx_1)=k(\boldsymbol{ax_1})=k\boldsymbol{y_1}$$

이렇게 되니까 $y_2=ky_1$이라는 사실을 알 수 있습니다.

(x_2,y_2)가 $y=ax$를 만족할 때, x_2가 x_1의 k배라면 y_2도 y_1의 k배가 된다는 것입니다. 따라서 y는 x에 비례한다고 할 수 있습니다.

(증명 끝)

비례 관계를 그림으로 나타내기

다음 표는 $y=2x$의 x에 정수를 -5부터 5까지 대입한 것입니다.

x	-5	-4	-3	-2	-1	0	1	2	3	4	5
y	-10	-8	-6	-4	-2	0	2	4	6	8	10

이 표에서 열한 쌍의 (x,y) 좌표를 좌표평면에 그려 넣으면, [그림 4-6]에서 왼쪽 그림처럼 됩니다. 이들 점을 매끄럽게 연결한 것이 [그림 4-6]의 오른쪽 그림입니다. **원점을 지나는 직선**이 나타납니다.

그림 4-6 비례 그래프

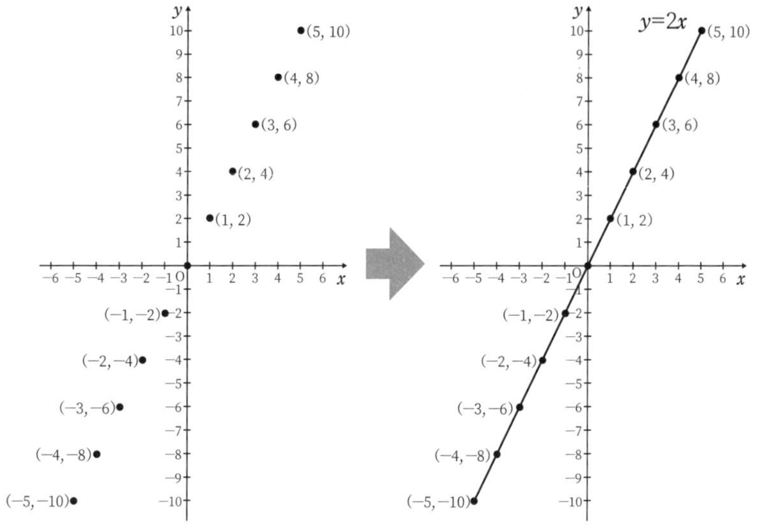

y
x
O
10
9
8
7
6
5
4
3
2
1
−1
−2
−3
−4
−5
−6
−7
−8
−9
−10
−6 −5 −4 −3 −2 −1
1 2 3 4 5 6
(5, 10)
(4, 8)
(3, 6)
(2, 4)
(1, 2)
(−1, −2)
(−2, −4)
(−3, −6)
(−4, −8)
(−5, −10)
y=2x

함수의 그래프란?

집합으로서 일치하면 '1대 1 대응'이 실현된다

일반적으로 $y = ax$**를 만족하는 임의의 점** (x, y)**는 원점을 지나는 직선상에 있습니다.** 반대로 **원점을 지나는 직선상에 있는 임의의 점** (x, y)**는** $y = ax$**를 만족합니다.** (※ '임의'란 '자유롭게 고를 수 있다'라는 뜻입니다)

여기서 '반대로~'부터 오는 문장은 그 앞에 오는 한 문장과 똑같은 의미가 아니라는 사실에 주의하세요.

예를 들어, '①케이크를 좋아하는 사람은 누구나 커피를 좋아한다'와 '②커피를 좋아하는 사람은 누구나 케이크를 좋아한다'는 의미가 다릅니다. 만약 커피를 좋아하는 사람의 집합에

그림 4-7 집합으로서 일치하지 않는다 = 1대 1에 대응하지 않는다

오른쪽 그림처럼 되었을 때,
'케이크를 좋아하는 사람은 누구나 커피를 좋아한다'는 옳지만
'커피를 좋아하는 사람은 누구나 케이크를 좋아한다'는 옳지 않다

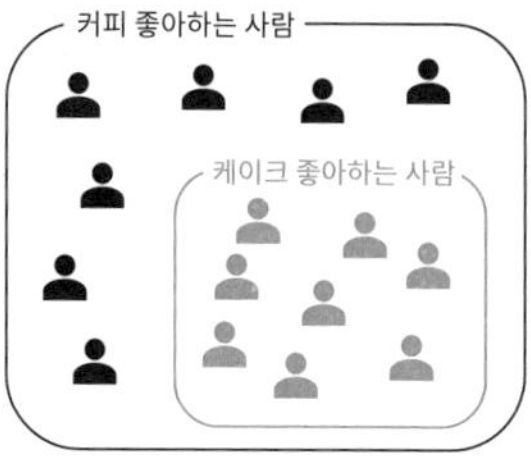

케이크를 좋아하는 사람의 집합이 완전히 포함된다면, ①은 성립하지만 ②는 성립하지 않습니다(커피는 좋아하지만 케이크는 싫어하는 사람이 존재합니다).

①과 ②는 케이크를 좋아하는 사람의 집합과 커피를 좋아하는 사람의 집합이 완전히 일치할 때만 동시에 성립합니다. 그렇게 되면 **두 집합의 요소 수도 일치하고, 각각 1대 1에 대응합니다.**

그림 4-8 집합으로서 일치한다 = 1대 1에 대응한다

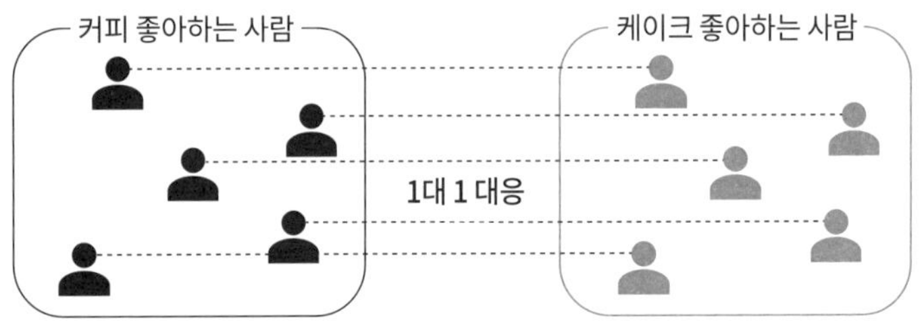

1대 1 대응이 편리한 이유

수학에서는 '1대 1 대응'이 무척 중요합니다.

[그림 4-8]처럼 케이크를 좋아하는 사람과 커피를 좋아하는 사람이 1대 1로 대응한다면, 케이크를 좋아하는 사람을 조사하는 것과 커피를 좋아하는 사람을 조사하는 것은 똑같습니다(결국 똑같은 멤버를 조사하게 됩니다).

수학에서도 알고 싶은 A와 1대 1 대응하는 다른 B를 찾았는데, B를 알기가 더 쉽다면 A를 알아보는 대신에 B를 알아보는 일이 자주 있습니다.

다시 함수 이야기로 돌아가 보겠습니다.

y가 x의 함수일 때, 대응하는 (x, y)가 좌표인 점을 좌표평면 위에 전부 다 찍어서 생기는 도형이 그 **함수의 그래프**입니다.

바꾸어 말하면 함수의 식을 만족하는 (x,y)의 집합과 그 함수의 그래프 위의 점 (x,y)의 집합은 일치한다(다시 말해 1대 1에 대응한다)는 뜻이지요.

함수를 알아볼 때, 우리는 종종 함수의 그래프를 조사합니다. 그것은 **수식을 만족하는 값과 그래프의 점이 1대 1로 대응하고, 게다가 수식보다는 그래프가 더 직감적이고 알기 쉽기 때문이지요.**

$y=ax$와 원점을 지나는 직선의 1대 1 대응 알아보기

원점을 지나는 직선을 '$y=ax$의 그래프이다'라고 말하려면 237페이지에서 연두 네모 상자에 쓰여 있는 내용을 확인해야 하는데, 사실 뒷부분에 나오는 '원점을 지나는 직선상에 있는 임의의 점 (x,y)는 $y=ax$를 만족한다'는 229페이지의 [그림 4-2]에서 이미 소개했습니다. 따라서 앞부분에 나오는 '$y=ax$를 만족하는 임의의 점 (x,y)는 원점을 지나는 직선상에 있다'를 증명하려고 합니다([그림 4-2]를 보면서 읽어 보세요).

《증명》

좌표평면 위에서 $y=ax$를 만족하는 임의의 점을 $P_1(x_1,y_1)$, $P_2(x_2,y_2)$로 두고, 각 점에서 x축으로 떨어뜨린 수직선의 다리를 Q_1, Q_2로 둔다.

$y_1=ax_1$, $y_2=ax_2$이므로 이들의 x좌표가 0이 아닐 때,

$$\frac{y_1}{x_1}=a,\quad \frac{y_2}{x_2}=a$$

이때 $\triangle OP_1Q_1$와 OP_2Q_2는 직각을 사이에 둔 두 변의 비가 같으므로(두 변의 비와 끼인 각이 같다) 닮음. 따라서 $\angle P_1OQ_1=\angle P_2OQ_2$.

이는 $P_1(x_1,y_1)$와 $P_2(x_2,y_2)$가 원점을 지나는 같은 직선상에 있다는 것을 뜻한다.

또한 $y=ax$를 만족하는 점 중에서 x좌표가 0인 것은 원점이며, 분명히 원점을 지나는 직선

상에 있다.

이상으로 $y = ax$를 만족하는 임의의 점은 원점을 지나는 직선상에 있다.

(증명 끝)

$y = ax$를 만족하는 (x, y)도 원점을 지나는 직선상의 점도 무수히 많아서 양쪽의 1대 1 대응을 하나하나 구체적으로 알아보고 나타내기란 불가능합니다. 그렇기 때문에 '임의의~'를 문자로 나타내서 추상화해 증명합니다. 이렇게 하면 무수히 많은 점을 전부 다 알아보는 것과 똑같게 됩니다. 처음에는 살짝 어색할지도 모르지만, 수학에서 자주 쓰는 수법입니다.

비례 그래프 정리

예를 들어, $y = -0.5x$의 그래프는 어떤 그래프가 될까요?

이것도 표를 만들어서 대응하는 (x, y)의 점을 좌표평면 위에 찍고 매끄럽게 연결해 보겠습니다.

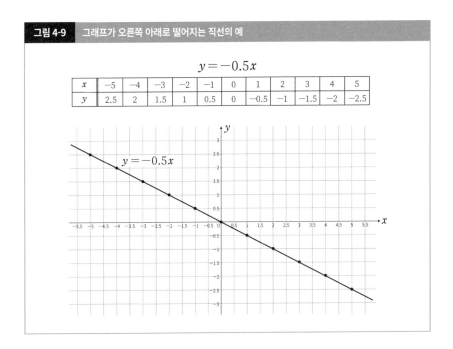

그림 4-9 그래프가 오른쪽 아래로 떨어지는 직선의 예

$$y = -0.5x$$

x	−5	−4	−3	−2	−1	0	1	2	3	4	5
y	2.5	2	1.5	1	0.5	0	−0.5	−1	−1.5	−2	−2.5

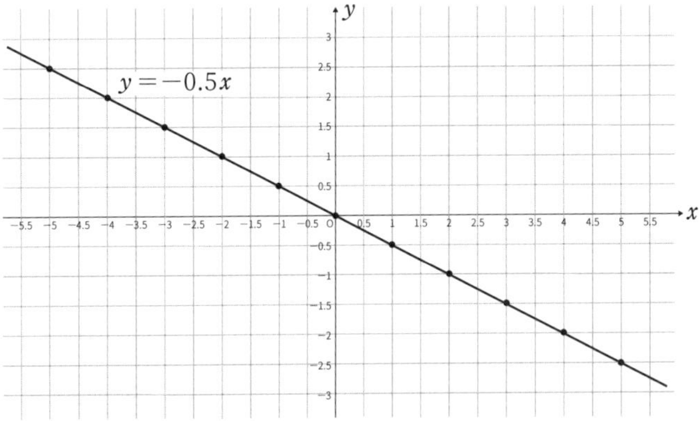

[그림 4-9]를 보면 $y = -0.5x$의 그래프는 원점을 지나 오른쪽 아래로 떨어지는 직선이 됩니다. 일반적으로 $y = ax$의 그래프는 다음과 같습니다.

a가 양수일 때 …… **원점을 지나** 오른쪽 위로 올라가는 직선

a가 음수일 때 …… **원점을 지나** 오른쪽 아래로 떨어지는 직선

반비례란 y가 $\frac{1}{x}$에 비례하는 것

반비례의 기본

y가 $\frac{1}{x}$에 비례하는 것을 y는 x에 **반비례**한다고 말합니다.

'y가 $\frac{1}{x}$에 비례한다'는 것은 $\frac{1}{x}$가 2배, 3배, 4배 …가 됨에 따라 y도 2배, 3배, 4배 …가 된다는 뜻입니다.

그림 4-10 반비례의 예

x	12	6	4	3	2	1

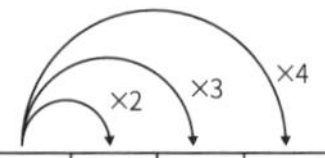

$\frac{1}{x}$	$\frac{1}{12}$	$\frac{1}{6}$	$\frac{1}{4}$	$\frac{1}{3}$	$\frac{1}{2}$	$\frac{1}{1}$
y	2	4	6	8	12	24

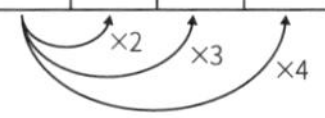

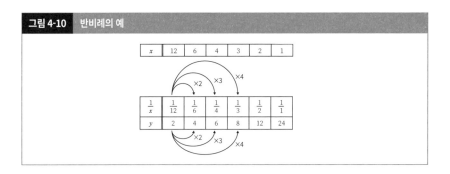

y가 x에 비례하는 것과 $y=ax$라는 수식이 동치(수학적으로 같은 의미)였던 것처럼, y가 x에 반비례하는 것(=y가 $\frac{1}{x}$에 비례하는 것)과 $y=a\cdot\frac{1}{x}=\frac{a}{x}$라는 수식은 동치입니다. $y=\frac{a}{x}$는 **'분수 계산의 트라이앵글'**(34페이지)을 써서 $xy=a$로 변형해도 좋습니다.

$$y\text{가 } x\text{에 반비례한다} \Leftrightarrow y=\frac{a}{x} \Leftrightarrow xy=a$$

반비례 그래프

y가 x에 반비례할 때 그래프는 어떻게 될까요?

예를 들어, $xy=12$를 만족하는 (x, y)의 점 중에서 x좌표와 y좌표가 모두 정수가 되는 것을 매끄럽게 연결해 보세요.

x	−12	−6	−4	−3	−2	−1	1	2	3	4	6	12
y	−1	−2	−3	−4	−6	−12	12	6	4	3	2	1

그림 4-11 반비례 그래프

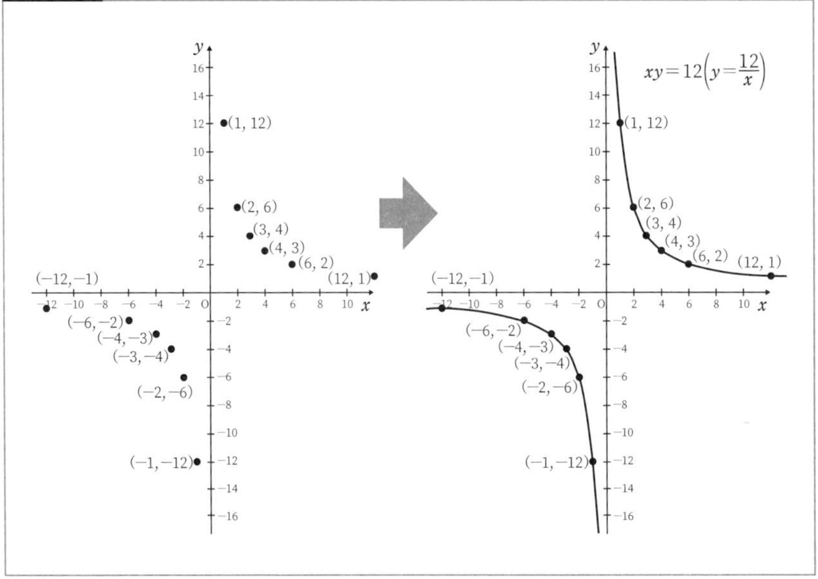

일반적으로 **반비례 그래프**는 위와 같이 **원점에 대해 대칭인 쌍곡선**을 그립니다. 하지만 아쉽게도 이 사실을 중학 수학 수준에서 증명할 수는 없습니다. 증명을 하려면 미분이 필요합니다.

일차함수는 비례 관계의 발전형

일차함수

y를 다음과 같은 식으로 나타냈을 때, **y는 x의 일차함수**라고 합니다.

$$y = ax + b \ (a\text{는 0이 아닌 정수, } b\text{는 정수})$$

눈치챘겠지만, 위의 식에서 $b = 0$으로 두면 다음과 같습니다.

$$y = ax$$

이것은 비례식이지요.

그러니까 **비례는 일차함수의 특별한 경우이며, 일차함수는 비례하는 양에 정수를 더한 것**이라고 할 수 있습니다.

일차함수의 예

수도 요금은 보통 기본요금과 사용 요금(종량 요금)의 합계로 정해집니다. 예를 들어, 기본요금은 2000원이고 $20m^3$까지는 0원, $20m^3$을 넘으면 $1m^3$당 60원으로 사용 요금이 정해져 있다면, 수도를 $x(m^3)$ 사용했을 때 y(원)는 일차함수가 됩니다.

$$y = 2000 + 60(x - 20) = 60x + 800 \text{ (단, } x \geqq 20)$$

일차함수의 그래프

$y = ax$의 그래프가 원점을 지나는 직선이 된다는 것은 이미 증명했습니다(239페이지). 이것을 b의 몫만큼 끌어올린 것(평행 이동)이 일차함수의 그래프입니다.

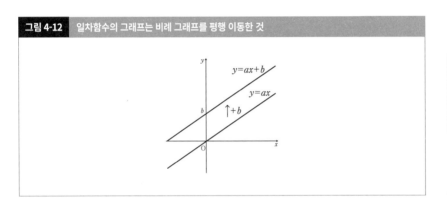

그림 4-12 일차함수의 그래프는 비례 그래프를 평행 이동한 것

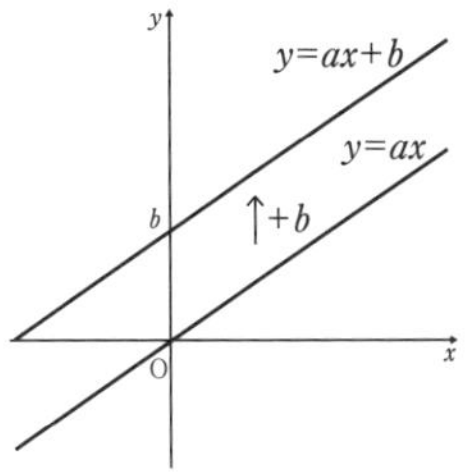

따라서 **$y = ax + b$의 그래프는 (0, b)를 지나는 직선이 됩니다.** (0, b)는 그래프와 y축이 만나는 점이고 이것을 y절편이라고 합니다.

변화율

일차함수, $y = ax + b$의 그래프에서 b는 비례 관계에서 '끌어올린 폭'을 뜻하며, 그래프에서는 y절편이므로 이미지를 그리기 쉬울 겁니다. 그럼 a는 어떨까요?

여기서 a의 의미를 명확히 구분 짓기 위해 변화율이라 불리는 양을 도입해 보겠습니다. y가 x의 함수일 때(x가 입력이고 y가 출력일 때), **변화율은 x의 변화폭에 대한 y의 변화폭의 비율**(x의 변화폭이 '기준량', y의 변화폭이 '비교하는 양')입니다.

$$변화율 = \frac{y의\ 변화폭}{x의\ 변화폭}$$

일차함수의 변화율

지금 $y = ax + b$에서 x의 값이 x_1부터 x_2까지 변했을 때, y의 값도 y_1부터 y_2까지 변했다고 해 보세요. 이때의 변화율을 정의에 따라 계산해 보겠습니다.

x	x_1	→	x_2
y	$y_1 = ax_1 + b$	→	$y_2 = ax_2 + b$

$$
\begin{aligned}
변화율 &= \frac{y\ 의\ 변화폭}{x\ 의\ 변화폭} \\
&= \frac{y_2 - y_1}{x_2 - x_1} = \frac{(ax_2 + b) - (ax_1 + b)}{x_2 - x_1} \\
&= \frac{ax_2 - ax_1}{x_2 - x_1} = \frac{a(x_2 - x_1)}{x_2 - x_1} = a
\end{aligned}
$$

눈이 피로해지는 문자식 계산이 싫을 수도 있습니다. 하지만 이렇게 문자식을 사용해서 추상화하면 **일차함수에서는 x가 변하는 모습과 상관없이 변화율은 항상 a(일정)가 된다**는 것을 알았습니다.

다음에는 그래프 속 a의 의미를 찾아보겠습니다.

기울기란

'$변화율 = \frac{y의\ 변화폭}{x의\ 변화폭}$'은 그래프 위의 두 점을 연결하는 직각삼각형 $\frac{세로}{가로}$를 나타냅니다. 수학에서는 이것을 기울기라고 부릅니다. 그러니까 **기울기란 '가로 방향의 변화폭에 대한**

세로 방향의 변화폭 비율'인 것이지요.

그림 4-13 그래프에서 '변화율'의 의미

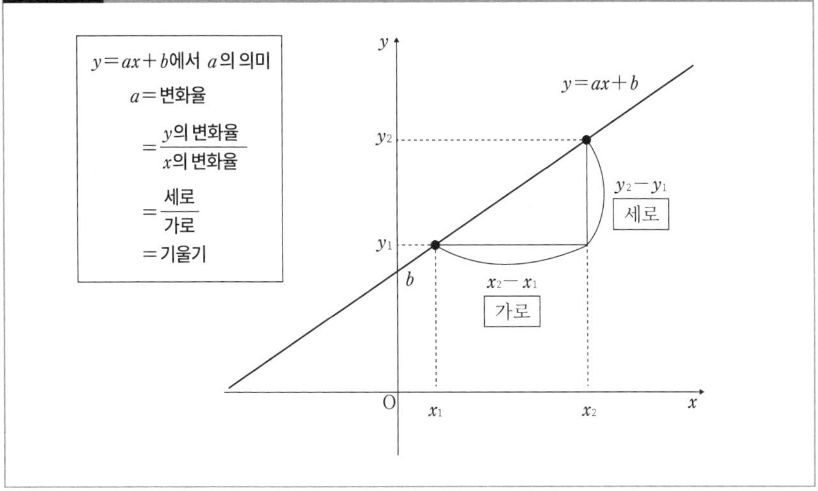

a가 양수일 때, x의 변화폭과 y의 변화폭은 부호가 같으므로 x가 증가할 때 y도 증가합니다. 그러니까 **그래프는 오른쪽 위로 올라가는 것이지요.**

그런데 a가 음수일 때, x의 변화폭과 y의 변화폭은 부호가 다르므로 x가 증가할 때 y는 감소합니다. 즉, **그래프는 오른쪽 아래로 떨어지는 것이지요.** 이 사실은 일차함수의 일종인 비례 그래프 $y = ax$에서도 마찬가지입니다.

그림 4-14 a가 양수면 증가, a가 음수면 감소

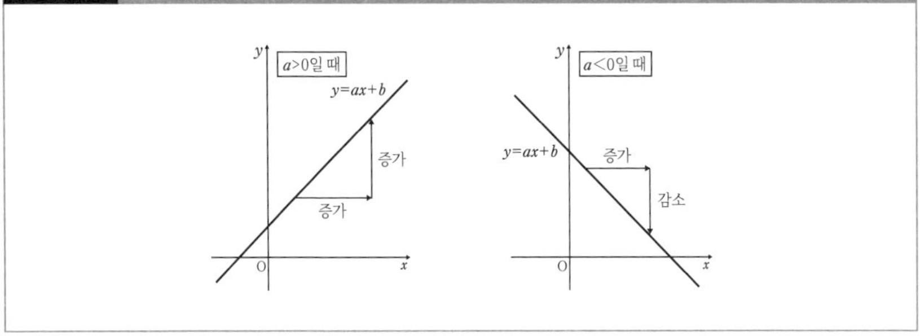

《발전》 미분이란

미지의 함수를 알아보려면 '변화율' 쓰기

앞 절에서 '변화율'에 대해 배웠으니까 여기서는 살짝 분발해서 '미분'이란 무엇인지 배워보도록 하겠습니다. 사실 **변화율과 미분은 깊은 관계가 있습니다.**

미분의 목적을 한마디로 설명하자면 미지의 함수를 알아보는 것입니다.

앞에서 말한 대로 함수의 '함'은 원래 '상자'라는 뜻입니다. 미지의 함수란 까만 상자나 마찬가지이지요. 입력한 x에 대해 어떤 구조로 y의 값이 결정되는지가 보이지 않습니다.

그럴 때야말로 '변화율'이 나설 차례입니다. 서장에서 '비율은 비교를 위한 최강의 도구'라고 소개했는데, **변화율은 함수를 비교할 때 큰 힘을 발휘합니다.**

자세한 운전 내용을 알아보려면?

단, 변화율을 알아볼 때 x의 변화폭을 너무 크게 잡으면 까만 상자의 정체는 잘 보이지 않습니다.

예를 들어, 집에서 160km 떨어진 장소까지 차로 갔는데 2시간이 걸렸다고 생각해 봅시다. 이때 출발해서 x(시간) 동안에 차는 y(km) 이동했습니다. 여기서 y가 x와 함께 어떻게 변했는지 알고 싶으면 어떻게 할까요?

$x=0$일 때 $y=0$, 그리고 $x=2$일 때 $y=160$을 사용해서 변화율을 $\frac{160-0}{2-0}=80$으로 계산하면 평균 속도는 시속 80km라는 사실을 알 수 있습니다. 하지만 이래서는 시가지를 달릴

때와 고속도로를 달릴 때의 속도 차이, 신호에 걸리거나 중간에 휴게소에 들리는 등 운전의 자세한 내용은 보이지 않습니다.

반면, 2시간의 여정을 10분씩 나누어서 총 12개 구간으로 각각 평균 속도를 구하면, '아~ 여기서 휴게소에 들렀구나'라거나 '여기는 고속도로에서 달린 거구나'라는 식으로 자세한 모습이 보입니다.

이 예에서 알 수 있듯이, **어떤 식으로 변했는지 자세히 파악하려면 최대한 짧은 구간으로 나누어서 알아보는 것이 좋습니다.**

작은 구간에서 '변화율'의 모습은 원래 함수에 가깝다

[그림 4-15]는 어떤 함수를 여러 가지 폭으로 나누고, 각 구간의 변화율(기울기)을 알아본 것입니다. **x의 변화폭이 작으면 작을수록 변화율**(기울기)**은 원래 함수의 곡선과 비슷하게 변한다**는 사실을 알 수 있습니다.

그림 4-15 x의 변화폭이 작을수록 정체가 잘 보인다

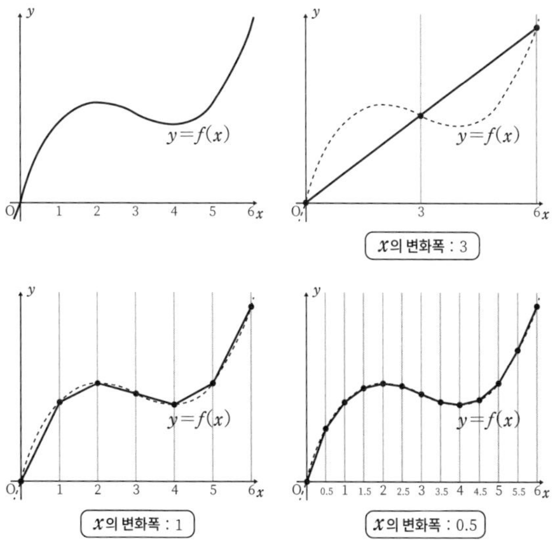

변화율의 궁극적인 모습이 '접선'

함수를 알아보고 싶을 때는 최대한 작은 구간으로 나누어서 '변화율'을 생각해야 좋다는 사실을 알았습니다.

앞에서 설명한 대로 변화율은 그래프 위의 두 점을 연결하는 직선의 기울기를 나타냅니다. 그러면 변화율을 생각하는 구간이 작아지면 두 점을 연결하는 직선의 기울기는 어떻게 될까요? 그래프 위의 두 점은 가까워지고, 두 점을 지나는 직선은 그 그래프에 한 점으로 그저 닿아 있기만 하는 직선에 가까워집니다. 이때 **'한 점으로 그저 닿아 있기만 하는 직선'**을 접선이라고 합니다.

그래프 위에 두 점 A와 B가 있는데, **B를 A에 한없이 가까워지게 하면 A와 B를 연결하는 직선은 A점에서 나온 접선에 한없이 가까워지고, A와 B를 연결하는 직선의 기울기를 나타내는 '변화율'은 A의 접선 기울기와 가까워집니다**[그림 4-16]. 말하자면 변화율의 궁극적인 모습이 '접선'인 셈이지요.

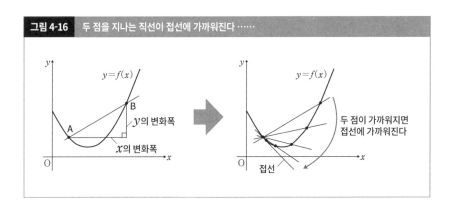

그림 4-16 두 점을 지나는 직선이 접선에 가까워진다 ……

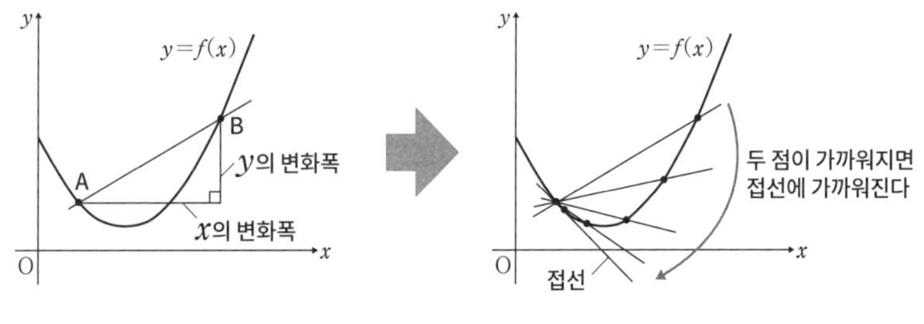

도함수

변화율의 구간을 최대한 작게 한 궁극적인 모습(정식 명칭은 '**극한**'이라고 합니다)은 접선의 기울기인데, 함수의 그래프에서 여러 가지 점의 접선 기울기는 접점으로 정해집니다. 접점 하나에 대해 접선은 1개입니다

접점이 정해지면 접선의 기울기는 하나로 정해지니까 접선의 기울기는 접점(의 x좌표)의 함수가 됩니다.

일반적으로 **접선의 기울기를 접점(의 x좌표)의 함수로 인식하는 것**을 **도함수**라고 합니다.

미분이란

어떤 함수의 도함수를 구하는 것을 **미분**이라고 합니다. '어떤 함수를 미분하시오'란 '어떤 함수의 도함수를 구하시오'와 같은 말입니다.

함수를 **'자잘하게 나누고'** 각 점에서 접선의 기울기를 알아보는 것을 미분이라고 하는 것이지요.

이다음에 배울 텐데, $y=x^2$의 그래프는 [그림 4-17]처럼 원점을 꼭짓점으로 하는 포물선이 됩니다(260페이지). 이제 이 함수를 미분하면 어떻게 될지 생각해 봅시다.

$y=x^2$ 그래프의 각 점에서 접선의 기울기를 알아보면, [그림 4-17]의 표처럼 됩니다. '접선의 기울기 $=2\times$ 접선의 x좌표'라는 관계가 보이지요. 그러니까 **$y=x^2$의 도함수는 $y=2x$입니다.**

그림 4-17 접선의 기울기를 접점의 함수로 인식하는 것이 도함수

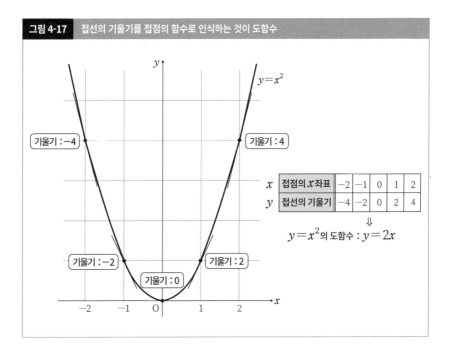

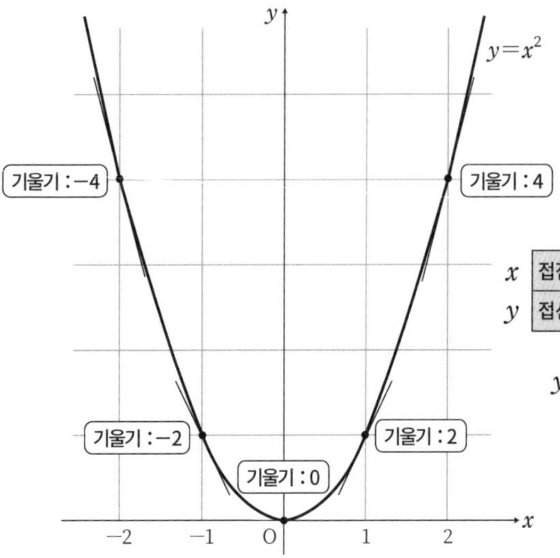

x	접점의 x좌표	−2	−1	0	1	2
y	접선의 기울기	−4	−2	0	2	4

⇓

$y=x^2$의 도함수 : $y=2x$

함수 그래프는 동적, 방정식 그래프는 정적

방정식 그래프

예를 들어, x의 일차함수인 $y = x - 1$의 그래프는 **입력값인 x와 그에 대응하는 출력값 y를 묶은 점 (x,y)를 모두 모았을 때 생기는 도형**입니다.

그런데 $y = x - 1$은 y를 이항하면 $x - y - 1 = 0$으로 쓸 수도 있습니다. 분명히 $y = x - 1$을 만족하는 (x,y)는 $x - y - 1 = 0$을 만족하고, 반대로 $x - y - 1 = 0$을 만족하는 (x,y)는 $y = x - 1$을 만족합니다.

그러니까 $y = x - 1$의 그래프는 $x - y - 1 = 0$을 만족하는 점을 모은 도형이라고 할 수도 있지요. 따라서 이것을 '**$x - y - 1 = 0$의 그래프**'라고도 부르도록 하겠습니다.

그런데 $y = x - 1$은 **함수의 식(x의 값에 따라 y의 값이 정해지는 식)**, $x - y - 1 = 0$은 **방정식(x와 y가 특정 값일 때에만 성립하는 식)**으로 보는 사람이 많지 않을까요?

그런데 (복잡하게도) 앞의 식을 방정식, 뒤의 식을 함수의 식으로 보는 것도 가능합니다. 여기서는 문맥이나 글을 쓰는 사람의 생각에 따라 똑같은 식이 함수를 나타내는 식이 되기도 하고 방정식이 되기도 한다는 점이 중요합니다.

어떤 방정식을 만족하는 (x,y)를 모두 모았을 때 생기는 도형을 그 방정식의 그래프라고 합니다. 아무튼 **똑같은 그래프가 함수의 그래프가 될 수도 있고 동시에 (함수의 식을 변형해서 얻을 수 있는) 방정식 그래프가 될 수도 있다는 점은 꼭 기억해 두세요.**

경우에 따라 똑같은 그래프를 보는 관점을 변환할 수 있다는 점이 중요합니다.

함수 그래프와 방정식 그래프

어떤 그래프를 함수 그래프로 생각하고 볼 때와 방정식 그래프로 생각하고 볼 때는 어떤 차이가 있을까요? 대담하게 말하자면, **함수 그래프는 동적인 데 비해 방정식 그래프는 정적인 이미지**입니다.

$y = x - 1$의 그래프를 함수 그래프로 보면, 그래프가 (3,2)와 (6,5)를 지나기 때문에 x가 $3 \to 6$으로 변할 때 y는 $2 \to 5$로 **변한다**는 사실을 알 수 있습니다.

반면에 똑같은 그래프를 $x - y - 1 = 0$이라는 방정식 그래프로 생각해서 보면, 이번에는 $(-1,-2)$ $(0,-1)$ $(1,0)$ $(2,1)$ 등 이 방정식을 만족하는 점의 집합으로 보입니다.

물론 함수 그래프도 함수의 식을 만족하는 점의 집합이긴 하지만, 방정식 그래프가 '방정식'이라는 **조건**을 더 충족한 점들의 모임이라 그런지 더 한정된 이미지이지요.

그림 4-18 함수 그래프는 변화, 방정식 그래프는 조건

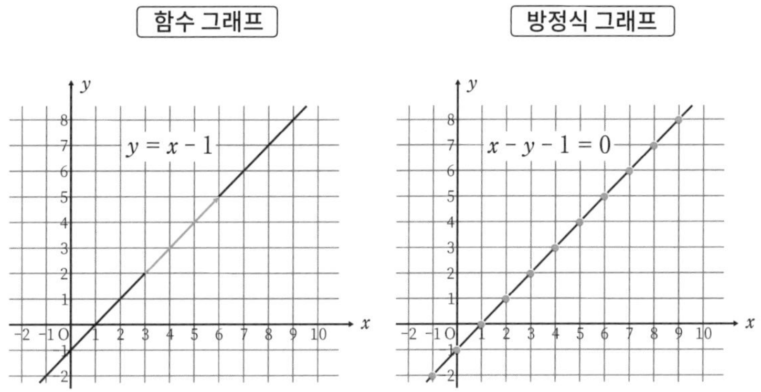

그래프가 만나는 점은 왜 연립방정식의 해일까?

연립방정식과 그래프

앞 절에서 배운 대로 **'어떤 방정식을 만족하는 점의 집합 = 방정식 그래프'**입니다. 그럼 두 그래프가 만나는 점과 두 그래프의 방정식은 어떤 관계에 있을까요?

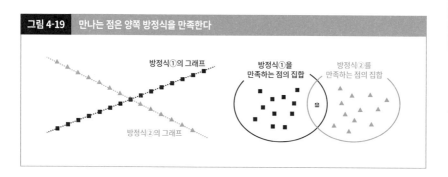

그림 4-19 만나는 점은 양쪽 방정식을 만족한다

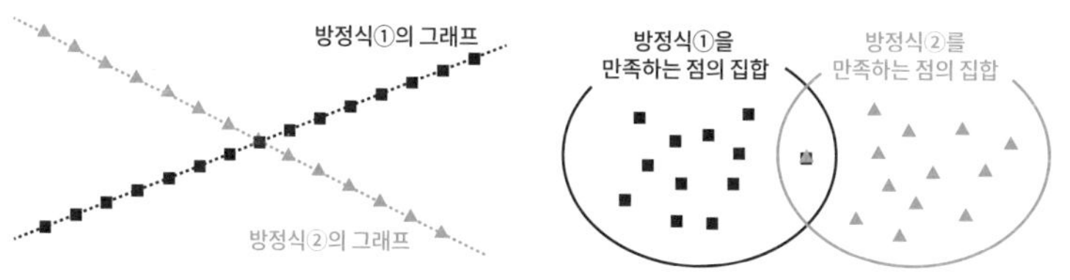

[그림 4-19]에서도 알 수 있듯이 방정식①번 그래프는 방정식①을 만족하는 점의 집합이고, 방정식②번 그래프는 방정식②를 만족하는 점의 집합입니다. 그리고 **교점**은 유일하게 양쪽 그래프 위에 있으며 **①과 ②라는 두 방정식을 동시에 만족하는 점입니다.**

그런데 제2장(163페이지)에서 **'연립방정식의 해 = 한 쌍으로 만든 방정식의 모든 것을 만족하는 값'**이라는 사실을 배웠습니다. 그러니까 **'그래프의 교점 = 연립방정식의 해'인 것이지요.**

또한 그래프 하나는 함수 그래프로 볼 수도 있고 방정식 그래프로 볼 수도 있기 때문에 **두 함수 그래프가 만나는 점도 각각 방정식으로 간주하고 한 쌍으로 만든 연립방정식의 해로서**

구할 수 있습니다.

연립방정식의 예제

먼저 다음 연립방정식을 풀겠습니다. 대입법이든 가감법이든 다 좋지만, 여기서는 가감법을 쓰겠습니다.

$$\begin{cases} x-2y=-8 \cdots ① \\ x+y=10 \cdots ② \end{cases}$$

①－②를 해서 $-3y=-18 \Rightarrow y=6$

②에서 $x+6=10 \Rightarrow x=4$

$\therefore (x,y)=(4,6)$ ← '∴'는 '따라서'라는 뜻의 기호

①과 ②의 그래프 교점이 정말 (4,6)인지를 모눈종이에 그래프를 그려서 확인해 봅시다.

그림 4-20 연립방정식의 해가 교점이라는 사실 확인하기

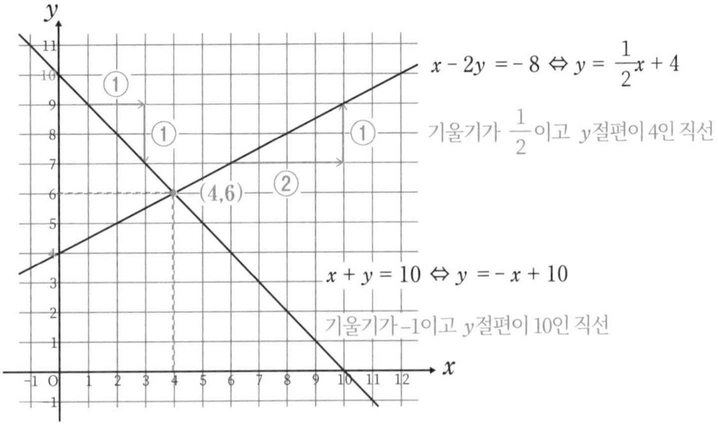

제곱에 비례하는 수에서 생긴 이차함수

제곱에 비례하는 수

예를 들어, 정사각형의 한 변의 길이를 2배로 늘리면, 세로 방향과 가로 방향이 모두 2배가 되기 때문에 넓이는 4배가 됩니다. 또한 공이 경사면을 따라 굴러떨어질 때도 구르는 시간이 2배, 3배 ……가 되면 구르는 거리는 4배, 9배 ……가 됩니다.

그림 4-21 '제곱에 비례한다'란?

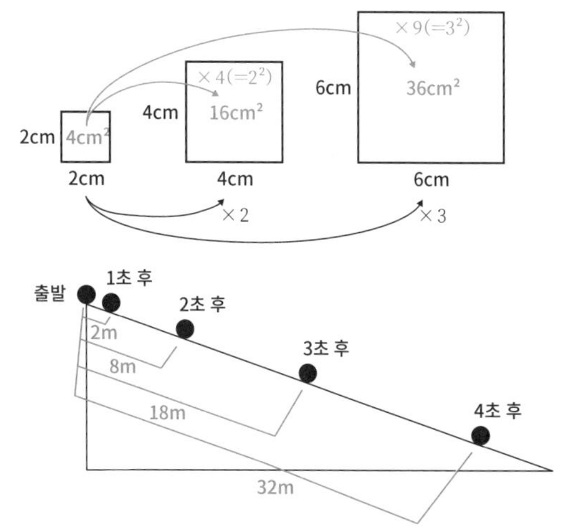

일반적으로 x와 y가 변수이며 **x가 k배가 되었는데 y의 값이 k^2배가 될 때,** y는 x^2에 비례한

다고 합니다.

비례(232페이지)와 반비례(242페이지)를 배울 때 설명했듯이, '△가 □에 비례하는 것'과 '△ ＝정수×□'라는 수식은 동치입니다.

y가 x^2에 비례한다 ⇔ $y = ax^2$ (a는 정수)

[그림 4-22]는 공이 경사면을 굴러떨어질 때 걸리는 시간 x(초)와 거리 y(m)를 나타낸 표입니다. 여기서는 $y = 2x^2$이라는 관계가 성립했습니다.

일반적으로 $y = ax^2 + bx + c$의 형태로 나타낼 수 있는 y를 x의 **이차함수**라고 합니다. $y = ax^2$은 그 특별한 형태입니다.

그림 4-22 제곱에 비례하는 예

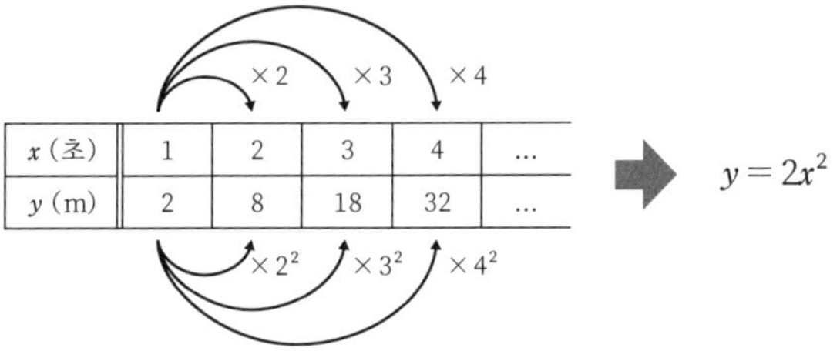

x (초)	1	2	3	4	…
y (m)	2	8	18	32	…

누가 더 이득일까?

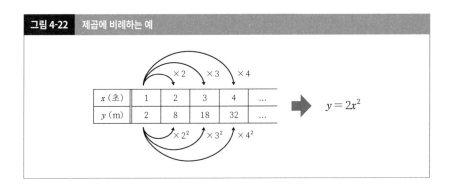

어떤 피자 가게에서는 **반지름이 10cm인 미디엄 사이즈 피자를 2개에 3000원, 반지름이 15cm인 라지 사이즈 피자를 1개에 3000원**에 팔고 있습니다. 피자 두께는 같습니다. 양적으로 봤을 때 어떤 것을 주문하는 게 이득일까요?

직감으로는 미디엄 사이즈 2개가 더 이득인 것처럼 느껴집니다. 하지만 **피자의 넓이는 반지름의 제곱에 비례하는 양**입니다.

반지름으로 계산해 보면 라지는 미디엄의 1.5배이지만 넓이는 $1.5^2 = 2.25$배입니다. 두께가 같으니까 부피도 2.25배 더 크다고 생각할 수 있지요.

따라서 라지 사이즈 = 미디엄 사이즈 × 2.25이므로 미디엄 사이즈 × 2와 라지 사이즈의 가격이 같다면 라지 사이즈 1개를 사는 게 더 이득입니다.

이차함수의 그래프는 포물선

포물선

예를 들어, $y = x^2$의 그래프를 그려 보겠습니다. 그런데 엄밀하게 따지면 그 모양을 확인하려면 미분이 필요하니까 여기서는 $y = x^2$를 만족하는 대표적인 점 (x,y)를 좌표평면 위에 그리고 매끄럽게 연결해 보겠습니다.

x	-4	-3	-2	-1	0	1	2	3	4
y	16	9	4	1	0	1	4	9	16

그림 4-23 $y = x^2$의 그래프

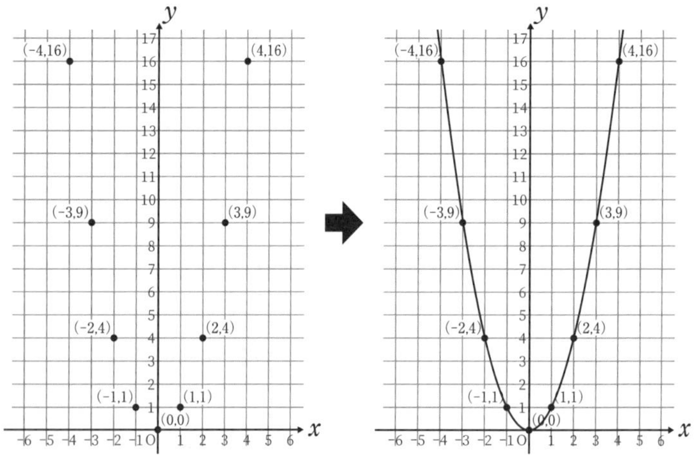

이러한 곡선을 **포물선**이라고 합니다. 포물선은 말 그대로 무언가 물체를 던졌을 때 그 물체가 움직이는 모양을 나타낸 것입니다.

포물선의 역사

원뿔을 모선과 평행하게 절단하면 절단면에 포물선이 나타납니다[그림 4-24].

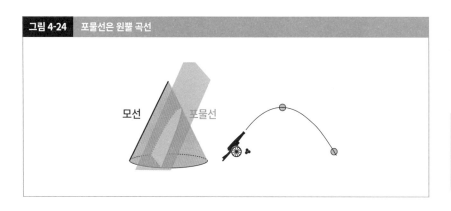

그림 4-24 포물선은 원뿔 곡선

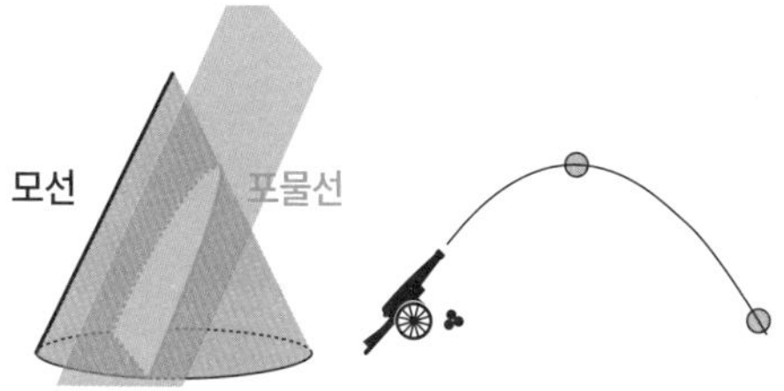

원뿔을 절단했을 때는 절단면의 방향에 따라 **포물선**이 되기도 하고 **원**이 되기도 하고 **타원형**이 되기도 하고 **쌍곡선**을 그리기도 합니다. 이것을 다 묶어서 **원뿔 곡선**이라고 합니다. 원뿔 곡선을 처음으로 연구한 사람은 고대 그리스의 **메나이크모스**(기원전 380~320)입니다. 그 후 **아폴로니우스**(기원전 262경~190경)가 『Conic Sections(원뿔 곡선론)』이라는 책을 썼습니다.

16세기에 접어들면서 이탈리아의 **니콜로 타르탈리아**(1499~1557)는 대포를 쐈을 때 포환의 탄도가 곡선을 그린다고 주장했습니다. 그때까지는 포환이 대포를 떠난 후에 직진하다가 기세가 없어질 때쯤 거꾸로 떨어진다고 추측했으니 타르탈리아의 주장은 참신했습니다.

그 곡선이 원뿔 곡선 중 하나와 일치한다는 사실을 밝혀낸 사람은 타르탈리아의 제자의 제자에 해당하는 **갈릴레오 갈릴레이**(1564~1642)입니다.

갈릴레오는 이 사실을 실험과 수학적 분석으로 이끌어 냈습니다. 그것은 아리스토텔레스가 주장한 물리학(자연 현상에는 신이 의도하는 목적이 있다는 물리학)에서 벗어나, 실험적이면서도 수학적으로 접근하는 근대적 물리학으로 탈피하는 계기가 된 획기적인 발견이었습니다.

$y=ax^2$의 그래프

[그림 4-23]에서 $y=x^2$의 그래프 개념은 알았습니다. 그렇다면 $y=2x^2$이나 $y=-x^2$의 그래프는 어떤 모양이 될까요?

대표적인 점을 그려서 매끄럽게 연결해도 좋지만, 이렇게 $y=x^2$ 그래프를 알게 된 김에 이용해 보려고 합니다. 그래서 먼저 구체적으로 아래 표에 x와 그에 대응하는 x^2, $2x^2$, $\frac{1}{2}$, $-x^2$의 값을 정리해 봤습니다.

x	-3	-2	-1	0	1	2	3
x^2	9	4	1	0	1	4	9
$2x^2$	18	8	2	0	2	8	18
$\frac{1}{2}x^2$	$\frac{9}{2}$	2	$\frac{1}{2}$	0	$\frac{1}{2}$	2	$\frac{9}{2}$
$-x^2$	-9	-4	-1	0	-1	-4	-9

어떤 사실을 알 수 있을까요? 천천히 관찰해 보세요.

당연하다면 당연하겠지만, 위의 표에서 보이는 내용을 문자로 추상화하면, **ax^2 행의 값은 x^2 행의 값을 a배한 것**입니다.

바꾸어 말하면 **$y=ax^2$의 그래프는 x^2의 그래프 위의 각 점에 대해 y좌표를 a배한 점의 모임입니다. 또한 $y=-ax^2$의 그래프는 $y=ax^2$의 그래프 위의 각 점과 x축에 관해 대칭인 점의 모임이라는 사실도 알 수 있습니다.** 오른쪽 [그림 4-25]를 참고하세요.

a의 값이 1 → 2 → 3 ……이 되거나 −1 → −2 → −3 ……이 되면, 다시 말해 절댓값(수직선상의 0에서 떨어진 거리)이 커지면 그래프는 y축에 가까워져 날씬해집니다.

참고로 $a>0$인 경우의 형태를 아래로 볼록한 포물선이라고 하고, $a<0$인 경우의 형태를 위로 볼록한 포물선이라고 합니다.

그림 4-25 $y = ax^2$의 그래프에서 a의 영향

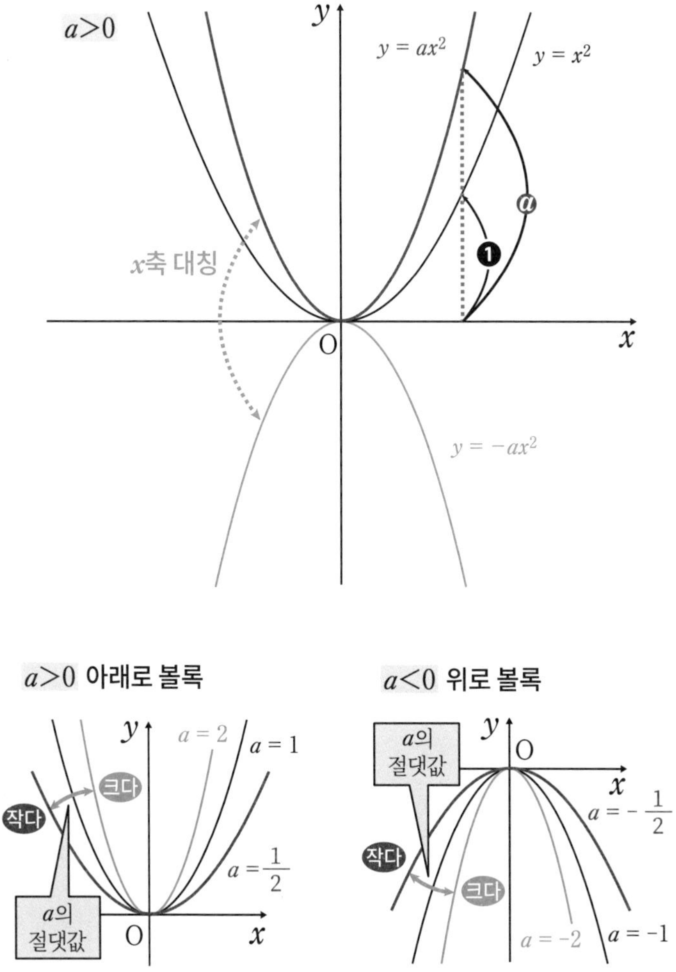

《발전》 적분이란

적분이 훨씬 더 오래되었다

248페이지에서 미분을 간단히 소개했으니 적분에 대해서도 가볍게 설명하겠습니다.

고등학교에서는 미분 → 적분 순서로 배우는 경우도 있어서 왠지 모르게 미분이 먼저 생긴 후에 적분을 생각하게 된 것 아닐까 하는 분들도 적지 않겠지만, 역사적으로는 미분보다 적분이 훨씬 더 먼저 고안되었습니다.

미분은 12세기에 태어났습니다. 그 당시를 대표하던 인도의 수학자 **바스카라 2세**(1114~1185)는 그가 쓴 책에서 도함수에 연결되는 개념을 발표했지요.

한편, 적분은 무려 기원전 1800년경에 그 단서를 찾아볼 수 있습니다. **적분은 왜 이렇게 빨리 생겼을까요? 그건 바로 넓이를 구하기 위해서였습니다.**

예를 들어, 유산을 상속할 때 상속할 땅의 넓이를 최대한 정확히 측정해야 한다는 사실은 쉽게 상상해 볼 수 있지요. 그럴 때 사각형이나 삼각형이 아닌 땅의 넓이를 어떻게 구할지 고민하면서 적분의 기본적인 생각이 생겨났습니다.

참고로 최초로 오늘날의 적분과 이어지는 구적법(면적을 구하는 방법)을 생각해 낸 사람은 그 유명한 **아르키메데스**(기원전 287~212경)입니다. 그는 **한없이 작게 나눈(分, 나눌 분) 삼각형이나 사각형을 쌓아 올리면(積, 쌓을 적) 면적을 구할 수 있다**고 생각했습니다. 이것이 바로 적분의 본질입니다.

아르키메데스의 구적법

아르키메데스는 포물선과 직선으로 둘러싸인 [그림 4-26]과 같은 도형의 넓이를 구하기 위해 포물선의 내부를 삼각형으로 채워 넣는 방법을 생각했습니다. 이를 **소모법**이라고 합니다.

그림 4-26 자잘하게 나눈 넓이의 합을 생각하다

아르키메데스의 구적법

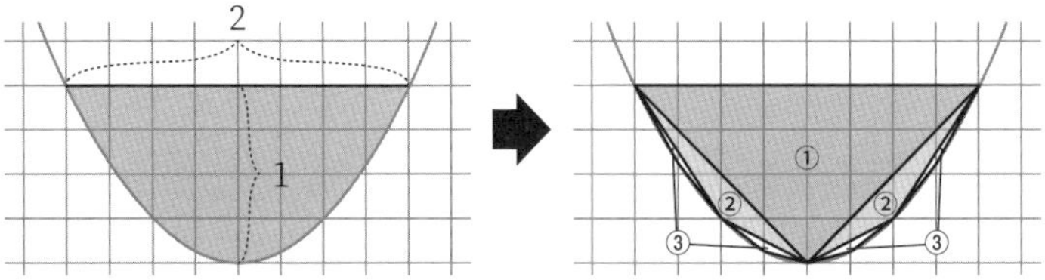

원의 넓이

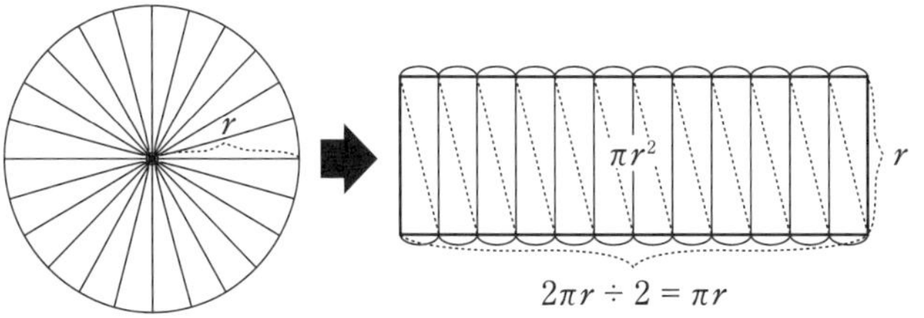

자세한 계산 방법은 생략하겠지만 아르키메데스는 [그림 4-26]과 같이 ①, ②, ③ ……으로 포물선의 내부를 삼각형으로 채워 가면, 그 삼각형 합의 극한(가까워지는 값)은 $\frac{4}{3}$가 된다고 결론 내렸습니다.

아르키메데스가 이 계산을 했던 그 당시는 '극한'이라는 개념이 생기기 훨씬 전입니다. 그런데 그가 $\frac{4}{3}$라는 옳은 값에 이르렀다는 사실은 정말이지 놀랍습니다.

원의 넓이

자잘하게 나눈 면적의 덧셈으로 전체 면적을 구하는 예를 하나 더 소개하겠습니다. 바로 원의 넓이입니다.

[그림 4-26]처럼 원을 부채꼴 모양으로 얇게 나누고, 2개씩 마주 보게 해서 옆으로 나열하면 직사각형에 가까운 모양이 됩니다. 여기서 부채꼴을 더 얇게 나눌수록 직사각형과의 오차가 작아진다는 건 분명해 보입니다. 그러니까 부채꼴을 한없이 얇게 만들면, 부채꼴을 모은 도형은 직사각형에 한없이 가까워집니다.

이 **직사각형의 가로 길이는 원둘레(지름×원주율)의 절반이고, 높이는 반지름과 같아질** 테니까, 원주율을 π라고 하면 직사각형의 넓이는 $\pi r \times r = \pi r^2$입니다. 따라서 원의 넓이도 'πr^2'이 되는 것이지요.

이 설명은 초등학생이나 중학생들에게 원의 넓이를 '반지름 × 반지름 × 원주율'로 구할 수 있다는 것을 보여 줄 때 가장 정통적인 방법인데, **'얇게 나눈 것을 합쳐서 넓이를 구한다'**라는 점에서 훌륭한 적분이라고 할 수 있습니다.

적분 기호의 의미

적분을 나타내는 기호도 '작게 나눈 것을 쌓아 올린다'라는 적분의 본질을 나타내도록 고안되었습니다. [그림 4-27]처럼 $y = f(x)$의 그래프와 x축 사이에 끼인 도형에서 $x = a$부터 $x = b$까지 구간의 넓이를 다음과 같이 나타냅니다.

$$\int_a^b f(x)\,dx$$

이 기호는 $x = x_i$ 부분에 있는 직사각형의 가로 길이를 Δx라고 했을 때, 이 가늘고 긴 직사각형의 넓이가 $f(x_i)\Delta x$이며 이들을 합친 것을 Sum of $f(x_i)\Delta x$로 쓸 수 있다는 것에서 유래했습니다. 참고로 'Δ'는 '델타'라고 읽으며, 알파벳 'D'에 상당하는 그리스 문자입니다. 과학 세계에서는 차를 나타낼 때 자주 씁니다.

그림 4-27 적분 표기는 '넓이의 합'을 나타낸다

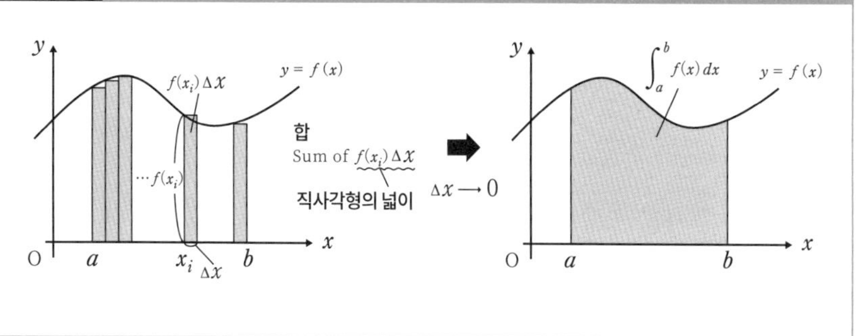

S자 모양의 갈고리가 위아래로 쭉 늘어난 것처럼 보이는 '∫' 기호는 '합'을 나타내는 'Sum'의 머리글자에서 힌트를 얻었다고 합니다.

참고로 이 기호를 생각한 사람은 함수의 역사(231페이지)에도 등장한 라이프니츠입니다. 라이프니츠는 뉴턴과 함께 **'미적분학의 아버지'**로 불립니다.

왜 뉴턴과 라이프니츠가 '미적분학의 아버지'일까?

적분은 늦어도 기원전 3세기 전에, 미분은 12세기에 서로 전혀 영향을 주는 일 없이 따로따로 생겨난 개념입니다. 그런데도 17세기에 활약한 뉴턴과 라이프니츠가 '미적분학의 아버지'라고 불립니다. 왜 그럴까요?

사실 이 두 사람의 위업은, **'미분과 적분은 서로 역연산 관계에 있다'라는 사실을 이끌어 냈다는 데**에 있습니다. 이렇게 해서 접선의 기울기나 넓이를 구하기 위한 계산 기법에 지나지 않았던 미분과 적분이 세계의 진리를 표현하는 인류의 보물이 되었습니다. 미분과 적분은 서로 관계함으로써 비로소 진정한 생명을 얻었다고 해도 과언이 아닙니다. 그렇기 때문에 미분과 적분의 '아버지'는 뉴턴과 라이프니츠인 것입니다.

조금 특이한 함수

코인 주차장 요금도 함수

일차함수(비례 포함), 반비례, 이차함수($y = ax^2$)까지 배워 봤는데, 세상에는 그 밖에도 여러 가지 함수가 있습니다. 여기서는 '상함수'라는 이름이 조금 특이한 함수를 소개하겠습니다.

주차 요금	
처음 60분까지	600원
60분 이후는 20분마다	200원

예를 들어, 코인 주차장의 주차 요금이 위의 표로 정해져 있다고 생각해 봅시다. 이때 **주차 요금은 주차 시간의 함수**입니다. 주차 시간에 따라 주차 요금이 하나로 정해지는 겁니다. '입력값이 정해지면 출력값이 하나로 정해진다'라는 것이 함수의 정의였지요.

한편, 주차 시간은 주차 요금의 함수가 아닙니다. 왜냐하면 예를 들어 주차 요금이 1000원일 때, 주차 시간이 80분 이상 100분 미만이라는 사실은 알 수 있지만 주차 시간이 딱 하나로 정해지지는 않기 때문입니다.

이 함수 그래프는 [그림 4-28]과 같습니다. 참고로 그래프의 ○는 그 값을 포함하지 않는다, ●는 그 값을 포함한다는 의미입니다.

그래프가 이런 모양을 띠는 함수를 **상함수**(floor function)라고 합니다. 이름이 특이한 이 함수는 20세기 후반에 캐나다의 전산학자 **케네스 아이버슨**(1920~2004)이 고안했습니다.

그림 4-28 주차 시간과 요금의 그래프

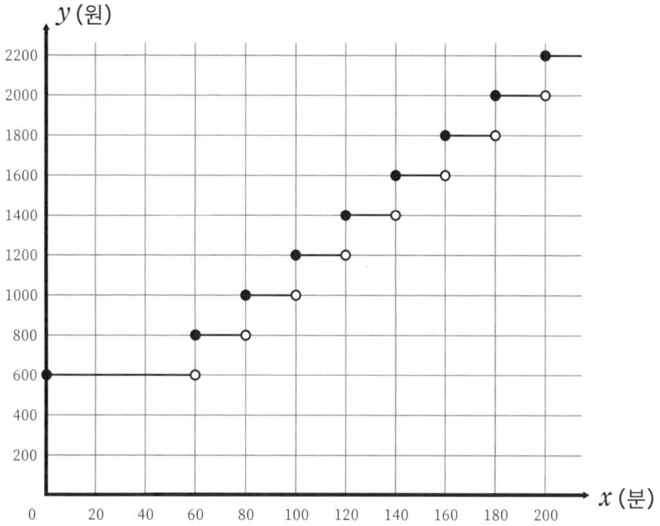

상함수를 나타내는 수식

상함수를 수식으로 나타내려면 **가우스 기호**를 씁니다.

가우스 기호는 대괄호를 써서 $[x]$라는 식으로 쓰고, **'x 이하의 최대 정수'**를 의미합니다.

정의는 어렵게 느껴질 수 있지만, 예를 생각해 보면 간단합니다.

$$[1.2]=1,\ [\sqrt{5}\,]=2,\ [3]=3,\ [-0.8]=-1$$

같은 뜻으로 $\lfloor x \rfloor$라는 기호도 있습니다. 사실 가우스 기호는 일본, 독일, 중국 등 일부 나라에서는 흔히 쓰이지만 다른 나라에서는 $\lfloor x \rfloor$를 더 일반적으로 씁니다.

이번 주차 요금은 주차 시간을 x(분), 주차 요금을 y(원)로 놨을 때 다음과 같이 나타낼 수 있습니다.

$$y=\begin{cases} 600\,(0 \leq x < 60) \\ 800+200\left[\dfrac{x-60}{20}\right](60 \leq x) \end{cases}$$

상함수나 가우스 기호는 대학, 고등학교에서 배우는 내용이니까 지금은 이 수식을 완전히 이해할 필요는 없습니다. '세상에는 여러 가지 함수가 있구나' 정도로만 생각하면 충분합니다.

천장 함수

아이버슨은 상함수와 함께 **천장 함수**(ceiling function)라는 것도 생각했습니다. 천장 함수는 '입력값 이상의 최소 정수'를 출력하는 함수입니다. 천장 함수는 **'x 이상의 최소 정수'**를 나타내는 $\lceil x \rceil$라는 기호를 씁니다.

$$\lceil 1.2 \rceil = 2, \lceil 3 \rceil = 3, \lceil \pi \rceil = 4, \lceil -1.8 \rceil = -1$$

그림 4-29 상함수와 천장 함수

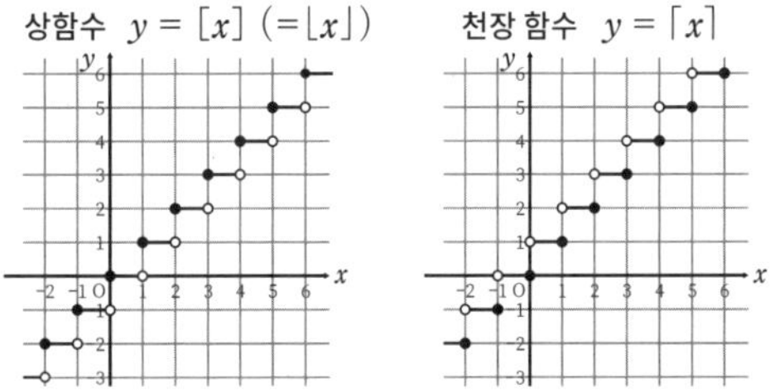

함수에서 입력값을 원인, 출력값을 결과로 본다면, **함수의 이해란 인과관계의 이해이며, 함수의 발견은 세계를 담당하는 진리의 발견**이라고 해도 과언이 아닙니다.

제5장

통계

통계—국가의 대규모화—

통계 없이는 국가도 없다

19세기 프랑스의 통계학자 모리스 블록은 **'국가가 존재하는 곳에 통계가 있다'**라는 말을 남겼습니다. 실제로 고대 이집트에서는 피라미드를 만들기 위해 인구나 토지 조사가 이루어졌지요.

근대 국가가 성립한 18~19세기 사이에 각 나라에서는 국가 운영의 기초로 통계를 이용하는 것이 얼마나 중요한지 점점 강하게 인식했고, 그로 인해 체제 정비나 통계 조사가 적극적으로 이루어졌습니다. 전 국민에 대해 근대적인 국세 조사가 이루어지게 된 것도 이 시기입니다.

나폴레옹 보나파르트(1769~1821)는 **'통계는 사물의 예산이다. 그리고 예산 없이는 공공복지도 없다'**라고 말했으며, 프랑스에서는 1801년에 가장 먼저 통계국이 설치되었습니다.

게다가 20세기 후반으로 접어들면서 컴퓨터가 발달하자 방대한 데이터 속에서 유익한 정보를 끌어내야 했고, 데이터마이닝은 국가뿐 아니라 민간 기업에도 중요해졌습니다.

이제 통계 리터러시(통계 지식을 갖고 활용할 수 있는 능력)는 모든 사회인에게 필요한 능력이라 해도 과언이 아니겠지요.

이 장에서는 그런 **통계의 역사**를 풀어 본 후에 **자료를 보여 주는 방법**, 평균값이나 중앙값 등의 **대푯값**, 데이터의 분포를 나타내는 **사분위수** 등, 통계의 기초가 되는 항목을 설명하겠습니다. 또한 중학교 범위는 아니지만, **분산**이나 **표준편차**, **상관관계**, **추측 통계** 등에 대해서도 간단히 해설하려고 합니다.

그림 5-0 제5장 [통계] 약식도

통계
통계의 역사
기술 통계의 역사
추측 통계의 역사
그래프 4종
막대그래프
꺾은선그래프
원그래프
띠그래프
데이터 정리
도수분포
히스토그램
대푯값
평균값
중앙값
최빈값
데이터 분포
사분위수
상자 수염 그림
분산
표준편차
데이터 상관
상관관계와 인과관계
추측 통계
모집단과 표본
추정과 검정
무작위 추출
정규분포와 편차치

기술 통계와 추측 통계의 역사

통계의 역사 ① 기술 통계

수천 년 전 고대 국가에서 시작한 인구 조사와는 차원이 다르게 새로운 통계 세계를 개척한 사람은 영국의 **존 그랜트**(1620~1674)입니다.

그랜트는 그 당시 페스트가 대유행했던 런던에서 교회에 자료로 보관해두었던 연간 사망자 수 등의 데이터를 바탕으로 연대별 사망률을 정리한 표를 『**제관찰**』[『Natural and Political Observations Made upon the Bills of Mortality(사망표에 관한 자연적 정치적 제관찰)』]이라 불리는 책자로 엮었습니다. 그리고 이 표를 분석해서 유소년기의 사망률이 높다는 점이나 지방보다 도시의 사망률이 높다는 점 등을 분명히 밝혀냈습니다. 또한 당시 200만 명인 줄 알았던 런던 인구를, 데이터를 통해 38만 4천 명으로 추측해 한정된 샘플 데이터로 전체를 추측할 수 있다는 것도 보여 주었습니다.

단순히 데이터를 정리한 것에서 그치지 않고, **그 데이터를 관찰해 얼핏 무질서하게 보이는 복잡한 일들 사이에서 일정한 법칙을 발견해 냈다**는 점에서 그랜트의 '분석'은 그야말로 획기적이었습니다. 그랜트는 당시에 힘 있는 상인이었고 수학자는 아니었지만, 그 공적을 인정해서 그를 **'근대 통계학의 아버지'**라고 부르는 사람도 있습니다.

그랜트의 수법은 핼리 혜성을 발견한 것으로 알려진 **에드먼드 핼리**(1656~1742)가 이어받았습니다. 핼리는 뉴턴에게 세기의 명저 『프린키피아』를 집필하게 해서 자비로 출판하는 등 과학적 업적이 많은 학자인데, 어느 마을의 출생과 사망 데이터를 바탕으로 해서 인류 최초로

'생명표'를 만든 인물이기도 합니다.

핼리는 1693년에 출판한 자신의 책에서 인간의 사망에는 일정한 규율성이 있다는 것을 밝혔고, **'생명 보험의 보험료는 연령별로 사망률에 따라 계산해야 한다'**고 썼습니다. 그 당시 영국에는 이미 생명보험회사가 몇 개 있었지만, 보험료는 마구잡이로 설정되어 있었습니다. 그런데 핼리의 공적 덕분에 생명보험회사는 드디어 합리적인 보험료를 산출할 수 있게 되었습니다.

그랜트가 정리한 '제관찰'이나 핼리의 '생명표'처럼 **조사해서 모은 데이터를 수치나 표, 그래프 등으로 정리해 데이터 전체가 나타내는 경향이나 성질을 파악하는 수법**을 기술 통계라고 합니다.

통계의 역사 ② 추측 통계

통계의 역사가 기술 통계에서 멈추었다면, 통계학은 지금만큼 중요한 학문으로 자리 잡지 못했을 것입니다. 통계가 현대의 생활이나 연구에 빠질 수 없게 된 것은 20세기에 들어서 추측 통계가 발전했기 때문입니다.

기술 통계란 이미 가진 데이터에 대해 그 경향이나 성질을 알아내는 수법인데, 그와 달리 **추측 통계는 채취한 샘플**(표본이라고도 합니다)**에서 모집단**(전체)**의 성질을 확률적으로 추측하는 수법**입니다. 마치 잘 섞은 된장국을 한 스푼 떠서 맛을 보면 된장국 전체의 맛을 추측할 수 있는 것과 비슷합니다.

예를 들어, 선거 예상이나 공업 제품의 품질 관리 등에서 유권자나 제품을 전부 다 알아보기란 시간 면이나 비용 면에서 무리가 있습니다. 그럴 때 '전부 다 알아보지 않으면 모른다'라고 포기하는 것이 아니라, 몇 가지를 알아봄으로써 '○○가 될 확률은 △△%이다'라고 말할 수 있는 것은 매우 유익하지요.

추측 통계는 영국의 통계학자 **로널드 에일머 피셔**(1890~1962)가 시작했습니다.

추측 통계는 고등학교 이후에 자세히 배우는데, 여기서는 맛보기용으로 피셔가 티 파티에서 했다는 실험을 소개하겠습니다.

1920년대 말에 피셔는 친구 몇 명을 불러 정원에서 티 파티를 열었습니다.

그러자 홍차를 좋아하는 한 부인이 '밀크티는 우유를 먼저 넣는지 홍차를 먼저 넣는지에 따라 맛이 달라져요'라고 말을 꺼냈습니다. 하지만 이 말을 들은 신사들은 눈살을 찌푸리며 '그게 말이 되는가. 무엇을 먼저 넣어도 섞으면 똑같을 텐데'라며 상대하지 않았다고 합니다. 그러던 중에 피셔는 '그럼 실험을 해 봅시다'라며 다음과 같은 제안을 했습니다.

《실험의 개요》

부인에게 보이지 않도록 우유를 먼저 넣은 밀크티와 홍차를 먼저 넣은 밀크티를 4잔씩 준비한다. 다음으로 총 8잔의 밀크티를 무작위로 섞어 부인에게 내고, 부인은 하나하나 맛을 보면서 우유를 먼저 넣었는지 홍차를 먼저 넣었는지 맞힌다. 단, 부인에게는 두 종류의 밀크티가 무작위로 나온다는 것과 각각 4잔씩 있다는 것을 미리 알려 준다.

과연 결과는 ……? 놀랍게도 부인은 총 8잔의 밀크티에 우유를 먼저 넣었는지 홍차를 먼저 넣었는지 정확히 맞혔습니다.

그래도 주변 신사들은 '우연이겠지'라며 물러서지 않았습니다.

하지만 피셔는 부인이 **엉터리로 대답해서 8잔을 전부 다 맞힐 확률은 약 1.4%**라며 '이것은 우연이 아니다. 부인은 맛의 차이를 안다'라고 주장해 부인의 명예를 지켰습니다.

추측 통계에는 **샘플(표본)을 조사해서 모집단의 특성을 확률적으로 예상하는 추정**, 그리고 **표본에서 얻은 데이터의 차이가 오차인지 혹은 의미가 있는 차이인지 검증하는 검정**이라는 양대 산맥이 있습니다.

시청률이나 선거 때 하는 개표 속보는 '추정'이고, '하루 커피 2잔은 암의 발생률을 낮춘다' 같은 가설의 신빙성을 뒷받침하는 것이 '검정'입니다.

피셔가 했던 실험은 '검정' 그 자체이며 추측 통계 실험으로 유명합니다.

현대에서 '통계'의 위치

21세기에 들어 통계는 학술 연구 세계나 산업계에 머무르지 않고 사회생활 곳곳에서 이용하게 되었습니다. 이제 통계는 수학이 가지는 보편성에 힘을 입어 데이터를 이용하는 모든 분야와 연관되어 있습니다.

현재 사업 분야에서 가장 핫한 화제라고 하면, 역시 **기계 학습**과 이것을 응용한 **AI(인공지능)**일 것입니다.

기계 학습이란 인간이 행하는 학습과 동등한 '학습'을 컴퓨터에 시키는 테크놀로지를 말하는데, 기계 학습을 하는 컴퓨터가 방대한 데이터 속에서 규칙성이나 판단 기준을 발견해 미지의 것을 예측할 때 사용하는 것이 통계입니다.

구글의 수석 이코노미스트였던 할 배리안은 2009년에 **'앞으로 10년 안에 가장 섹시한(매력적인) 직업은 통계학자다'**라고 말했습니다. 실제로 근래 미국에서는 데이터 사이언티스트가 인기 직업 랭킹 상위에 항상 올라가 있습니다.

현대는 **인류 역사상 가장 '숫자의 힘이 큰 시대'**라고 할 수 있겠지요.

IT 기술이 진보해 데이터마이닝과 기계 학습의 수요가 높아짐에 따라 **숫자가 판단과 예측의 기준이 되는 세계**가 급속히 퍼지고 있다는 건 여러분도 몸으로 느끼고 있지 않나요?

충실한 통계 교육을 거쳐 통계 리터러시를 갖춘 인재를 많이 육성하는 것이 급선무입니다.

기술 통계의 목표는 '쉬운 이해'

그래프 나누어 쓰기

기술 통계의 목적은 데이터의 특징을 알기 쉽게 정리하는 것이며, 가장 기본적이면서도 중요한 수법은 데이터를 그래프로 통합하는 것입니다. 그런데 **그래프에는 각각 적성이 있기 때문에 목적에 맞게 적절한 그래프를 골라야 합니다.** 이 절에서는 대표적인 4가지 그래프의 사용법을 소개하겠습니다. 먼저 각 특징을 정리해 보면 다음과 같습니다.

(i) **막대그래프** … 대소 비교하기　　(ii) **꺾은선그래프** … 변화 나타내기

(iii) **원그래프** … 비율 나타내기　　(iv) **띠그래프** … 비율 비교하기

막대그래프

막대그래프는 **양의 대소를 비교할 때 적합한** 그래프입니다.

[그림 5-1]의 (i)은 1991~2023년까지 기상청이 확인한 회오리 총 541건에 대해 월별로 집계한 결과를 막대그래프로 정리한 것입니다. 이 그래프를 보면 **8월~10월에 특히 회오리가 많았다**는 사실을 알 수 있습니다. 회오리 발생 건수는 8월~10월 3개월 동안 전체의 약 50%를 차지하는데, 그 사실은 이 막대그래프로는 잘 알 수 없습니다.

그림 5-1 막대그래프와 꺾은선그래프

(i) 막대그래프

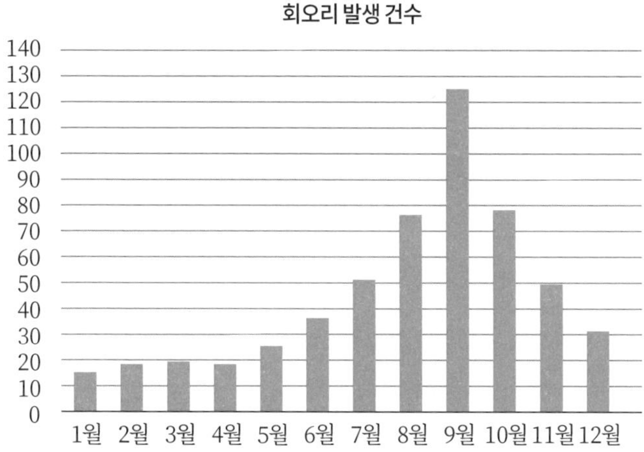

기상청의 '회오리 돌풍 데이터베이스' 데이터를 바탕으로 필자 작성

(ii) 꺾은선그래프

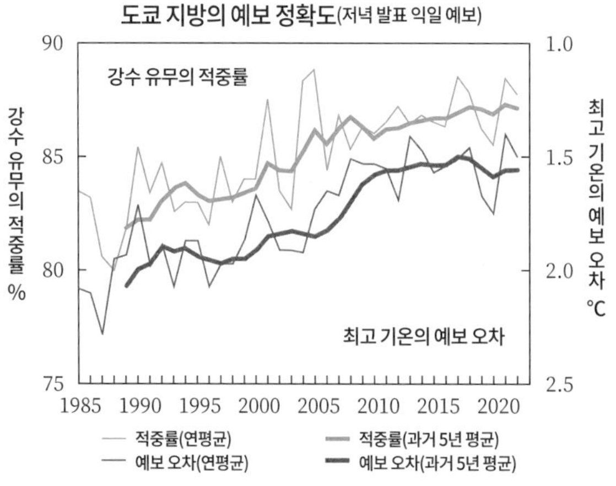

출처: 기상청 일기예보의 정확도 검증 결과

꺾은선그래프

꺾은선그래프는 **변화나 추이를 나타낼 때 적합한** 그래프입니다.

[그림 5-1]의 (ii)는 기상청이 1985~2022년까지 도쿄 지방의 일기예보 정확도를 꺾은선그래프로 정리한 것입니다. 이 그래프를 보면 근래에 적중률이 확실히 올랐다는 사실을 알 수 있습니다. 하지만 **눈금을 어떻게 매겼느냐에 따라 인상을 조작하기 쉬우니** 주의하세요.

원그래프

원그래프는 **전체 중에 각 항목이 어느 정도의 비율을 차지하는지 나타낼 때 적합합니다.**

[그림 5-2]의 (iii)은 2021년 말의 일본은행 데이터인데, 시중에 나와 가정이나 기업, 금융기관 금고 등에서 한 해를 보낸 지폐(일본은행권)와 화폐의 유통 금액을 원그래프로 정리한 것입니다. 이 그래프를 보면 1만 엔 지폐의 비율이 90%에 가까워 압도적으로 많다는 사실이나 1천 엔 지폐(3.6%)와 1엔~500엔짜리 동전까지 화폐 전체(4.0%)의 비율이 엇비슷하다는 사실을 알 수 있습니다. 또한 원그래프는 내용 전체의 총량(100%의 양)을 알 때가 아니면 쓸 수 없습니다.

띠그래프

띠그래프는 기간, 조건에 따라 **같은 항목의 비율이 어떻게 변했는지 비교할 때 적합합니다.**

[그림 5-2]의 (iv)는 자원 에너지청의 데이터에서 1950~2020년 동안 일본의 발전 에너지 내역의 추이를 정리한 띠그래프입니다. 이 그래프를 보면 1970년대의 오일 쇼크를 거치면서 원자력 발전의 비율이 높아졌다는 사실이나 2011년 동일본대지진 후에는 원자력 비율이 줄고 신에너지(풍력, 지열, 태양광 등)의 비율이 늘어났다는 사실을 알 수 있습니다.

그러나 띠그래프의 비율이 증감했다고 해서 절대 수량 자체가 증감했다고는 볼 수 없으니 주의하세요. **전체 총량이 같지 않은 상태에서는 비율의 증감만으로 절대 수량의 증감을 판단할 수 없습니다.**

그림 5-2 원그래프와 띠그래프

(iii) 원그래프

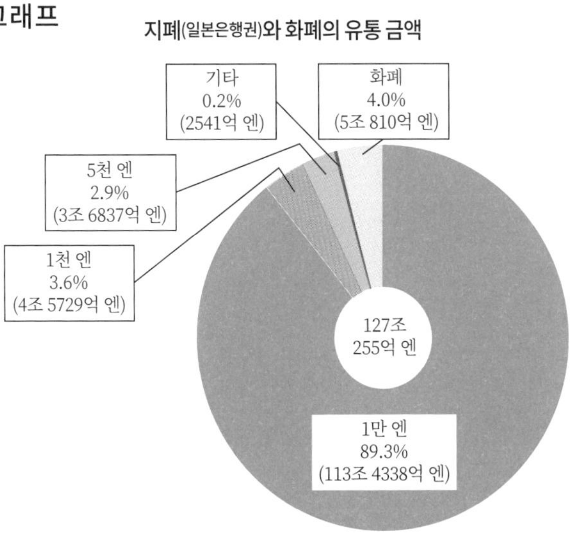

일본은행 데이터로 필자 작성

(iv) 띠그래프

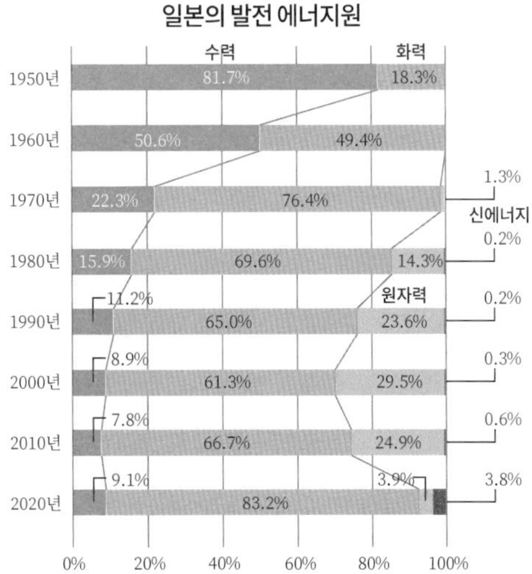

※ 신에너지: 풍력, 지열, 태양광 등

자원 에너지청의 데이터로 필자 작성

도수분포와 히스토그램

목표는 '분포'를 아는 것

기술 통계에서 **'데이터 전체의 성질이나 경향'**이란 무엇을 가리키는 걸까요?

오해를 걱정하지 않고 말하자면, 그것은 분포입니다. **통계의 목표는 분포를 아는 것이며, '분포'란 데이터가 흩어진 정도를 뜻합니다.**

예를 들어, 100m 달리기 기록이 평균보다 3초 늦는 것과 마라톤 기록이 마찬가지로 평균보다 3초 늦는 것은 완전히 의미가 다릅니다. 전자는 평균 주자보다 매우 느린 인상이지만, 후자는 평균이라고 해도 좋을 겁니다. 100m 달리기는 평균 ±1~2초에 많은 사람의 기록이 집중되어 있지만, 마라톤은 훨씬 넓은 범위에 데이터가 분포되어 있기 때문이지요.

도수분포표

데이터의 분포를 알아보려면 도수분포표라 불리는 표를 만드는 것이 기본적인 정리 방법입니다. 도수분포표의 각 부분에는 다음과 같은 이름이 붙어 있습니다.

계급 …… **나누어진 각 구간**

계급폭 …… **각 구간의 폭**

도수 …… **각 계급에 들어가는 데이터 값의 개수**

계급값 …… **각 계급의 중앙에 오는 값**

크기 …… **도수분포표의 도수 합계**

나라(지역)별 인터넷 이용률(%) (2020년)

일본	아랍에미리트	이스라엘	이란	인도	인도네시아	한국
83.40	100.00	90.13	75.57	43.00	53.73	96.51
사우디 아라비아	싱가포르	태국	대만	중국	튀르키예	필리핀
97.86	92.00	77.84	88.96	70.05	77.67	49.80
홍콩	말레이시아	미국	캐나다	멕시코	아르헨티나	칠레
92.41	89.56	90.90	92.30	71.97	85.50	88.30
브라질	영국	이탈리아	우크라이나	오스트리아	네덜란드	그리스
81.34	94.82	70.48	75.04	87.53	91.33	78.12
스위스	스웨덴	스페인	덴마크	독일	노르웨이	핀란드
94.20	94.54	93.21	96.55	89.81	97.00	92.17
프랑스	벨기에	폴란드	포르투갈	루마니아	러시아	알제리
84.80	91.53	83.18	78.26	78.46	84.99	62.90
이집트	남아프리카 공화국	모로코	오스트레일리아	뉴질랜드		
71.91	70.00	84.12	89.60	91.50		

출처: 총무성 '세계의 통계 2022' 2023년

그림 5-3 도수분포표

계급폭은 10%

6개의 계급

계급(%)	계급값	도수
40 이상~50 미만	45	2
50 이상~60 미만	55	1
60 이상~70 미만	65	1
70 이상~80 미만	75	12
80 이상~90 미만	85	13
90 이상~100 이하	95	18
합계		47

이 데이터의 크기는 47

위의 데이터는 세계 47개국(과 지역)의 인터넷 이용률인데, 이러한 **'기본 데이터'(아무런 가공이 되어 있지 않은 데이터)에서는 전체 분포가 보이지 않습니다.**

하지만 왼쪽의 [그림 5-3]처럼 도수분포표를 만들면 데이터 분포가 보입니다.

계급폭 정하는 법

도수분포표를 만들 때는 **계급폭을 주의해서 정해야 합니다.**

계급폭이 너무 작으면 기본 데이터를 작은 순서대로 나열한 것과 큰 차이가 없어서 전체적인 특징을 잡기가 어려워집니다. 반대로 계급폭이 너무 크면 간결하게 잘 보이긴 하지만 기본 데이터가 가지고 있던 자잘한 정보 대부분이 사라집니다.

계급폭을 정하는 기준은 **'데이터의 크기가 2^n개 정도일 때, 적절한 계급의 개수는 $n+1$개이다'**라는 스터지스의 법칙이 유명합니다.

이번 예에서는 데이터의 크기가 47이었습니다. $2^5=32$개와 $2^6=64$개 사이에 들어가니까 적절한 계급의 개수는 6개나 7개가 됩니다.

[그림 5-3]의 도수분포표는 계급의 개수가 6개이므로 '적당하다'라고 할 수 있겠지요. **단, 스터지스의 법칙은 어디까지나 기준이니까 반드시 따라야 하는 것은 아닙니다.**

상대도수와 누적상대도수

도수분포표에는 상대도수와 누적상대도수라는 것을 추가할 때가 있습니다. **어떤 계급이 전체에서 차지하는 비율이나 어떤 계급 이하(혹은 이상)가 전체에서 차지하는 비율**을 알고 싶은 경우가 많기 때문이지요.

상대도수의 정의식은 다음과 같습니다.

$$\text{상대도수} = \frac{\text{주목하는 계급의 도수}}{\text{도수의 합계}}$$

[그림 5-4]의 (ⅰ)은 앞에서 말한 도수분포표에 상대도수와 누적상대도수의 열을 추가한 것입니다.

히스토그램이란

도수분포표로 정리된 데이터의 분포를 직감적으로 이해하기 쉽도록 기둥 모양 그래프로 나타낸 것을 **히스토그램**이라고 합니다.

histogram(히스토그램)의 어원인 그리스어 'histosgramma'는 직역하면 '모든 것을 직립으로 그린 것'입니다. 히스토그램을 고안한 사람은 사회학에 처음으로 통계학적 방법을 도입한 **아돌프 케틀레**(1796~1874)인데, 이름을 붙인 사람은 기술통계학을 대성하게 한 **칼 피어슨**(1857~1936)입니다.

히스토그램을 작성할 때는 다음 2가지에 주의하세요.

- **최초의 계급과 최후의 계급 옆에는 한 계급 자리만큼 띄운다**
- **이웃한 세로 막대와 세로 막대의 간격은 띄우지 않는다**

이것은 최솟값이나 최댓값을 확실히 한 상태에서 중간에 도수가 0인 계급이 있는 것처럼 보이지 않기 위해서입니다.

그림 5-4 분포 나타내기

(i)
상대도수와 누적상대도수를 추가한 [도수분포표]

계급(%)	계급값	도수	상대도수	누적상대도수
40 이상~50 미만	45	2	0.043	0.043
50 ~60	55	1	0.021	0.064
60 ~70	65	1	0.021	0.085
70 ~80	75	12	0.255	0.340
80 ~90	85	13	0.277	0.617
90 ~100이하	95	18	0.383	1.000
합계		47	1	

※ 상대도수와 누적상대도수는 소수점 네 번째 자리에서 반올림한 값

(ii) [히스토그램]

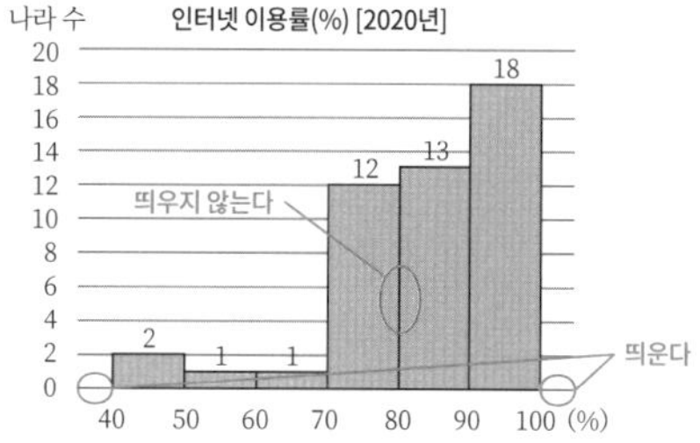

대푯값 3개로 전체 파악하기

도수분포표나 히스토그램은 번거롭다

앞 절에서 데이터 분포를 알려면 도수분포표나 히스토그램을 만든다고 배웠는데, 사실 일일이 수작업으로 만들기가 번거로울 뿐만 아니라 만든 다음에 사람들에게 전달할 때도 종이 자료나 디스플레이가 필요합니다.

그래서 더 간단하게 **데이터 전체의 특징을 하나의 수치로 나타내는** 방법이 있습니다. 그것이 대푯값입니다. 여기서는 **평균값**, **중앙값**, **최빈값**을 소개하겠습니다.

평균값

대푯값 3개 중에서 가장 유명한 것이 평균값일 겁니다.

같은 시험을 본 A반과 B반의 평균점이 'A반은 60점, B반은 70점'이라고 하면, '아~B반이 전체적으로 더 뛰어나구나'라는 인상을 받습니다(실제로는 극단적으로 성적이 좋은 몇 명이 평균점을 끌어올렸을 가능성도 있습니다). 평균의 정의는 다음과 같습니다.

$$\text{평균} = \frac{\text{합계}}{\text{개수(인원수)}}$$

유명한 이 평균은 정확히 말하면 '산술 평균' 혹은 '상가 평균'이라 불립니다. 그 밖에도 '기하 평균(상승 평균)'이나 '조화 평균' 등 다른 종류의 평균도 있습니다.

중앙값

평균은 벗어난 값(다른 값과 차이가 큰 값)의 영향을 받기 쉬우므로 평균을 볼 때는 중앙값도 신경 써야 합니다. **평균과 중앙값을 둘 다 알면, 분포에 대해 대략적으로 예상이 됩니다.**

중앙값 …… **데이터에 포함되는 값을 크기순으로 나열했을 때 중앙에 오는 값**

중앙값은 데이터의 크기(포함되는 수치의 개수)가 홀수일 때와 짝수일 때 구하는 방법이 다르니 주의하세요.

데이터의 크기가 홀수일 때 …… **중앙값 = 정확히 중앙에 오는 값**

데이터의 크기가 짝수일 때 …… **중앙값 = 중앙에 오는 두 값의 평균**

그림 5-5 데이터의 크기가 홀수와 짝수일 때의 중앙값

[데이터의 크기가 홀수일 때] 30 40 40 40 100

중앙값: 40

[데이터의 크기가 짝수일 때] 30 40 50 60 60 70

이 두 값의 평균이 중앙값

$$\frac{50+60}{2}=55$$

최빈값

최빈값 …… **데이터에서 가장 개수가 많은 값. 도수분포표에서는 가장 도수가 큰 계급의 계급값을 최빈값으로 본다**

최빈값의 의의는 크게 느껴지지 않을지도 모르지만, 예를 들어 신발 가게의 경우는 '가장 많이 팔린 사이즈'를 아는 것이 중요합니다.

한편, 시험 점수나 키 등은 최빈값을 알아도 크게 의미가 없습니다. 하지만 도수가 가장 큰 계급을 아는 것은 의미가 있지요.

예를 들어, 285페이지의 [그림 5-4]에서 도수분포표의 최빈값은 (가장 도수가 많은 계급의 계급값) '95'입니다.

데이터의 '분산'을 한눈에 알 수 있는 다섯 수치 요약

최댓값·최솟값·범위

앞 절에서 배운 대푯값 3개 중에서 평균값과 중앙값을 둘 다 알면 분포에 대해 대략 다음과 같이 예상할 수 있습니다.

평균값 ≒ 중앙값 ⇒ 평균을 중심으로 한 좌우대칭 분포

평균값 > 중앙값 ⇒ 작은 쪽으로 기울어진 분포(크게 벗어난 값이 있다)

평균값 < 중앙값 ⇒ 큰 쪽으로 기울어진 분포(작게 벗어난 값이 있다)

하지만 이들은 어디까지나 간접적인 예상일 뿐입니다.

분포를 더 간단하게 알 수 있는 가장 손쉬운 방법은 **최댓값**과 **최솟값**의 차를 알아내는 것입니다. 통계에서는 최댓값과 최솟값의 차를 **범위**라고 합니다.

사분위수

범위보다 더 자세히 '분산'을 알아보기 위해 사분위수를 생각해 보겠습니다.

사분위수 … **크기순으로 나열한 데이터를 4등분하는 3개의 수치**

3개의 사분위수는 작은 쪽부터 **제1사분위수**, **제2사분위수**, **제3사분위수**라고 합니다. 제1사분위수는 '하위 절반의 중앙값', 제2사분위수는 '전체의 중앙값', 제3사분위수는 '상위 절반의 중앙값'입니다.

각 중앙값을 구하는 법은 앞 절을 참조하세요.

그림 5-6 다섯 수치 요약이란

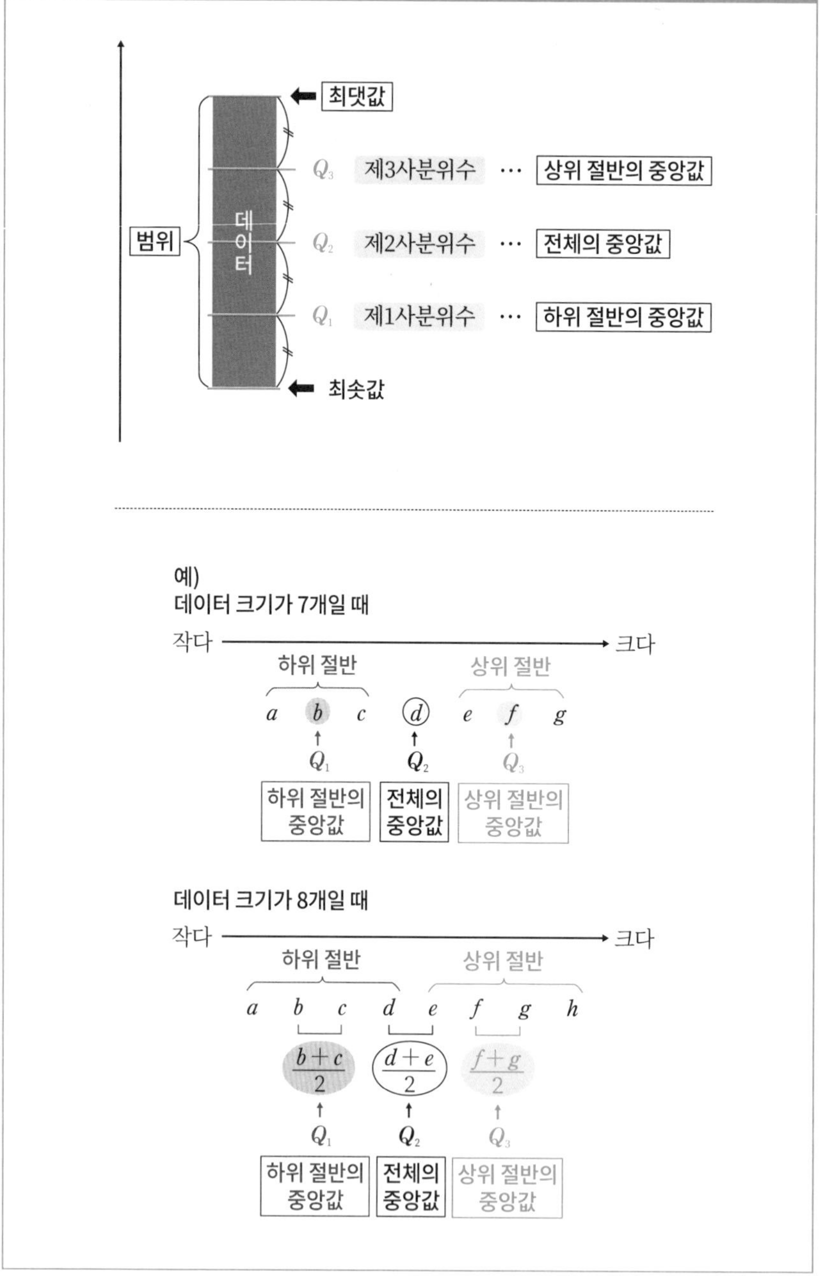

제1사분위수, 제2사분위수, 제3사분위수는 각각 Q_1, Q_2, Q_3으로 줄여서 표기하는 경우가 많습니다.

데이터의 분산 모습을 **최솟값**, Q_1, Q_2, Q_3, **최댓값**, 이렇게 5개의 수를 써서 나타내는 것을 **다섯 수치 요약**이라고 합니다.

서장 수학 복습
제1장 도형
제2장 수와 식
제3장 확률
제4장 함수
제5장 통계

상자 수염 그림은 선입견 없이 데이터를 보기 위한 것

상자 수염 그림이란

다섯 수치 요약에 사용하는 5개의 수치(최솟값, Q_1, Q_2, Q_3, 최댓값)가 어떤 간격으로 나열되어 있는지를 알면 데이터가 흩어진 정도를 알 수 있습니다. 이때 생각해 낸 것이 **상자 수염 그림**입니다.

그림 5-7 상자 수염 그림

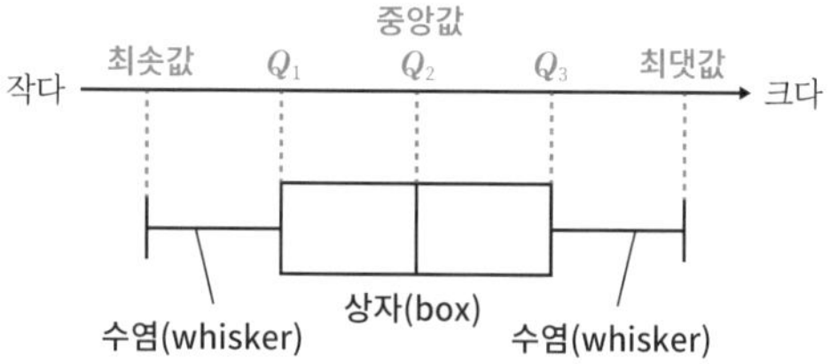

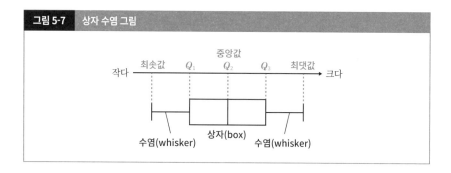

상자의 길이는 Q_3~Q_1(사분위 범위라고 합니다)을 나타내고, 수염 끝에서 끝까지의 길이는 범위(최댓값~최솟값)를 나타냅니다.

상자 수염 그림을 발명한 사람

상자 수염 그림을 발명한 사람은 미국의 **존 튜키**(1915~2000)라는 수학자이자 통계학자입니다.

그는 1977년에 간행한 저서 『Exploratory Data Analysis(탐색형 데이터 분석)』에서 '다섯 수치 요약'이라는 말과 함께 상자 수염 그림을 이용해 데이터 분포를 직감적으로 이해하는 수법을 소개했습니다.

선입견을 갖고 가설을 세우려는 것이 아니라, 먼저 데이터 자체를 보는 것의 중요성을 주장한 튜키는 그래프(상자 수염 그림)라는 이른바 고전적인 수법을 이용하는 것에 대해 다음과 같이 말했습니다.

'그래프는 우리에게 기대하지 않았던 것을 알게 해 준다. 그보다 중요한 것은 없다.'

튜키에게 통계란 학문적 옳음을 추구하기 위한 것이라기보다는 현장 실무에 유용해야 했던 것이겠지요. 그래서 튜키를 **데이터 사이언티스트**의 선구자라고 하는 사람도 있습니다.

상자 수염 그림과 히스토그램의 관계

상자 수염 그림도 히스토그램도 데이터 분포를 시각적으로 인식하기 위한 것입니다. 여기서 둘의 관계를 살펴보겠습니다.

그림 5-8 상자 수염 그림과 히스토그램의 관계

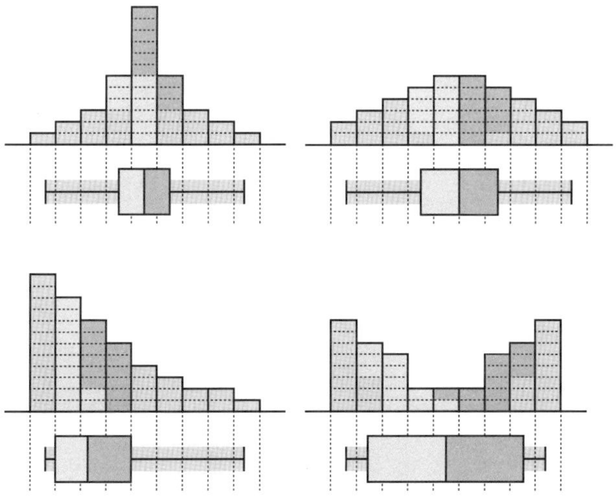

《발전》 분산과 표준편차

평균 주변의 분산 알아보기

여기부터는 중학교 범위를 넘어 발전적인 내용이 나옵니다. 앞 절까지 배운 **사분위수는 중앙값 주변의 분산을 알아보는 수치**였는데, 여기서는 **평균값 주변의 분산을 알려 주는 수치**를 배우겠습니다.

평균 주변에 흩어진 정도를 알고 싶다면 **'평균과의 차'**를 평균 내 보면 되겠다고 직감적으로 느낀 분들도 많을 겁니다.

여기에 평균점은 똑같고 분산 정도가 크게 다른 두 반의 데이터가 있습니다.

A반: 30 40 50 60 70 (점)
B반: 48 49 50 51 52 (점)

둘 다 평균은 50점입니다. 바로 '평균과의 차'를 계산해서 더해 보겠습니다. 자세한 계산 결과는 [그림 5-9]와 같은데, '평균과의 차'의 합계를 계산하면 A반도 B반도 모두 0(점)이 나옵니다. 그 말인즉슨, 합계를 인원수로 나눈 '평균과의 차'를 평균 내면 두 반 모두 0(점)이라는 뜻입니다. 사실 이것은 우연이 아닙니다. **어떤 데이터든 '평균과의 차'를 평균 내면 0이 나옵니다.** 제대로 증명하려면 수식을 사용해야 하니까 여기서는 생략하겠지만, 이미지만 설명해 보겠습니다.

말 그대로 평균이란 들쑥날쑥한 몇 개의 수치를 고르게 편 것입니다.

공원의 모래밭을 떠올려 봅시다. '평균과의 차'를 평균 낸다는 것은 이른바 들쑥날쑥한 모래밭을 고르게 펴서 땅의 높이를 0으로 만든 다음에 다시 파서 원래대로 돌리고, 다시 고르게 폈을 때의 높이를 재는 것이나 마찬가지입니다. 높이가 0(처음에 고르게 폈을 때의 높이)이 나오는 건 당연하지요.

분산

이렇게 해서 '평균과의 차' 평균을 내어 봐도 얼마나 흩어져 있는지는 알 수 없습니다. 그랬더니 '평균과의 차'를 제곱해서 합계한 다음에 인원수로 나누어 보면 어떨까 하는 아이디어가 떠올랐습니다. 제곱을 하면 −인 값도 +가 되기 때문에 +의 값과 −의 값이 서로 상쇄되는 것을 피할 수 있습니다.

그림 5-9 (평균과의 차)^{2}의 평균은 차이가 생긴다

《A반》

						합계		평균
점수	30	40	50	60	70	250	⇒	50 (점)
평균과의 차	−20	−10	0	10	20	0	⇒	0 (점)
(평균과의 차)^2	400	100	0	100	400	1000	⇒	200 (점^2)

↑ 분산 (200)

《B반》

						합계		평균
점수	48	49	50	51	52	250	⇒	50 (점)
평균과의 차	−2	−1	0	1	2	0	⇒	0 (점)
(평균과의 차)^2	4	1	0	1	4	10	⇒	2 (점^2)

↑ 분산 (2)

그럼 앞에서 나온 A반과 B반의 데이터에서 '평균과의 차'를 제곱한 다음에 낸 평균을 비교해 보겠습니다. [그림 5-9]에 나와 있듯이 A반은 '200', B반은 '2'가 나와 차이가 생겼습니다. 그래서 이 **'평균과의 차'를 제곱해서 낸 평균**을 분산이라 이름 붙이고, 평균 주변에 흩어진 정도를 알아보는 지표로 사용하게 되었습니다.

표준편차

분산을 계산해 보면 데이터가 흩어진 정도를 알 수는 있지만, **분산에는 2가지 결점**이 있습니다. 바로 **값이 너무 크다**는 점과 **단위가 기묘하다**는 점입니다.

294페이지에 나온 A반과 B반의 기본 데이터를 보면, 평균이 50점인데 A반의 득점은 30점~70점입니다. 평균 ±20점이라는 범위에 모든 득점이 들어가 있는데, 분산은 200이라는 값이 나왔습니다. 왠지 너무 크다는 생각이 들지 않나요?

B반 역시 최댓값은 평균 +2점, 최솟값은 평균 −2점입니다. 그런데 데이터의 분산 지표가 '2'라는 것은(평균에서 가장 멀리 떨어진 수치를 지표로 나타내기란) 역시 너무 커 보입니다. 게다가 분산의 단위가 '점^2'이라는 정체불명의 단위인 것도 신경이 쓰입니다.

값이 너무 크거나 단위가 기묘한 것도 '평균과의 차'를 제곱했기 때문에 벌어진 일입니다. 그래서 **분산의 $\sqrt{\ }$(양의 제곱근)**을 표준편차라 이름 붙이고, 이것도 평균 주변에 흩어진 정도를 알아보는 지표로 사용하게 되었습니다. A반과 B반의 표준편차는 다음과 같습니다.

	분산		표준편차
A반	200(점^2)	→	$\sqrt{200}=10\sqrt{2}=$ **14.142 …** (점)
B반	2(점^2)	→	$\sqrt{2}=$ **1.4142 …** (점)

A반은 약 '14.1', B반은 약 '1.4'니까 기본 데이터가 흩어진 정도를 나타내는 값으로서도 이해가 갑니다. 또한 단위 역시 '점'이기 때문에 이상하지 않습니다.

분산의 결점이 표준편차를 사용했을 때 해소된다면, 이제 분산은 쓰지 말고 표준편차만 쓰면 되지 않나? 그렇게 생각할 수도 있지만, **표준편차는 $\sqrt{\ }$가 나와서 대략적인 값을 알기 어렵습니다. 같은 종류의 데이터에서 단순히 어느 쪽이 더 흩어져 있는지만 알아도 될 때는 분산을, 흩어진 정도까지 그려 보고 싶을 때는 표준편차를 사용하는 식으로 나누어 쓰는 사람이 많은 것 같습니다.**

평균이 크게 다른 경우는 주의!

단, **평균이 크게 다른 경우에 단순히 표준편차만 보고 흩어진 정도를 재는 것은 위험**합니다.

예를 들어, 평균이 5점이고 표준편차가 1점인 경우와 평균이 50점이고, 표준편차가 1점인 경우는 흩어진 정도가 같지 않습니다(후자가 더 좁게 흩어져 있습니다).

그래서 생각해 낸 것이 **변동계수**입니다. 변동계수의 정의는 다음과 같습니다.

$$\text{변동계수} = \frac{\text{표준편차}}{\text{평균값}}$$

변동계수는 평균값으로 나누었기 때문에 평균값의 크기에 좌우되지 않습니다. 실제로 다음과 같이 변동계수를 사용하면 평균이 달라도 똑바로 비교할 수 있습니다. 또한 **변동계수는 단위의 영향도 받지 않으니까 단위가 다른 데이터끼리 나왔을 때도 흩어진 정도를 비교할 수 있습니다.**

평균 5점, 표준편차 1점 ⇒ 변동계수 = 0.2

평균 50점, 표준편차 1점 ⇒ 변동계수 = 0.02

《발전》 상관관계 ≠ 인과관계에 주의

남들에게 알려 주고 싶어지는 상관관계

기술 통계 중에서 '오~ 그렇구나!'라며 가장 크게 감동한 주제는 상관관계가 아닐까요.

물론 앞에서 말한 평균이나 표준편차 등을 알아보면 어떤 데이터의 성질이 명확해지고 그게 유익한 경우는 아주 많지만, 무언가를 발견한 흥분으로 이어지는 일은 적은 것 같습니다.

예를 들어, '비 오는 날이 늘면 교통 체증 빈도도 올라간다'나 '역에서 거리가 멀어지면 집값이 내려간다'처럼 2가지 데이터 사이에 **'한쪽이 늘어나면 다른 쪽도 늘어난다'**나 **'한쪽이 늘어나면 다른 쪽은 줄어든다'**라는 대략적인 경향이 있는 것을 상관관계가 있다고 하고, 특히 전자를 **'양의 상관관계가 있다'**, 후자를 **'음의 상관관계가 있다'**라고 합니다.

비 오는 날에 차가 잘 막힌다거나 역에서 멀어지면 땅값이 떨어진다는 것은 굳이 계산하지 않아도 당연한 이야기겠지만, 여러 데이터를 조사하다 보면 의외의 조합에서 2가지 양 사이에 생각지도 못한 상관관계를 발견하는 경우가 드물지 않습니다.

그럴 때는 무심코 남들에게 알려 주고 싶어지는데, 예기치 못한 상관관계를 찾아냈다고 해서 주변에 떠벌리고 다니는 것은 신중해야 할 필요가 있다는 이야기도 나중에 하겠습니다.

데이터마이닝의 최초 사례

이 세상에 데이터마이닝(방대한 자료에서 유익한 정보를 끌어내는 것)의 사례가 처음으로 소개된 곳은 1992년 12월 23일 자 〈월스트리트 저널〉에 게재된 'Supercomputer Manage

Holiday Stock'이라는 기사라고 합니다. 기사 내용은 이렇습니다.

미국 중서부의 소매 체인점 Osco Drugs가 25개 점포의 캐시 레지스터 자료를 분석했더니, 어떤 사람이 오후 5시에 기저귀를 샀다면 그다음에는 캔맥주를 반 상자 살 가능성이 크다는 사실을 발견했다.

이 기사는 '기저귀와 캔맥주'라는 의외의 조합에 상관관계가 있다는 것을 알아냈다고 해서 크게 화제가 되었고, 지금도 데이터마이닝의 유효성을 나타내는 사례로 종종 인용됩니다.

참고로 Osco Drugs에서는 그밖에 '주스와 기침약', '화장품과 새해 인사 카드' 등 30개의 다른 조합도 검증했다고 하지만, '기저귀와 캔맥주' 정도의 상관이 발견되지는 않았다고 합니다. 물론 그렇다고 해서 '기저귀가 하나 팔리면 반드시 캔맥주도 반 상자 팔린다'라는 것은 아닙니다.

하지만 이 두 물건 사이에 상관관계가 있다는 것은 예를 들면, '아이가 있는 가정에서는 일요일 오후에 아내에게 기저귀 심부름을 부탁받은 남편이 캔맥주도 같이 산 것 아닐까?'라거나 '어린아이가 있는 가정에서는 (아직) 부부 사이가 좋은 경우가 많아서 일용품을 사러 온 아내가 남편을 위해 맥주도 같이 사는 경우가 많겠지' 같은 추측을 할 수 있습니다(후자는 다소 구구절절하지만 ……).

상관관계와 인과관계는 다르다

만약 어떤 학교의 데이터에서 체중과 수학 점수 사이에 음의 상관(체중이 가벼우면 수학 점수가 좋은 경향이 있다)을 발견했다고 합시다. 하지만 그렇다고 해서 '우리 아이의 수학 성적을 좋게 하려면 다이어트를 시켜야겠네!'라고 생각하는 것은 지레짐작입니다.

거기에 어떤 인과관계가 있는지 신중하게 생각해야 합니다.

가끔 상관관계와 인과관계를 혼동하는 사람들이 있는데, 언뜻 비슷해 보여도 엄연히 다른 것이니 주의가 필요합니다. **상관관계가 있다고 해서 반드시 인과관계가 있다고는 할 수 없습니다. 반대로 인과관계가 있을 때는 반드시 상관관계가 있습니다**([그림 5-10] 참조).

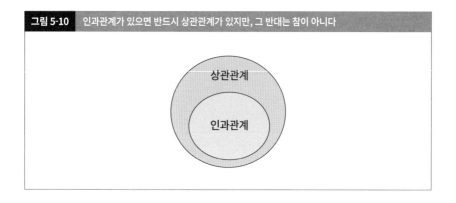

그림 5-10 인과관계가 있으면 반드시 상관관계가 있지만, 그 반대는 참이 아니다

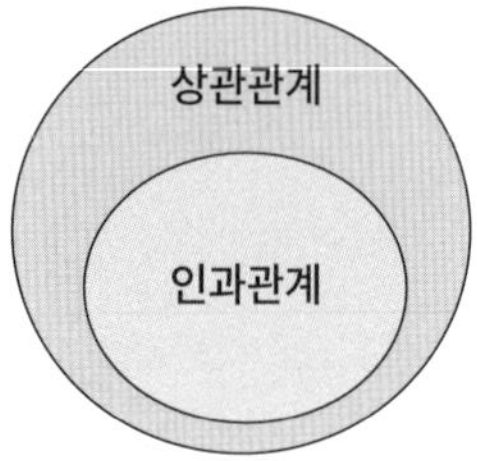

여기에는 '하늘을 나는 스파게티 괴물교'라는 패러디 종교 단체(살짝 특이한 이름이네요)가 상관관계와 인과관계를 혼동하는 오류를 풍자한 유명한 말이 있습니다.

'해적의 수가 줄어들면서 동시에 지구온난화가 큰 문제로 대두되었다. 따라서 지구온난화는 해적의 감소 때문에 일어났다.'

설명할 필요도 없이 '해적의 수가 줄어든 것'과 '지구의 온난화'에는 아무런 인과관계가 없습니다. 우연히 두 사건이 같은 시기에 일어났을 뿐이지요. 서두에 말한 체중과 수학 성적의 상관관계도 아마 우연일 겁니다.

또한 '어묵 매출이 늘어나면 감기 걸리는 사람이 늘어난다. 따라서 어묵 때문에 감기에 걸린다'라고 생각하는 것도 명백하게 틀렸습니다.

어묵 매출이 늘어나는 것도 감기에 걸리는 사람이 늘어나는 것도 겨울입니다. 따라서 이들은 모두 '겨울의 추위'라는 제3의 원인으로 일어난 결과이지, 어묵 매출과 감기 걸린 사람의 수에 직접적인 인과관계가 있는 것은 아닙니다. 일반적으로 X와 Y 사이에 상관관계가 있을 때는 다음 5가지 가능성이 있습니다.

① X(원인) → Y(결과)의 관계가 있다

② Y(원인) → X(결과)의 관계가 있다

③ X와 Y가 모두 공통 원인 Z의 결과다

④ 더 복잡한 관계가 있다

⑤ 우연의 일치

해적의 감소와 지구온난화의 경우는 ⑤, 어묵 매출과 감기의 경우는 ③입니다.

인과관계를 나타내기란 어렵다

그럼 어떤 경우를 인과관계가 있다고 말할 수 있을까요?

사실 인과관계가 있는지 없는지를 정확히 판단하기란 무척 어렵습니다.

어떤 사건 A가 결과 B의 원인이라는 사실을 증명하려면, A가 일어나지 않으면 B도 일어나지 않는다는 것을 나타낼 필요가 있습니다.

하지만 우리가 현실적으로 관측할 수 있는 것은 'A가 일어나고 B가 일어났다'라는 사실뿐입니다. 예를 들어, 야구 시합에서 응원하는 팀이 졌을 때, '8회 찬스 때 대타를 썼으면 이겼는데'라는 말은 간단히 할 수 있습니다. 하지만 정말로 대타를 쓰지 않은 것이 패인인지 아닌지는 타임머신을 타고 돌아가서 실제로 대타를 써 보지 않으면 알 수 없습니다. 당연히 불가능한 일이지요.

인과관계를 증명하기가 어려운 이유는 **'만약 ○○가 아니었다면 어떻게 되었을까?'라는 '반사실(反事實, counterfactual)'을 관측할 수 없다**는 점에 있습니다. 이것은 **'인과 추론의 근본 문제'**라고 불립니다.

대담하게 말하자면, **통계가 오늘날까지 발전해 온 것은 이 문제에 맞서기 위해 다양한 사건 사이에 인과관계가 성립하는지 아닌지를 과학적(수학적)으로 검증하기 때문입니다.**

추측 통계의 2가지 수법, 모집단과 표본

표본 조사란

학교나 회사에서 하는 건강 검진처럼 **대상 집단 요소를 전부 다 조사하는 것**을 전수 조사라고 합니다. 전수 조사를 하면 정확한 데이터를 얻을 수 있지만, 경우에 따라서는 전부 다 조사하기가 현실적으로 어려운 경우도 있습니다.

예를 들어, 10만 개 팔린 세제의 고객 만족도를 알고 싶다고 해서 구매자 전부를 대상으로 조사를 실시하기란 어렵겠지요.

그래서 '대체적인 경향을 알면 된다'라는 기준을 두고 더 간단하게 알아보는 방법을 생각해 냈습니다. 예를 들면, 모든 구매자 중에서 100명을 고르고, 그 100명이 대답한 조사 결과가 구매자 전체의 의견과 가깝겠다고 생각하는 방법입니다. 이처럼 **대상 집단의 일부를 조사해서 그 결과로 전체 상황을 추측하는 것**을 표본 조사라고 합니다.

여기서 표본 조사 용어를 정리하겠습니다.

모집단 …… **조사 대상이 되는 전체**

모집단의 크기 …… **모집단에 포함되는 요소의 개수**

표본 …… **조사를 위해 모집단에서 뽑은 모임**

표본의 크기 …… **표본에 포함되는 요소의 개수**

추출 …… **모집단에서 표본을 뽑는 것**

추출에는 **매번 원 상태로 돌리면서 다음 것을 하나씩 뽑는** 복원 추출과 **꺼낸 것을 원래 자리**

로 돌리지 않고 계속해서 추출하는 비복원 추출이 있습니다.

일반적으로 10만 개 팔린 세제의 구매자처럼 **수가 너무 많은 경우**나 전자제품의 내구성 검사처럼 **전부 다 조사하기가 불가능한 경우**(상품으로 완성될 수가 없음), 그리고 6월 시점에 그해의 출생률을 생각할 때처럼 애초에 현시점에서는 미지의 요소가 있는 경우 등은 표본 조사를 합니다.

추정과 검정

그림 5-11 추측 통계의 2가지 수법

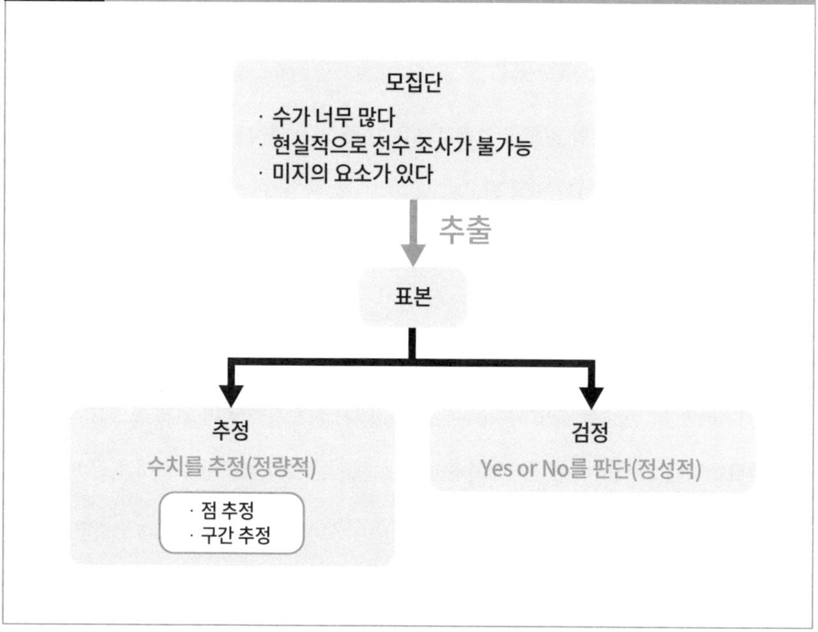

표본 조사를 기초로 하는 추측 통계 수법은 크게 둘로 나눠서 추정과 검정이 있습니다.

추정은 모집단의 평균이나 분산 등의 값이 어떤 값인지 추측하는 수법입니다. 한편, **검정은 모집단의 분포나 성질 등에 대해 어떤 가설이 옳은지 그른지를 Yes or No 방식으로 판단하는 수법**입니다.

예를 들어, 자동판매기에서 산 주스의 농도를 알아봤더니 78%였습니다. 이때 당신이 산 주스는 전국에서 판매되는 똑같은 제품을 모집단으로 하는 표본이라고 할 수 있습니다. 또한 '78%'라는 농도를 보고 그 제품 전체의 농도 분포를 수치로 추측하는 것이 추정입니다. 이에 대해 표본의 농도가 78%였을 때, 패키지에 적혀 있는 농도(예를 들어, 80%)가 옳다고 할 수 있는지 판단하는 것이 검정입니다. 바꾸어 말하면 **추정은 정량적이고, 검정은 정성적이라고 할 수 있겠지요.**

더 나아가 추정에는 표본에 대해 알아본 사실을 바탕으로 모집단의 평균이나 분산 등의 값을 정확히 짚어 내는 **점 추정**과 폭을 주어서 추정하는 **구간 추정**이 있습니다.

무작위 추출은 어렵다!

표본 조사를 해서 모집단의 상황을 추측하려고 할 때 가장 중요한 것은 표본이 모집단에서 최대한 올바른 축도여야 한다는 점입니다.

예를 들어, 된장국 맛을 볼 때 냄비 전체를 잘 섞어서 먹지 않으면 의미가 없는 것과 비슷합니다. 된장국 전체가 거의 균일하게 잘 섞여 있다는 전제가 있다면, 대충 떠서 한 입만 먹어봐도 된장국 전체의 맛을 추측할 수 있겠지요.

표본이 모집단의 '올바른 축도'가 되려면 **모집단에서 치우치는 곳이 없게 표본을 추출하는 것이 중요**합니다. 그러니까 모집단에서 어떤 요소든 상관없이 추출될 확률이 똑같아야 합니다. 그렇게 치우침이 없는 추출을 **무작위 추출**(랜덤 샘플링)이라고 하고, 무작위 추출을 해서 뽑힌 표본을 **무작위 표본**이라고 합니다.

그러나 **인간이 직접 손으로 하는 경우는 '랜덤'이라는 게 생각보다 어렵습니다.**

앞에서 예로 든 세제 만족도 조사에서도 애초에 앙케트에 답해 준다는 시점에서 '상품에 호의적'이라는 치우침이 생길 가능성이 있습니다. 마찬가지로 길거리 앙케트는 특정 시간대에 특정 장소에 있었던 사람들을 대상으로 하기 때문에 '여론 전체'의 표본으로서는 치우침이 있다고 할 수밖에 없습니다. 미리 협력자(모니터)를 모집해서 앙케트를 실시하는 경우도 마찬가지입니다.

기사나 광고에서 '여론 조사'를 발견하면, 조사 방법을 유심히 살펴보세요. 대부분의 여론 조사는 엄밀히 따지면 무작위 추출이 아닌 경우가 많습니다.

무작위 추출의 어려움에 대해 피셔(275페이지)는 그의 저서에 이렇게 적었습니다.

> **무작위 순서란 인간이 뽑아서 멋대로 정하는 것이 아니라 도박에 사용하는 물리적 도구, 예를 들면 카드, 주사위, 룰렛 등을 실제로 써서 정한 순서, 또는 더 신속하게 하려면 그러한 조작으로 실험 결과를 주기 위해 발표된 난수열로 정한 순서이다.**
>
> 로널드 피셔 저, 『The Design of Experiments(실험계획법)』

주사위를 던져서 나온 숫자를 나열하는 것처럼 완전히 무질서한데다가 나올 확률이 모두 똑같은 수의 열을 **난수**라고 합니다. 추측 통계에서 무작위 추출을 할 때는 이 난수가 필요합니다.

1927년에 통계학자 **L.H.C 티펫**(1902~1985)은 영국 각 교구의 넓이에서 숫자를 뽑아 나열한 '난수 책'을 출판했고, 이것은 그 당시 베스트셀러가 되었습니다.

참고로 엑셀에는 'RAND 함수'라는 것이 있는데, 값의 범위를 마음대로 정해서 '난수'를 만들 수 있습니다. 그런데 RAND 함수로 만들어 낸 '난수'는 어떤 프로그램(법칙)을 따라 만들어지기 때문에 엄밀히 따지면 난수는 아닙니다. 그래서 RAND 함수로 만들어진 '난수'는 **모의 난수**라고 불립니다.

《발전》 정규분포와 편차치

통계학에서 가장 중요한 분포

통계에 등장하는 분포 중에서 가장 중요한 것은 **정규분포**입니다.

정규분포를 나타내는 그래프는 [그림 5-12]와 같이 **좌우대칭이 아름다운 낚싯대 모양의 곡선(bell curve)**이 됩니다. 정규분포의 주요 특징은 다음과 같습니다.

- **평균 부분에 꼭짓점**(피크)이 있다.
- 평균에서 **표준편차 1개만큼** 떨어진 범위에 전체의 **약 68.3%**가 포함된다.
- 평균에서 **표준편차 2개만큼** 떨어진 범위에 전체의 **약 95.4%**가 포함된다.

그림 5-12 정규분포

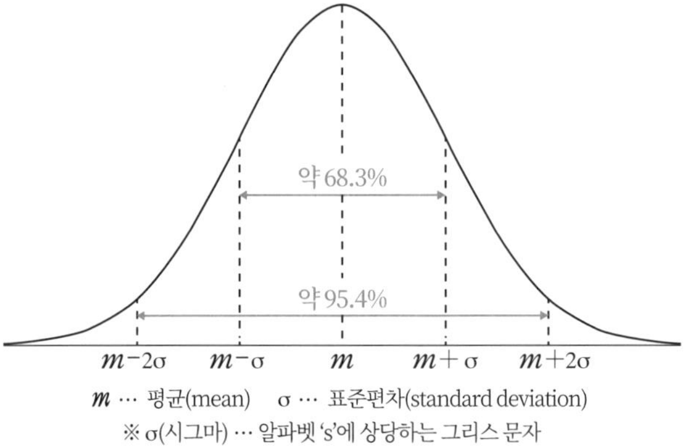

왜 정규분포가 중요할까?

자연 현상이나 사회 현상 속에는 데이터가 정규분포에 가깝게 분포되는 경우가 적지 않습니다.

예를 들어, 떨어지는 빗방울의 크기나 생물의 키나 체중, 거기에 공통 시험(수능)처럼 많은 인원이 보는 시험 결과도 정규분포에 가깝다는 사실이 알려져 있지요.

그런데 고작 이것만으로 정규분포가 중요한 분포라고 말할 수 있을까요?

정규분포의 곡선은 **오차 곡선(error curve)**이라는 이름도 갖고 있습니다.

어떤 기준을 목표로 무언가를 만들려고 할 때, 인간이 직접 하는 경우는 물론 기계가 작업하는 경우에도 엄밀히 따지면 반드시 오차가 발생합니다. 기준보다 작거나 큰 것이지요. 마찬가지로 무언가를 측정할 때도 측정 오차를 피할 수는 없습니다. 그러한 **'오차의 크기'는 거의 정규분포가 된다**는 것입니다.

게다가 정규분포에는 다른 분포와 근사한 측면도 있습니다. 특히 **이항분포라는 것이 정규분포로 근사할 수 있다**는 것은 매우 유용하지요.

이항분포란 결과가 성공 아니면 실패라는 식으로 양자택일이 되는 시행을 반복한 결과가 나타내는 분포를 말합니다. 승과 패, 당첨과 꽝 같은 결과가 따라오는 시행을 반복할 때 반드시 이항분포가 나타나는데, 보통 이항분포 계산은 어렵습니다. 그 이항분포를 근사할 수 있다고 한다면 정규분포의 응용 범위는 매우 넓어지리라는 걸 이해할 수 있을 겁니다.

게다가 **모집단이 정규분포든 정규분포 이외의 분포든 모집단에서 뽑은 표본의 평균은 정규분포가 된다**는 사실도 알려져 있습니다.

자세한 내용은 생략하겠지만, 이는 중심 극한 정리라고 합니다. 통계학에서 '중심적으로 중요한 정리'라는 의미에서 이런 이름이 붙었습니다.

정규분포로 빵집의 부정을 밝혀냈다

어떤 수학자가 정규분포를 오차 곡선으로 활용한 유명한 에피소드를 소개하겠습니다.

위상기하학의 대가로 알려진 프랑스의 수학자 **쥘 앙리 푸앵카레**(1854~1912)는 어느 빵집의 단골손님이었습니다.

푸앵카레는 '1kg짜리 식빵'을 아주 좋아했다고 합니다. 날마다 사던 그 식빵이 정말로 1kg인지 확인하고 싶어져 어느 날부터 사 온 빵의 무게를 재기 시작했습니다. 당연히 항상 정확하게 1kg일 거라고는 생각하지 않았지만, 1kg을 중심으로 정규분포를 이룰 것이라고 기대했지요.

그런데 1년 정도 데이터가 모였을 때 그래프로 그려 봤더니, 950g을 중심으로 정규분포가 나타났습니다. 이것은 빵집이 원래 50g을 속여서 950g짜리 빵을 만들려고 했다는 뜻입니다. 푸앵카레는 이 사실을 빵집에 경고했습니다. 빵집은 아마 '첫, 수학자를 속이진 못했군'이라며 불쾌하게 생각했겠지요.

정말 재미있는 일은 그 후에 일어났습니다.

그 뒤로도 의심을 버리지 못한 푸앵카레는 기록을 이어 갔습니다. 경고한 다음부터 잰 빵의 무게를 다시 그래프로 그려 봤더니, 이번에는 정규분포가 나오지 않고 오른쪽(무거운 쪽)으로 치우친 그래프가 나왔습니다.

이 사실을 보고 푸앵카레는 빵집이 여전히 1kg보다 가벼운 빵을 만들고 있고, 까다로운 본인에게만 그때 가게에 있는 빵 중에서 무거운 빵을 골라서 주었다는 사실을 간파했습니다. 푸앵카레는 다시 빵집에 경고했습니다. 푸앵카레에게는 무거운 빵을 주었는데도 1kg보다 가벼운 빵을 계속 만들었다는 사실을 들킨 빵집은 첫 번째와 비교가 되지 않을 정도로 깜짝 놀랐다고 합니다.

일반적으로 **정규분포가 나타나야 하는데 나타나지 않은 경우, 무언가 부자연스러운 힘이 작용했다고 볼 수 있습니다. 이상을 감지할 수 있는 것이지요.**

편차치

편차치라는 말은 유명하지만, 편차치 산출 방법이나 의미를 정확히 아는 분은 많이 없습니다.

편차치는 데이터 전체 중에서 어떤 특정 데이터가 얼마나 '특수'한지를 재는 지표입니다.

편차치는 평균점에 50을 주고, 거기서 표준편차 1개만큼 어긋날 때마다 ±10을 합니다.

계산식으로 쓰면 이렇습니다.

$$\text{편차치} = 50 + \frac{\text{특정 데이터의 평균값}}{\text{표준편차}} \times 10$$

앞에서 설명한 대로 공통 시험처럼 매우 많은 사람이 보는 시험의 결과는 정규분포로 나타납니다. 정규분포는 평균에서 표준편차 1개만큼 떨어진 범위에 전체의 약 68.3%가 포함되어 있었지요. 그러니까 공통 시험에서는 편차치 40~60 범위에 모든 수험생 가운데 거의 7할이 들어가 있는 것입니다.

또한 (평균에서 표준편차 2개만큼 떨어진 범위의) 편차치가 30~70 범위에는 전체 가운데 약 95%가 들어갑니다. 반대로 말하면 이 범위에 들어가지 않은 사람이 전체 중 5%라는 뜻이지요. 정규분포는 좌우대칭이니까 편차치가 70을 넘으면 전체의 상위 2.5%에 들어간다는 사실을 알 수 있습니다.

만약 100명이 본 시험의 결과가 정규분포가 되었다면 편차치 70인 사람은 2등이나 3등이 되었겠지요.

현대인의 필수 스킬로 자리 잡은 통계는 중학교 수학만 알아도 '숫자에 강한 사람'이라는 인상을 줄 수준까지 배울 수 있습니다. 꼭 도전해 보세요.

나오며

이 책에서 반복했듯이, 수학을 잘하려면 공식이나 해법을 통째로 외우지 않는 것이 중요합니다.

암기한 공식에 숫자를 끼워 맞추어서 문제를 푼다? 이런 행위는 수학답지 않습니다. 시험이 끝나면 공식도 다 날아가겠지요.

반대로 '왜 그런 결론이 나왔을까?'라는 과정으로 눈을 돌리면, 수학은 머지않아 잊어버리는 지식이 아니라 잊을 수 없는 지혜가 됩니다.

그렇기 때문에 이번에 '한 번 읽으면 절대 잊을 수 없는 시리즈'의 집필 의뢰를 받았을 때 정말 기뻤습니다. 제가 평소에 수학 교사로서 가장 중요하게 생각하는 것을 알려 줄 수 있는 주제였으니까요.

이 책은 Homeroom에서 말했듯이 '3단계' 중에서 ①정의 확인과 ②공식 증명에 중점을 두었습니다.

문제 풀이라는 아웃풋만 반복하다가 정의 확인이나 정리·공식의 이해(증명)를 소홀히 하는 것이야말로 수학과 벽을 쌓게 되는 원흉이라는 것이 저의 신념이기 때문입니다.

이 책에서는 수학 전체의 기초가 되는 가장 중요한 부분을 다루었는데, 아직 수학 이야기는 끝나지 않았습니다. 독자 여러분이 이 책을 계기로 그 뒤의 이야기를 읽을 마음이 들었다면, 필자로서 그 이상의 기쁨은 없습니다.

마지막으로 이 책을 편집해 주신 야마다 료코 씨에게는 진심으로 감사의 마음을 전하고 싶습니다. 독자의 시선으로 유익한 조언을 많이 주신 것과 세심한 배려 속에서 집필을 도와주신 것에 대해 이 자리를 빌려 깊은 감사의 말씀 드립니다.

나가노 히로유키

참고문헌

- 検定教科書『これからの数学1』(数研出版)
- 検定教科書『これからの数学2』(数研出版)
- 検定教科書『これからの数学3』(数研出版)
- 検定教科書『新しい数学1』(東京書籍)
- 検定教科書『新しい数学2』(東京書籍)
- 検定教科書『新しい数学3』(東京書籍)
- 『ユークリッド原論　追補版』

  (翻訳・解説:中村幸四郎、寺阪英孝、伊東俊太郎、池田美恵:共立出版)
- 上垣渉著『はじめて読む　数学の歴史』(ベレ出版)
- 中村滋・室井和男著『数学史』(共立出版)
- 高瀬正仁著『微分積分学の誕生』(SBクリエイティブ)
- 松原望著『人間と社会を変えた９つの確率・統計学物語』(SBクリエイティブ)
- 西内啓著『統計学が最強の学問である』(ダイヤモンド社)
- 『ニュートン別冊　統計と確率ケーススタディ30』(Newtonムック)
- 永野裕之著『中学生からの数学「超」入門』(ちくま新書)
- 永野裕之著『ふたたびの確率・統計[1]確率論』(すばる舎)
- 永野裕之著『ふたたびの確率・統計[2]統計論』(すばる舎)